时间序列数据的特征表示、相似性度量及其应用研究

李海林　郭崇慧　著

清華大學出版社
北　京

内容简介

本书以时间序列数据为研究对象，对时间序列数据的特征表示和相似性度量进行较为深入和系统的研究，讲述了如何从数据特征的不同角度进行数据降维，结合设计相应的相似性度量方法实现时间序列数据挖掘，同时将相关的特征表示和相似性度量方法应用于文本主题、经济金融、情报分析和发动机参数等具体领域。全书分为11章：第1章对研究的背景和现状进行了分析，解释了为什么要研究时间序列数据的特征表示和相似性度量。第2章至第6章从时间序列数据的不同视角出发，深入浅出地介绍了新的时间序列数据特征表示和相似性度量等预处理方法。第7章到第10章以主题分析、股票预测、文献分析、发动机参数特征识别和故障检测为目标，将时间序列数据挖掘中的特征表示和相似性度量方法应用于解决具体行业中的相关管理科学问题。第11章对研究进行了总结，并提出了研究的创新和未来研究方向。

本书的研究内容主要涉及统计学、计算机科学、经济学和管理学等，适合从事经济金融、电子信息、生物医学、工业与工程等工作的技术人员、管理人员或有志从事相关领域科学研究的本科生、研究生学习或参考。通过阅读和学习本书，读者可以较好地了解时间序列数据挖掘与传统时间序列数据分析的不同，为今后的时间序列数据的相关研究奠定基础。

图书在版编目(CIP)数据

时间序列数据的特征表示、相似性度量及其应用研究/李海林，郭崇慧著. —北京：清华大学出版社，2022.5
ISBN 978-7-302-60352-8

Ⅰ. ①时… Ⅱ. ①李… ②郭… Ⅲ. ①时间序列分析 Ⅳ. ①O211.61

中国版本图书馆CIP数据核字(2022)第042231号

责任编辑：王　定
封面设计：周晓亮
版式设计：思创景点
责任校对：马遥遥
责任印制：杨　艳

出版发行：清华大学出版社
网　　址：http://www.tup.com.cn，http://www.wqbook.com
地　　址：北京清华大学学研大厦A座　　**邮　　编**：100084
社 总 机：010-83470000　　**邮　　购**：010-62786544
投稿与读者服务：010-62776969，c-service@tup.tsinghua.edu.cn
质 量 反 馈：010-62772015，zhiliang@tup.tsinghua.edu.cn
印 装 者：三河市东方印刷有限公司
经　　销：全国新华书店
开　　本：148mm×210mm　　**印　　张**：9.25　　**字　　数**：241千字
版　　次：2022年5月第1版　　**印　　次**：2022年5月第1次印刷
定　　价：98.00元

产品编号：095816-01

作者简介

李海林，男，博士，教授，博士生导师，曾任华侨大学工商管理学院院长助理，信息管理系主任，教务处副处长，研究方向为数据科学和创新管理等；国家自然科学基金通讯评审专家，教育部学位中心研究生学位论文评审专家，中国信息经济学会理事会理事，中国系统工程学会数据与知识专委会委员，泉州市信息化项目评审专家；在 *Information Sciences*、*Pattern Recognition*、《系统工程理论与实践》《科学学研究》和《情报学报》等国内外重要刊物，以及 SIGKDD、ICDM 和 PAKDD 等国际数据挖掘会议上发表论文 70 余篇，其中大部分被 SSCI、SCI 和 EI 收录，20 多篇论文分别发表在运筹学与管理科学、人工智能和应用数学等领域的 TOP 期刊，近 30 篇论文发表在中科院 SCI 和 SSCI 分区 1 区和 2 区期刊；主持 2 项国家自然科学基金和 6 项省部级项目，参与完成其他各类级科研项目 10 余项；以第一作者身份获福建省"第十二届社会科学优秀成果奖二等奖"(政府奖)，入选福建省"ABC 高层次人才"、福建省"高校新世纪优秀人才支持计划"、福建省"高校杰出青年科研人才培育计划"，博士论文被评为辽宁省"优秀博士学位论文"，被评为泉州市第三层次人才，连续获得两届华侨大学"学术英才"称号。

郭崇慧，男，博士，教授，博士生导师，大连理工大学系统工程研究所所长，大数据与智能决策研究中心主任，大连市数据科学与知识管理重点实验室主任，曾任管理科学与工程学院院长；中国系统工程学会常务理事，中国管理科学与工程学会常务理事，辽宁省数量经济学会常务理事，辽宁省运筹学会理事，辽宁省自动化学会理事，国家自然科学基金委创新研究群体学术骨干，《系统工程理论与实践》和《系统工程与电子技术》编委；2007 年入选"辽宁省百千万人才工程"人选，2011 年入选教育部"新世纪优秀人才支持计划"；2013 年访问悉尼科技大学量子计算与智能系统研究中心，担

任高级研究学者;2016年访问新泽西州立大学罗格斯商学院,担任高级研究学者;主要研究方向为系统建模与优化、数据挖掘与商务智能、决策理论与方法、知识管理;主持国家自然科学基金面上项目、国家软科学研究计划项目、中国博士后科学基金项目等,参与完成国家973重点基础研究发展项目、国家高科技研究发展计划863项目、国家自然科学基金重大国际合作研究项目、国家自然科学基金重点项目等国家级科研项目10余项;在国内外学术期刊发表论文100余篇,其中SCI收录30余篇,EI收录60余篇;出版著作及教材6部,译著1部。

项目资助、人才计划及奖励支持

- 国家自然科学基金面上项目(71771094):高维时间序列数据聚类分析及应用研究,2018.01—2021.12。
- 国家自然科学基金青年项目(61300139):多元时间序列数据挖掘中的特征表示和相似性度量方法研究,2014.01—2016.12。
- 国家自然科学基金面上项目(71171030):动态数据挖掘中的演化聚类模型与算法研究,2012.01—2015.12。

- 福建省自然科学基金面上项目(2019J01067):基于异步性分析的时间序列数据聚类算法研究,2019.06—2022.06。
- 福建省社会科学规划一般项目(FJ2017B065):基于时间序列数据挖掘的期刊参考文献和引证文献分析研究,2017.09—2019.09。
- 福建省社会科学规划一般项目(FJ2016B076):时间序列数据挖掘中的聚类算法及其金融应用研究,2016.08—2017.11。
- 福建省中青年教师教育科研杰青项目(JAS14024):时间序列数据挖掘中的特征表示与相似性度量研究,2014.07—2016.06。
- 华侨大学中青年教师科技创新资助计划项目(ZQN-PY220):时间序列数据挖掘中的若干关键技术研究,2014.07—2018.08。
- 福建省社会科学规划青年项目(2013C018):金融时间序列数据挖掘中的特征表示方法研究,2013.05—2014.12。

- 福建省高校新世纪优秀人才支持计划。
- 福建省高校杰出青年科研人才培育计划。
- 辽宁省优秀博士学位论文奖励。

前　言

随着社会经济和信息技术的发展，时间序列的数据量增长越来越快，相应地，利用数据挖掘技术在时间序列数据库中发现潜在的有价值的信息和知识也备受关注，其研究成果已被成功地应用于经济、金融、电子信息、医疗卫生、教育、工业和工程等领域。然而，时间序列数据的特征表示和相似性度量是时间序列数据挖掘任务中最为基础和关键的工作，其质量直接影响时间序列数据挖掘的结果。时间序列数据随时间的推移而不断增长，数据的高维、动态、不确定等特性阻碍了传统数据挖掘技术性能的发挥。特征表示的主要目的是利用少量特征近似表示原始时间序列，起到有效降维的作用，进而提高数据挖掘任务的效率。相似性度量是测量时间序列之间差异性的方法，通常结合特征表示方法对时间序列之间的相似性进行快速、有效地度量，其度量结果可用于分类、聚类、相似性搜索和异常模式发现等时间序列数据挖掘任务中。本研究分别以等长和不等长的单变量时间序列为主要研究对象，探讨利用不同的方法对这些时间序列数据进行特征表示和相似性度量，使得各种方法能更为完善和有效地运用于时间序列数据挖掘，并解决与时间序列挖掘任务相关的管理和应用问题，获取潜在有价值的信息和知识。本书的主要内容如下。

(1) 从等长时间序列的整体特征出发，提出基于正交多项式回归系数特征表示的相似性度量方法。通过分析多项式最高项次数对时间序列整体形态拟合效果的影响，选取合适的特征系数反映时间序列的主要形态趋势，提出更适合特征序列的相似性度量方法，并且在理论上证明其满足下界性，提高特征表示和相似性度量在时间序列相似性搜索中的性能。

(2) 针对分段聚合近似表示方法对等长时间序列进行特征表示时存在的问题，利用多维特征对等长时间序列进行特征表示，构造满足下界性的相似性度量方法。通过对传统分段聚合近似表示方法及其相似性度量方法满足下界性的剖析，利用不同维度的特征来近似表示分段序列，分别提出了基于二维统计特征和基于二维形态特征的分段聚合近似方法，提高了传统分段聚合近似方法在时间序列数据挖掘中的应用效率。同时，将分段序列的二维形态特征表示推广到更高维形态特征表示，使得较高维数的分段特征表示方法在较大数据压缩率的情况下，其距离度量函数的性能有所提高。

(3) 以云模型理论为基础对等长时间序列实现分段特征表示，提出了具有较高性能的相似性度量方法。利用云模型反映分段序列数据分布的不确定性，给出了云模型相似性度量函数，实现云特征序列之间的相似性度量。虽然基于云模型的时间序列相似性度量方法不能满足下界性，但它从局部和全局的角度来考虑时间序列的波动性和不确定性，具有较高的相似性度量质量，有效地提高了时间序列数据挖掘相关算法的性能。

(4) 针对传统动态时间弯曲方法度量不等长时间序列需要较高时间代价的问题，提出了两种改良后的弯曲度量方法。首先，在权衡计算速度和度量精度的情况下，通过自适应快速分段线性表示对时间序列进行特征表示，再结合导数动态时间弯曲方法来快速、有效地对不等长时间序列进行弯曲度量，进而提出了基于分段线性近似和导数动态时间弯曲的时间序列相似性度量方法。其次，为解决动态时间弯曲方法带来较大计算量的问题，通过缩小最优弯曲路径的搜索范围和提前终止计算最优弯曲路径的策略，提高传统动态时间弯曲方法在时间序列相似性搜索中的计算效率。此外，将动态时间弯曲用于度量变量之间的异步相关性问题，进而提出鲁棒性较强的异步主成分分析方法，拓展了传统主成分分析方法在时间序列数据特征表示和数据降维等方面的应用效果。

（5）时间序列数据特征表示与相似性度量方法在主题数据、金融股票、期刊文献数据和发动机参数等挖掘领域中的应用。首先，通过构建主题之间的共现时间序列数据，使用复杂网络方法来分析主题，提出共现时间序列数据聚类的主题网络分析方法，用于提高主题分析质量。其次，针对金融市场中机构交易对股票市场中的散户投资行为具有较强的误导性的现象，提出了一种基于机构交易行为影响的趋势预测方法，进而使时间序列数据挖掘技术有效地应用于金融股票数据的趋势预测。再次，时间序列的动态时间弯曲度量方法对参考文献来源期刊和引证文献来源期刊的时间序列数据进行数值与趋势的距离度量，从不同角度分析期刊文献数据随时间变化的情况，结合近邻传播聚类分析，验证参考文献来源期刊之间的相似性和引证文献来源期刊之间的关系。文献聚类分析结果有助于为期刊论文作者和编辑部工作人员提供关于参考文献选择和引用的相关参考意见，提升作者的科研水平和编辑部刊发论文的质量。另外，根据发动机性能参数时间序列数据的特性，利用新的时间序列特征表示和相似性度量方法来实现发动机性能参数的数据挖掘，进而有效地对发动机性能参数进行特征识别和故障检测，给发动机设计过程中的知识发现增加了新的视角，为保障发动机的安全运行提供参考依据。

以上研究成果通过数值实验检验了它们对不同类型时间序列数据进行特征表示和相似性度量方法的有效性，并且比较了它们在时间序列数据挖掘任务中提高相关算法的性能，进一步完善了时间序列数据挖掘中特征表示和相似性度量方法在理论技术与应用管理方面的研究。

本书特色

内容系统性

特征表示和相似性度量是时间序列数据挖掘过程中一项重要而又基础的数据预处理工作，其质量和效率直接影响后期相关时间序列数据挖掘算法和模型的效果。本书从时间序列数据的不同特点出发，深入和系统地研究和分析其特征表示和相似性度量方法，并结合相应的数据挖掘任务进行实验比较和分析，同时也将研究成果应用于具体应用中，从时间序列数据视角更好地解决实际问题。

案例新颖性

本书对时间序列数据特征表示和相似性度量的方法有效性与先进性进行深入分析及研究，实验过程中使用了大量的公共数据集，使得实验案例具有一定的代表性。同时，除了将特征表示和相似性度量方法应用于常见的金融股票数据外，还将它们应用于文献数据分析、文本主题分析和发动机参数检测等与时间序列间接相关的新颖案例中，进而拓展了解决实际应用问题的理论和方法。

读者对象

对于研究和使用计量经济模型的学者与管理者，可以抛开烦琐的模型假设和检验等过程，克服时间序列数据分析中的回归拟合模型的传统思维束缚，尝试从时间序列数据挖掘的视角来研究传统计量经济模型不能发现或不能解决的研究问题。相信通过本书的学习，读者会对时间序列数据分析有新的想法。

对于在统计学、计算机科学、经济学或管理学等领域从事关于时间序列数据分析和研究的行业工作者或有志从事相关领域科学研究的本科生、研究生，可以通过阅读与学习本书，从特征表示和相似性度量等数据预处埋的角度出发，较为系统地了解时间序列数据挖掘算法和模型，逐步学会利用时间序列数据挖掘技术和方法来解决与时间序列数据相关的实际应用问题。

目　录

第1章　绪论 …… 1

1.1　选题背景及研究意义 …… 1

1.1.1　选题背景 …… 2

1.1.2　研究意义 …… 4

1.2　研究现状和已有研究的不足之处 …… 7

1.2.1　特征表示研究现状 …… 8

1.2.2　相似性度量研究现状 …… 17

1.2.3　已有研究的不足之处 …… 27

1.3　本书研究内容和框架结构 …… 29

1.3.1　研究内容 …… 30

1.3.2　框架结构 …… 32

第2章　基于正交多项式回归系数的特征表示及相似性度量 …… 36

2.1　正交多项式回归系数特征表示 …… 37

2.2　拟合效果分析 …… 38

2.3　相似性度量 …… 40

2.4　数值实验 …… 45

2.4.1　拟合误差分析 …… 46

2.4.2　下界紧凑性及数据剪枝能力 …… 47

2.4.3　时间序列分类和聚类 …… 50

2.5　本章小结 …… 53

第3章　分段聚合特征表示及相似性度量 …… 55

3.1　分段聚合近似 …… 56

3.2　基于二维统计特征的分段聚合近似 …… 57

3.2.1　分段聚合近似的下界性 …… 58

3.2.2 线性统计特征 …… 59
3.2.3 非线性统计特征 …… 62
3.2.4 数值实验 …… 63
3.3 基于二维形态特征的分段符号聚合近似 …… 65
3.3.1 形态特征符号聚合近似 …… 67
3.3.2 相似性度量及算法描述 …… 71
3.3.3 数值实验 …… 73
3.4 基于主要形态特征的分段聚合近似 …… 74
3.4.1 主要形态特征表示 …… 75
3.4.2 形态特征相似性度量 …… 80
3.4.3 数值实验 …… 82
3.5 本章小结 …… 89
第 4 章 时间序列分段云模型特征表示及相似性度量 …… 91
4.1 云模型简介 …… 92
4.2 时间序列云模型特征表示 …… 95
4.2.1 时间序列分段云近似 …… 96
4.2.2 自适应分段云近似 …… 98
4.3 云模型相似性度量 …… 100
4.3.1 基于期望曲线的云模型相似度计算方法 …… 101
4.3.2 基于最大边界曲线的云模型相似度计算方法 …… 106
4.4 基于云模型的时间序列相似性计算 …… 107
4.5 实验结果及分析 …… 108
4.5.1 仿真实验 …… 109
4.5.2 协同过滤推荐实验 …… 110
4.5.3 时间序列分类分析 …… 112
4.5.4 时间序列聚类分析 …… 114
4.6 本章小结 …… 117
第 5 章 不等长时间序列数据的弯曲距离度量 …… 118
5.1 分段线性近似的导数动态时间弯曲度量 …… 118

5.1.1　自适应分段线性表示 …… 120
5.1.2　特征弯曲度量 …… 128
5.1.3　数值实验 …… 129
5.2　高效动态时间弯曲相似性搜索方法 …… 133
5.2.1　高效动态时间弯曲 …… 134
5.2.2　相似性搜索方法 …… 137
5.2.3　数值实验 …… 140
5.3　本章小结 …… 142
第6章　时间序列数据的异步主成分分析 …… 144
6.1　研究动机 …… 145
6.2　主成分分析 …… 147
6.3　异步主成分分析 …… 149
6.4　实验评估 …… 153
6.4.1　模拟数据聚类 …… 153
6.4.2　UCI和股票数据挖掘 …… 158
6.5　本章小结 …… 161
第7章　共现时间序列聚类的主题网络分析 …… 163
7.1　研究思路 …… 163
7.2　基于Matrix Profile和社区检测的时间序列聚类方法 …… 165
7.2.1　相关性度量 …… 166
7.2.2　网络构建 …… 167
7.2.3　社区检测 …… 168
7.2.4　实例与过程 …… 170
7.3　基于同时段时序相似性的主题网络聚类 …… 171
7.3.1　主题关系定义 …… 172
7.3.2　相关性度量 …… 173
7.3.3　网络构建与划分 …… 174
7.4　聚类结果与分析 …… 176

7.4.1 滑动窗口构建网络聚类结果与分析 ………… 176
7.4.2 平均分段构建网络聚类结果与分析 ………… 179
7.5 本章小结 ………… 181
第 8 章 时间序列矩阵画像的金融数据预测分析 ………… 182
8.1 问题分析 ………… 182
8.2 矩阵画像相关理论 ………… 185
8.3 股票价格波动趋势预测方法 ………… 188
8.3.1 机构交易行为知识库 ………… 188
8.3.2 最佳模式匹配 ………… 191
8.3.3 预测算法 ………… 193
8.4 实验分析 ………… 195
8.4.1 数据收集与处理 ………… 195
8.4.2 预测结果评测标准 ………… 196
8.4.3 实例分析 ………… 197
8.4.4 实验评估 ………… 201
8.5 本章小结 ………… 207
第 9 章 期刊文献时间序列数据分析 ………… 209
9.1 研究动机 ………… 209
9.2 近邻传播聚类算法 ………… 212
9.3 数据来源与研究思路 ………… 213
9.4 参考文献来源期刊分析 ………… 214
9.4.1 参考文献来源期刊被引数值聚类分析 ………… 215
9.4.2 参考文献来源期刊被引趋势聚类分析 ………… 218
9.5 引证文献来源期刊分析 ………… 220
9.5.1 引证文献来源期刊被引数值聚类分析 ………… 221
9.5.2 引证文献来源期刊被引趋势聚类分析 ………… 224
9.6 本章小结 ………… 226

第 10 章 发动机参数时间序列数据特征分析与异常检测……… 228

10.1 基于形态特征的发动机参数特征识别……………… 229

10.1.1 数据来源 …………………………………… 229

10.1.2 参数特征识别方法 ………………………… 231

10.1.3 数值实验 …………………………………… 234

10.2 基于统计特征的发动机故障检测……………………… 236

10.2.1 最不相似模式发现算法 …………………… 237

10.2.2 基于非线性统计特征的异常检测 ………… 238

10.2.3 数值实验 …………………………………… 240

10.3 本章小结………………………………………………… 242

第 11 章 总结与展望 ……………………………………… 244

11.1 主要结论………………………………………………… 244

11.2 主要创新点……………………………………………… 246

11.3 研究展望………………………………………………… 249

参考文献 ……………………………………………………… 251

第1章 绪论

大数据时代,各种类型的复杂数据需要使用不同的数据挖掘算法和模型来发现有用的信息和知识,这使得提高或改进现有方法的挖掘质量和效率成为数据挖掘任务中重要的研究工作。时间序列数据广泛存在于金融、电子、商业、工业和工程等领域,其隐含的信息和知识受到越来越多的政府和企业相关管理者的关注,希望通过数据特征表示和相似性度量方法来提升数据挖掘算法和模型在大量时间序列数据中的机器学习能力,使得获取的信息和知识对问题更具有说服力并为问题的解决提供决策支持。本章通过对时间序列数据特征表示和相似性度量研究背景及意义的分析,结合国内外研究综述,提出目前相关研究的不足,进而提出本研究的相关内容,使得研究成果能更好地提升时间序列数据挖掘算法和模型的性能。结合具体的实际应用问题,希望所获得的研究成果能给政府部门和企业提供更为完备、成熟的理论基础与技术支持,以便对相关事务做出更为科学、合理的智能决策及进行高效的管理。

1.1 选题背景及研究意义

时间序列是与时间相关的复杂数据类型,普遍存在于各个领域,其通常反映了事务对象随着时间变化呈现的规律。鉴于时间序列数据的高维性以及相关算法在具体挖掘任务中的要求,对时间序列数据进行特征表示和相似性度量显得尤为重要,它们能够在对数据进行数据降维的同时,既能降低模型和算法的复杂度,又能提高数据挖掘任务的质量和效率。

1.1.1 选题背景

随着社会经济和信息技术的发展，不同类型的海量数据广泛存在于人们的日常事务中。随着传统数据库技术向数据仓库技术的演进，海量数据在社会生活中扮演着越来越重要的角色，对数据的处理也从传统的数据查询、统计操作转向基于人工智能的数据分析。同时，这些数据涉及人类社会生活中的各个领域，例如金融保险业、电信服务业、制造业、计算机信息安全及网络安全等。由于这些数据在一定程度上反映了相应行业的运行规律，数据所隐藏的价值及重要性越来越大，也受到越来越多的企业和政府部门的关注与研究。因此，如何对海量数据进行管理与分析并得到有用的信息和知识，是目前各个学科极为关注的问题，其中包括管理学、金融学、医学和计算机科学等。

为了从海量数据中发现潜在的、有价值的信息和知识，需要一种能够基于数据自身驱动方式，对这些数据进行挖掘与分析的技术。根据数据分析的结果，企业经营者可以及时、准确地对商品的生产、销售或事务的处理做出科学决策或提供可靠的信息依据。数据挖掘技术就是利用统计分析、人工智能和计算机科学等各学科中重要的技术及方法实现对海量数据的分析与研究，进而挖掘出重要且有价值的信息和知识，为企业决策分析提供更为科学、合理的理论依据和技术支持。近年来，数据挖掘相关研究根据数据类型不同而发生了相应的转变。例如，传统数据库中的事务数据向时态、空间、文本和多媒体等复杂数据转变；结构化数据向半结构化数据转变；静态数据向动态数据转变，等等。针对不同类型和不同结构的复杂数据，相应的数据挖掘理论、方法及应用研究都各不相同，这也成为数据挖掘和机器学习领域的研究重点和难点问题。

时间序列是与时间相关且常见的高维数据，也是数据挖掘领域的主要研究对象，它广泛存在于金融、医学、气象、工业和工程等领域，例如股票分析、心电图绘制、大气温度预测和发动机性能参数测定等工作均离不开时间序列数据。同样,一些与时间无关的对象通过数据变换也可以转化为以时间序列为表现形式的时序数据,如基因数据和物体形状[①]等。近年来,随着社会经济和信息技术的发展,时间序列数据量的增长速度越来越快。相应地,利用数据挖掘技术在时间序列数据库中发现潜在有用的信息和知识也越来越受到各领域研究者的关注,而且研究成果被广泛应用于经济、金融、电子信息、医疗卫生、教育、工业和工程等领域中。因此,如何从大量时间序列数据中挖掘得到有价值并能够服务于社会的信息和知识是当前数据挖掘领域的主要研究方向之一[②]。时间序列数据挖掘[③]与传统数据挖掘一样,可以从该类数据中发现潜在的有价值的信息和知识,最终反馈并应用于社会生产实践中。

在数据挖掘领域,时间序列数据与其他数据不同,它不仅具有属性维度,还有与时间相关的维度,即时间维度。这两种维度的高维特性成为研究时间序列数据挖掘的瓶颈,给数据挖掘技术在时间序列数据中开展信息获取和知识发现等相关内容研究带来了极大的困扰。若直接对时间序列进行数据挖掘并想获得有用的信息和知识,不但需要构造复杂的算法和模型,整个多元时间序列数据挖掘过程的计算时间成本和存储空间资源消耗量非常大,而且原始时间序列通常存在信息冗余和噪声,这将很难确保时间序列数据挖掘结果的准确性和可靠性。因此,在对时间序列数据进行深入挖掘与分析之前,数据预处理的工作成为解决传统数据挖掘技

---

① Ye L X, Keogh E. Time series shapelets: a new primitive for data mining[C]. Proceedings of the 15th ACM SIGKDD International Conference on Knowledge Discovery and Data Mining, 2009: 47-956.

② Yang Q, Wu X D. 10 challenging problems in data mining research[J]. International Journal of Information Technology & Decision Making, 2006, 5(4): 597-604.

③ Fu T C. A review on time series data mining[J]. Engineering Applications of Artificial Intelligence, 2011, 24(1): 164-181.

术高效应用于时间序列数据领域的重要任务。在时间序列数据挖掘领域，时间序列数据的特征表示和相似性度量成为此类型数据预处理的两个重要研究内容，其目的是在保证数据质量的同时降低数据的复杂性，并且提高数据对象之间相关性的度量质量，进而使得相应挖掘模型与算法能够快速、有效地对时间序列数据进行挖掘与分析，最终提高时间序列数据挖掘相关模型和算法在经济、金融、电子信息、医疗卫生、教育、工业和工程等各个领域的应用效果，为具体的管理科学实践提供决策支持。

1.1.2 研究意义

时间序列数据通常是一种高维且随着时间变化而变化的复杂数据，它的产生过程极易受到环境因素的影响，并存在一定的噪声。针对此类复杂数据，研究如何有效地从中获取信息和知识，对社会生产实践和科学研究都具有非常重要的理论研究价值与现实意义。由于时间序列自身的高维特性，在实际应用中，通常需要对时间序列进行数据预处理，其中包括局部特征提取或全局特征分解，降低原时间序列的维度，并且结合时间序列的相似性度量方法等任务，使其能更加有效、合理地进行时间序列数据挖掘，进而从时间序列数据中提取有价值的信息和知识。

在商务智能应用领域，通过商业数据挖掘技术从企业运作产生的海量数据中发现有用的信息和知识，进而为企业提供科学决策的能力，实现更加高效的精益化管理。例如，淘宝、亚马逊、京东商城和当当网等电子商务平台每时每刻都会进行大量的在线交易，进而产生与时间序列类似的交易记录数据。利用相应的数据挖掘算法和模型，可以发现和了解 Web 用户的购买偏好与模式，分析具有同一消费模式的用户群以及分析用户购买某个商品的动机[①]。然而，由于长期交易记录积累了大量数据，且维度较大，若对其直接构建数据挖掘算法和模型，不仅算法和模型极其复杂，而且数据挖掘技术的性能得不到提升，影响后期数据分析和挖掘的结果。因此，对时间序列数据的特征表示和降维处理是大多数时间序列数据挖掘任务中一个不可缺少的步骤。

在金融领域，顾客的信用卡使用记录也是典型的时间序列数据。采用时间序列数据挖掘方法，分析用户信用卡使用情况，可以挖掘出该用户在某一时间段的异常消费情况和使用习惯，进而预言信用卡商业欺诈行为。为了了解信用卡使用的异常情况和习惯模式（兴趣模式），需要匹配模式之间的相似度。因此，相似性度量是时间序列数据挖掘模式发现任务中的一个重要过程。

在工业和工程领域，时间序列分析和数据挖掘也具有重要的作用，为工业生产和工程的建设提供了坚实的理论基础与有力的技术支撑。例如，发动机必须采用信息和知识管理的方法来设计与制造，按数字化设计要求收集、整理和存储相关知识，并且保留了大量的发动机试车试验数据，其中包含典型的发动机性能参数数据。发动机性能参数可以表现为一组与时间相关的数据，发动机性能参数数据的挖掘需要事前对发动机性能参数进行特征分析，然后利用具体的时间序列数据挖掘技术对特征序列实现信息和知识获取，进而对发动机的运行状况进行实时监测[②]。在此过程中，时间序列特征表示和相似性度量对发动机性能参数数据的挖掘结果起着至关重要的作用。

时间序列数据挖掘技术在各个领域都得到了广泛的应用，对数据挖掘算法和模型的研究也在不断地深入。聚类、分类、模式发现、规则提取、异常检测、相似性检索和可视化等技术是较为实用

---

① 闫相斌，李一军，邹鹏，等. 动静态属性数据相结合的客户分类方法研究[J]. 中国管理科学，2005，13(2)：95-100.

② 史永胜，姜颖，宋云雪. 基于符号序列联合熵的航空发动机健康监控方法[J]. 航空动力学报，2011，26(3)：670-674.

且使用较为普遍的数据挖掘方法，可以从大量时间序列数据中发现潜在有用的信息和知识。然而，时间序列数据随时间的推移而不断增多，数据的高维、动态、不确定性等特点阻碍了时间序列数据挖掘的效率。若直接利用数据挖掘算法对时间序列数据进行信息抽取和知识发现，不但计算的时间成本和空间资源消耗量大，而且最终算法和模型的准确性与可靠性也不能得到保证。因此，如何有效地提高时间序列数据挖掘技术的性能是研究时间序列数据挖掘的重点和难点。

通常情况下，改进当前所使用的时间序列数据挖掘算法和对时间序列进行特征表示或数据变换是提高时间序列数据挖掘性能的两个重要手段。前者是对具体算法设计的改进研究，它依赖于具体数据结构的选定和算法、模型的应用，对特定的时间序列数据能够表现出较好的性能，例如常见的聚类算法、分类算法、关联规则算法和预测算法等。后者则是对高维时间序列进行数据转换，使其转换成低维空间下的数据对象，并且保留原来时间序列数据的大部分特征信息，使得相应的数据挖掘技术在低维数据空间下发挥更好的挖掘效果，这种时间序列数据变换过程通常被称为降维处理或特征表示①。

特征表示方法不仅能够将高维空间中的时间序列映射到低维特征空间，实现数据降维，还能够有效地反映时间序列的基本形态和重要信息，为提高时间序列数据挖掘的效率奠定基础。因此，如何有效地对时间序列进行特征表示具有重要的研究意义。目前，时间序列特征表示的研究得到越来越多的关注，一些时间序列数据挖掘研究者通常先对时间序列进行特征表示，再将其拓展和应用到时间序列数据挖掘领域与时间序列趋势分析中，最终有效地在时间序列数据集中发现潜在有价值的信息和知识。

---

① 李海林，郭崇慧. 时间序列数据挖掘中特征表示与相似性度量研究综述[J]. 计算机应用究，2013，30(5)：1285 -1291.

相似性度量是时间序列数据挖掘中的另一个重要过程，也是时间序列数据挖掘中的基本和关键问题之一。大部分时间序列数据挖掘技术的初始工作都需要进行相似性比较，例如聚类、分类、兴趣模式发现、异常模式发现与时间序列可视化等，以便建立数据之间的二元关系。因此，相似性度量方法的有效性直接关系到时间序列数据挖掘算法的性能。同时，大部分时间序列的相似性度量建立在特征表示的基础之上，针对通过特征表示方法进行数据空间转换后的时序数据或其他形态，更需要提出一套适合低维空间特征数据的相似性（或距离）度量方法，以便客观、有效地反映时间序列之间的关系，进而提高数据挖掘算法和模型在时间序列数据中的应用性能。

综上所述，为了使数据挖掘技术在时间序列数据分析中充分发挥作用，并且在海量时间序列数据库中发现有价值的信息和知识，对时间序列数据挖掘中的特征表示和相似性度量等预处理方法的研究就具有十分重要的意义。

1.2 研究现状和已有研究的不足之处

为了更好地对时间序列数据进行深入挖掘与分析，时间序列数据特征表示和相似性度量的过程与结果备受人们关注。1993年，Agrawal 等[①]首次提出使用离散傅里叶变换将时间序列的时间域转化为频率域的特征表示方法，并将其应用于时间序列相似性搜索。此后，时间序列的特征表示和相似性度量渐渐成为研究时间序列数据挖掘的热点问题。许多著名学者和专家都纷纷参与该领域的相关研究，其中 IBM 公司的 Pazzani 和 Agrawal 研究小组是较早开展相关研究的机构，而美国加州大学河滨分校 Eamonn

① Agrawal R, Faloutsos C, Swami A. Efficient similarity search in sequence databases［C］. Proceedings of the 4th International Conference on Foundations of Data Organization and Algorithms, 1993: 69-84.

Keogh 教授领导的研究小组可以称得上在时间序列数据挖掘领域很有创造力的团队。在国内,时间序列数据挖掘研究起步相对较晚,主要集中在国家重点院校和科研院所中,研究成果与国外相比较少,具有一定的发展前景。

1.2.1 特征表示研究现状

在时间序列数据预处理任务中,特征表示是将原时间序列转化为另一论域中的数据并且起到数据降维的作用,同时,使低维空间下的数据尽可能地反映原时间序列信息。目前已有不少相关的时间序列特征表示方法,例如分段线性表示、分段聚合近似、符号化表示方法、基于域变换的表示方法、奇异值分解和基于模型的表示方法等,它们之间存在一定的区别和联系。

数据非自适应方法是指将时间序列转换为另一个数据空间,且转换过程和特征系数选择独立于数据本身;数据自适应方法既依赖单条时间序列中的局部数据值,又受时间序列数据集中全体数据对象的影响。例如,奇异值分解方法增加或删除数据集中的任意对象都会影响最终的特征表示结果。基于模型的表示方法是事先假设时间序列由某种模型产生,通过建立适当的模型,最终用模型参数或系数来表示时间序列的特征。基于域变换的表示方法根据特征系数的选择量不同,可以将其归为数据非自适应方法和数据自适应方法。若仅选用前几个系数作为特征,该方法可归为数据非自适应方法;若选用大量系数作为特征并实现进一步处理,则该方法可归为数据自适应方法。

1. 分段线性表示

分段线性表示(Piecewise Linear Representation,PLR)是一种最为简单、直观的特征表示方法,它被广泛应用于时间序列数据挖掘中,常常与时间序列相似性度量方法整合使用,如时间序列斜率编辑距离度量,基于分段直线斜率的动态时间弯曲度量,基于斜率的符号化过程及其相似性度量,等等。分段线性表示是一种使用线性模型对时间序列进行分割表示的方法，不同的分割方法可以采用不同的分割策略[①]来实现，如滑动窗口、自底向上和自顶向下。

通过分析比较，采用滑动窗口和自底向上方法的时间复杂度为 $O(wm)$，采用自顶向下方法的时间复杂度为 $O(wm^2)$，其中 w 表示分段数目，m 表示时间序列长度。滑动窗口方法在一些情况下对时间序列的拟合效果较差，不能很好地反映原时间序列的变化信息。Shatkay 认识到这个问题并且对它做了相应的分析和解释。Park 等提出单调变换的方法来改进这种方法，虽然能有效地应用于平滑的人工时间序列数据的分割，但对于现实含有噪声的时间序列数据还是无能为力。自顶向下方法虽然时间复杂度较高，但它在图像处理、机器学习及其他相关领域得到广泛的应用。有人对初始时间序列一次扫描查找关键波峰和波谷，再利用自顶向下方法对关键点序列进行分割，但它对噪声数据同样敏感。相比之下，自底向上方法不仅在时间复杂度上对数据集具有线性扩展性，而且能够对大多数时间序列数据集的分割产生较好的效果。结合滑动窗口方法的在线分割特性和自底向上方法的良好性能，Keogh 等对目前存在的主要分割方法进行了较为详细的介绍，并且通过实验综合比较了上述三种分割方法的性能，同时提出了一种基于滑动窗口和自底向上（Sliding Window And Bottom-up, SWAB）的分割方法。该方法不仅能实现在线分割，而且对时间序列数据集的大小具有线性扩展性，同时对时间序列数据的拟合也有较好效果。同样，为了解决实时时间序列数据的挖掘问题，李和覃提出了一种在线分割时间序列的递推算法，以便实时发现和预测时态模式。

---

① Keogh E, Chu S, Hart D, et al. An online algorithm for segmenting time series[C]. Proceedings of the 1st IEEE International Conference on Data Mining, 2001: 289-296.

2. 分段聚合近似

分段聚合近似(Piecewise Aggregate Approximation,PAA)是通过对时间序列进行平均分割并利用分段序列的均值来表示原时间序列特征的方法[①]。PAA 将长度为 m 的时间序列平均分成 w 段子序列,每段子序列具有相同的长度 k,并且利用每段子序列的均值来近似表示该子序列段,它是一个压缩比为 $k=m/w$ 的时间序列数据降维过程。

PAA 中特征序列的确定取决于压缩比 k 或者降维数 w,若 k 越大,w 就越小,则 PAA 近似表示质量越差,丢失的信息越多,降维幅度越大;反之,则近似表示质量越好,降维幅度越小。因此,PAA 对时间序列的近似表示质量与降维幅度需要权衡比较。同时,由于时间序列存在一些其他关键信息,例如极大值、极小值和重要形态等,仅用均值表示分段序列则会丢失这些重要特征,更为特殊的是,两个具有相同均值但形态趋势大不相同的序列,会被表示成同一均值信息特征。为此,Hung 和 Anh 改进了分段聚合近似方法,不仅利用均值来表示时间序列,同时还考虑使用斜率来描述分段序列的波动趋势。

根据时间序列自身特征进行不等长的序列分段,同样利用均值描述对应序列段的特征,该方法称为自适应分段常量近似(Adaptive Piecewise Constant Approximation, APCA)方法[②]。为了找出 APCA 对时间序列分段的分割点,利用动态规划方法来对时间序列进行最优化分割,时间复杂度为 $R(i,k)$。在有些情况下,

---

① Keogh E, Chakrabarti K, Pazzani M, et al. Dimensionality reduction for fast similarity search in large time series databases[J]. Journal of Knowledge and Information Systems, 2000, 3(3): 263-286.

② Hugueney B, Meunier B B. Time-series segmentation and symbolic representation, from process-monitoring to data-mining[C]. Proceedings of the 7th International Conference on Computational Intelligence, Theory and Applications, 2001: 118-123.

可以利用贪婪算法实现次优分割，进而提高算法的效率。Keogh 等提出一种高效的自适应分段方法，利用了小波变换方法对时间序列进行转换，再根据拟合误差最小的原则对时间序列进行不等长分割，每个分段序列同样用均值来表示，时间复杂度从原来的 $O(m^2)$ 降为 $O(m\log m)$，提高了传统方法的性能。

3. 符号化表示方法

符号化表示方法是一种将时间序列转换为字符串序列的表示方法。在时间序列数据挖掘过程中，传统方法主要依赖定量数据，远远不能满足数据挖掘领域中分析和解决问题的要求。在数据结构和算法设计中，字符串具有特定的数据存储结构以及较为成熟、高效的操作算法，近年来，不少与字符串相关的算法在文本数据挖掘和生物信息等领域得到应用，甚至有些难以用具体定量数据来表示的实际问题也可以利用字符型数据来很好地进行描述。

由 Lin 等提出的时间序列符号化聚合近似(Symbolic Aggregate approXimation, SAX)可以说是一种最为典型的符号化表示方法①，也是一种基于分段聚合近似的符号表示方法。它首先将时间序列按 PAA 方法实现分段序列均值表示，同时把原时间序列进行 Z 标准化且把数据空间按等概率划分成 h 部分区域，每部分区域所在的位置用不同的字符来表示，最终时间序列经 PAA 方法转换得到均值序列，根据均值所在区域的符号来表示分段序列的特征。

SAX 符号特征表示允许用户充分利用生物信息和文本挖掘中的相关算法来解决目前时间序列数据挖掘中常见的问题，例如模式发现、异常检测和可视化等。Patel 等提出利用 SAX 快速、准确

---

① Lin J, Keogh E, Lonardi S, et al. A symbolic representation of time series, with implications for streaming algorithms[C]. Proceedings of the ACM SIGMOD International Conference on Management of Data Workshop on Research Issues in Data Mining and Knowledge Discovery, 2003: 2-11.

地发现主题模式的方法;Keogh 等指出如何使用 SAX 进行时间序列异常模式发现;Wei 等通过 SAX 对时间序列进行可视化并提出利用可视化方法来进一步实现异常模式发现;Wei 和 Xi 等提出利用 SAX 来处理一些关于物体形状数据转化为时间序列数据之后的数据挖掘方法;Lin 等详细综述了关于 SAX 方法的研究成果。

由于 SAX 是基于 PAA 的符号化表示方法,SAX 也就继承了 PAA 的缺陷,即 SAX 只能对分段序列的均值进行符号表示,容易忽略时间序列形态变化和关键点的重要信息。针对这种情况,钟清流和蔡自兴同时考虑均值和方差并且将它们转化为符号,实现二维空间下的符号化表示。Lkhagva 等提出的 ESAX(Extension of Symbolic Aggregate approXimation)是对 SAX 的扩展,同时考虑了时间序列段的极大值、极小值和均值,能够较为有效地反映时间序列的主要形态。与 SAX 相比,利用 ESAX 进行相似性模式搜索时,其表现更为出色。

有一些不同于前面所描述的符号表示方法,即利用聚类算法对时间序列子段进行聚类,并把每一类用一个字符来表示,这样就把原时间序列数据转化成了字符串。特别地,Megalooikonomou 等使用矢量量化(Vector Quantization,VQ)算法对时间序列进行符号化表示①,先将训练集中的时间序列进行等长度分段,再利用传统的 VQ 算法对它们进行矢量量化表示,形成用符号表示的编码表。编码表中的每一个编码对应一个字符,代表具有相似形态的序列段类。为了更准确地完成时间序列符号化过程,它还被扩展为更高精度的表示,实现多分辨率符号化表示。这种基于 VQ 的时间序列符号化表示方法能较精确地表示序列段的形态变化,但编码表计算过程中在时间复杂度上有较大的缺陷。

---

① Megalooikonomou V, Li G, Wang Q. A dimensionality reduction technique for efficient similarity analysis of time series databases[C]. Proceedings of the 13th ACM Conference on Information and Knowledge Management, 2004: 160-161.

4. 基于域变换的表示方法

基于域变换的时间序列表示方法就是将时间序列根据信号处理的方式实现时间域与频率域之间的转换，再利用频率域下的有限个特征数据来近似表示原始时间序列。离散傅里叶变换[①](Discrete Fourier Transform，DFT)和离散小波变换[②](Discrete Wavelet Transform，DWT)是这种时频变换方法中最具有代表性的两种方法，它们具有一定的联系，同时存在较大的区别。

虽然长度为 m 的时间序列通过 DFT 方法可以转化成 m 个系数，但是低振幅系数对信息或时间序列的重建贡献很小，而且 DFT 产生的大多数系数都是低振幅系数，因此，只需要部分系数就可以近似拟合原信息或时间序列。实验表明，前 1～3 个傅里叶系数就可以充分表示原始时间序列，并且能在时间序列相似性搜索中表现出良好的性能。主要原因在于，Perseval 定理证明了信号在时间域中的能量和频率域中的能量相等。换句话说，时间序列通过 DFT 变换后，前几个系数保存了绝大部分能量。然而，由于通过 DFT 转换后的系数保留的是时间序列的全局(整体性)信息，无法对局部信息进行反馈，因此这种变换不适用于时间序列局部信息的挖掘。

相比之下，DWT 是一种实用性更强的时间序列近似表示方法，通常利用 Haar 小波变换来表示和重构时间序列。DWT 与 DFT 的共同点是利用变换后的系数对时间序列进行表示，而不同点则表现在以下几个方面。

(1) Haar 小波系数仅表示时间序列局部信息，而 DFT 系数则

---

① Agrawal R, Faloutsos C, Swami A. Efficient similarity search in sequence databases[C]. Proceedings of the 4th International Conference on Foundations of Data Organization and Algorithms, 1993: 69-84.

② Struzik Z R, Siebes A P J M. Wavelet transform in similarity paradigm[C]. Proceedings of the 2nd Pacific-Asia Conference on Knowledge Discovery and Data Mining, 1998: 295-309.

表示时间序列的整体信息。

(2) Haar 小波变换要求时间序列的长度必须是 2 的倍数，而 DFT 可以不做要求。

(3) 对于长度为 m 的时间序列，Haar 小波变换的时间复杂度仅为 k，而快速傅里叶变换的时间复杂度至少为 $O(m\log m)$。

DWT 的第一个特性有利于时间序列的多分辨率分析，较少的小波变换系数对原时间序列进行粗糙地近似表示，而较多的小波变换系数则表现为较为精确、细致的近似表示。例如，Shahabi 等提出利用小波变换对时间序列进行多层次近似表示。虽然从这 3 个特性来看，DFT 和 DWT 有很大的差别，但一些学者将这两种方法进行组合使用，实验结果表明该组合方法也可以很好地对时间序列进行特征表示。

5. 奇异值分解

奇异值分解(Singular Value Decomposition，SVD)是一种以主成分分析方法为驱动引擎的分析方法，它利用数值计算中的K-L分解方法将高维时间序列数据转化为低维时间序列数据①，进而达到降维的目的。它不但常被用于时间序列数据降维和索引，还被用于文本挖掘、模式识别、图像压缩及人脸识别等。

在时间序列特征表示方面，SVD 与前面提及的方法大不相同。前文所述方法的操作对象通常指单个时间序列，每次变换的对象仅仅是时间序列数据集中的一条时间序列。相对于整个数据集来说，这些方法不依赖于数据集中的其他数据对象，是一种局部对象的处理方法。然而，SVD 是一种全局的时间序列变换方法，其操作对象是整个时间序列数据集。

在对整个时间序列数据集进行降维变换、提取主要特征和重

① Korn F, Jagaciish H V, Faloutsos C. Efficiently supporting ad hoc queries in large datasets of time sequences[C]. Proceedings of the ACM SIGMOD International Conference on Management of Data, 1997: 289-300.

构原数据时,SVD 是一种较好的方法,但同时也存在一些缺陷,最为突出的一点就是矩阵变换的复杂度,包括时间复杂度 $O(Nm^2)$ 和空间复杂度 $O(Nm)$,其中 N 表示数据集中时间序列的数目。除此之外,若从数据集中任意增加或删除一条记录,SVD 都要重新运算。特别地,对于大量高维时间序列数据来说,不管是从时间复杂度角度还是从存储空间复杂度角度来考虑,SVD 在数据集的挖掘与分析方面都没有优势。

2dSVD (Two-dimensional Singular Value Decomposition)是 SVD 的一种扩展①,是同时考虑对象二维特性的方法。然而,对于时间序列来说,2dSVD 的操作对象与 SVD 一样,是整个时间序列数据集,但 2dSVD 从时间序列数据集中行和列的角度出发,分别从行和列的协方差矩阵角度来考虑分解。目前,2dSVD 被用于时间序列数据特征表示并应用于时间序列数据挖掘,例如多维时间序列数据的分类。

6. 基于模型的表示方法

基于模型的表示方法通过事先假定时间序列数据是由某个模型产生,例如回归模型(Regression Model, RM)、隐马尔可夫模型(Hidden Markov Model, HMM)和神经网络模型(Neural Network Model, NNM)等,通过构造合适的模型,然后使用模型的参数或系数来实现时间序列的特征表示。其中,多项式回归分析模型是一种能直观、有效地对时间序列进行特征表示的方法。李爱国等提出一种分段的多项式回归分析模型,实现了对时间序列的分段表示。Fuchs 等提出了基于正交多项式回归分析模型的时间序列表示方法,它利用最小二乘法并结合正交多项式来拟合时间序列,在正交多项式基向量形成的特征空间中选取数值较大的坐

① Weng X Q, Shen J Y. Classification of multivariate time series using two-dimensional singular value decomposition[J]. Knowledge-Based Systems, 2008,21(7): 535-539.

标系数作为特征序列，被成功应用于时间序列在线分割和主题发现等领域。

通常情况下，时间序列模型的建立过程包括模型假设、模型估计、参数估计和模型检验。合适的时间序列模型可以很好地反映时间序列特征，使得该方法在数据挖掘领域占有一定的优势，具有处理含有噪声、不确定性和不等长等特征的时间序列数据挖掘的能力。同时，基于模型的特征表示方法也存在一定的不足之处，例如时间序列数据不是单纯地由某个模型产生，进而导致模型拟合时间序列的效果较差。

7. 基于复杂网络的表示方法

一种新时间序列的特征表示方法获得大量研究人员的关注，即借助相关算法将时间序列转换为复杂网络，并通过研究该复杂网络的统计和拓扑特征来揭示时间序列之间难以分析的几个重要特征。将时间序列转换到复杂网络的几种算法大多建立在相空间重构、递归图、相关性矩阵、依赖性和可见图的基础上。Lacasa 等① 构建的可见算法(Visibility Algorithm)操作更加简单和直观，其在金融、图像处理和神经科学等领域获得了广泛的应用。

可见，图主要分为两种：一种是自然可见图(Natural Visibility Graph)；另一种是水平可见图(Horizontal Visibility Graph)。其中水平可见图是自然可见图的子图，且水平可见的准则也要比自然可见的准则更加严格，当任意两个点水平可见时，这两个点肯定也是自然可见的。目前，由水平可见准则构建的水平可见图在核物理、光学和热声学领域得到了广泛应用。

---

① Lacasa L, Luque B, Ballesteros F, et al. From time series to complex networks: The visibility graph[J]. Proceedings of the National Academy of Sciences of the United States of America, 2008, 105(13): 4972-4975.

1.2.2　相似性度量研究现状

相似性度量(距离度量)是衡量不同对象之间的相互关系的方法,常需要结合特征表示来完成时间序列的相关性分析。因此,相似性度量也可视为时间序列数据挖掘中具体分析任务的预处理工作,是一项重要而又基础的工作。通常情况下,时间序列特征表示方法都伴随着相应的时间序列相似性度量方法,用来度量时间序列数据特征表示后的相似性。目前用于度量时间序列相似性或距离的主要方法可归纳为以下几种。

1. 欧氏距离

假设有时间序列 $Q=\{q_1,q_2,\cdots,q_m\}$ 和 $C=\{c_1,c_2,\cdots,c_m\}$,若用 Minkowski 距离度量方法来度量,则有

$$D_p(Q,C)=\sqrt[p]{\sum_{t=1}^{m}(q_t-c_t)^p} \tag{1.1}$$

式(1.1)可以被看成一系列距离度量方法的通用形式,根据 p 的取值不同,它可以表示不同的距离度量方式。其中当 $p=1$ 时,它变成曼哈顿距离;当 $p=\infty$ 时,它变成 L_∞ 范数且 $D_\infty(Q,C)=\max_t|q_t-c_t|$;当 $p=2$ 时,它成为使用最为广泛的欧氏距离。

一般情况下,欧氏距离可以直接被应用于度量两条长度相等的时间序列数据的相似性,但多数情况下,它将结合时间序列特征表示方法对时间序列进行距离度量。例如,对时间序列进行分段后,采用欧氏距离对拟合序列段直线的角度或斜率进行相似性计算;对时间序列进行符号化后,同样采用欧氏距离在降维空间中进行相似性度量;在谱分解中利用欧氏距离进行能量计算,实现特征序列的相似性度量。然而,由于欧氏距离对时间序列噪声或序列段突变的敏感性较强,通常依赖于数据的归一化等预处理操作,而且对时间序列的缩放和位移无法识别。特别地,它只能对同等长度的时间序列进行相似性度量,无法计算不同长度时间序列之间的相似性。因此,欧氏距离通常结合时间序列的特征表示方法来

更为有效地进行时间序列相似性度量。另外，在特征表示后的空间中进行时间序列相似性搜索时，该空间下的距离度量必须满足下界要求，以防止漏报情况产生。

2. 动态时间弯曲

动态时间弯曲(Dynamic Time Warping，DTW)是一种通过弯曲时间轴来更好地对时间序列形态进行匹配映射的相似性度量方法。它最早被用于处理语音数据，后来 Berndt 和 Clifford① 将它用于度量时间序列相似性。从此，DTW 在时间序列数据挖掘领域得到广泛的应用。

DTW 在两条时间序列 $Q=\{q_1,q_2,\cdots,q_m\}$ 和 $C=\{c_1,c_2,\cdots,c_n\}$ 之间寻找最优弯曲路径来得到最小距离度量值 DTW(Q,C)。任意满足边界条件、连续性及单调性的路径均可以表示成 $P=\{p_1,p_2,\cdots,p_k\}$，其中 p_k 用来表示 q_{ik} 与 c_{jk} 之间的对应关系。$d(p_k)$ 表示 q_{ik} 与 c_{jk} 的弯曲代价(或距离)，通常取 $d(p_k)=d(i_k,j_k)=(q_{ik}-c_{jk})^2$，$i_k=1,2,\cdots,m$；$j_k=1,2,\cdots,n$。在这些弯曲路径中，存在一条最优路径使得它的弯曲总代价最小，即

$$\mathrm{DTW}(Q,C)=\min_P\sum_{k=1}^{K}d(p_k) \tag{1.2}$$

为了求解式(1.2)，通过动态规划来构造一个代价矩阵 $\boldsymbol{R}$，即

$$\boldsymbol{R}(i,j)=d(i,j)+\min\{\boldsymbol{R}(i,j-1),\ \boldsymbol{R}(i-1,j-1),\ \boldsymbol{R}(i-1,j)\} \tag{1.3}$$

其中 $i=1,2,\cdots,m$；$j=1,2,\cdots,n$；$\boldsymbol{R}(0,0)=0$，$\boldsymbol{R}(i,0)=\boldsymbol{R}(0,j)=+\infty$。$\boldsymbol{R}(m,n)$ 就是 DTW 度量时间序列 Q 和 C 的最小距离值，即 DTW$(Q,C)=\boldsymbol{R}(m,n)$。

动态时间弯曲与欧氏距离的不同之处体现在以下几个方面。

---

① Berndt D, Clifford J. Using dynamic time warping to find patterns in time series[C]. Proceedings of AAAI-94 Workshop on Knowledge Discovery in Databases, 1994: 359-371.

(1) 动态时间弯曲不仅可以度量长度相等的时间序列,也可以对不等长的时间序列进行相似性度量;欧氏距离只能度量长度相等的时间序列。

(2) 动态时间弯曲对时间序列的突变或异常点不敏感,适用于此类数据的度量;欧氏距离对此类数据敏感,不利于此类时间序列的距离度量。

(3) 动态时间弯曲可以实现异步相似性比较;欧氏距离只能实现同步比较。

(4) 动态时间弯曲算法的时间复杂度为 $O(mn)$;欧氏距离的时间复杂度为线性时间 $O(m)$。

(5) 动态时间弯曲不满足三角不等式;欧氏距离满足三角不等式。

除了后两个特点外,前三个特点决定了 DTW 具有更为广泛的应用前景。Aach 和 Church 提出了相应的动态弯曲算法并对基因数据序列进行了弯曲度量。Berndt 和 Wong 等提出利用 DTW 对时间序列进行模式发现,并将 DTW 用于时间序列数据挖掘中的索引、聚类和分类等。Nayak 等提出了一种基于 DTW 的行为识别方法,而其他学者将 DTW 与其他方法进行整合且在时间序列数据挖掘中取得良好的效果。

Keogh 和 Pazzani① 为了使 DTW 更好地对形态进行弯曲度量,提出基于时间序列元素值导数的动态时间弯曲(Derivative Dynamic Time Warping ,DDTW),有效地克服了因时间轴过度弯曲导致相似性度量不准确的问题。为了提高 DTW 的运行效率,Kruskall 和 Sakoe 等通过缩小在距离矩阵中查找最优路径的范围,提出了倾斜加权的方法,使得搜索路径朝对角线方向快速增长。Sakurai 和 Zhou 等通过限制搜索范围和策略来提高算法的运

① Keogh E, Pazzani M. Derivative dynamic time warping[C]. Proceedings of the 1st SIAM International Conference on Data Mining, 2001: 1-11.

行效率，以便快速实现时间序列的相似性搜索。同样，根据时间序列的不同特征表示方法，在相应的降维空间下使用 DTW 进行精确计算相似性时，其估计距离应该满足下界要求，以免相似性检测发生漏报。例如，LB_Keogh 是一种满足 DTW 下界要求的估计距离度量方法，同时也是目前最快速的 DTW 时间序列相似性搜索方法之一①。它不但可以用于处理流时间序列，还可以对形态进行索引并提高时间序列分类准确性等。基于形态的距离度量②（Shape-based Distance，SBD），通过将两条时间序列相向移动时间点来度量每次移动时间点时两条时间序列重合序列之间的相关性，进而获得了一条记录每次移动得到的相关性数值向量，将该向量的最大值作为两条时间序列的相似性。该方法的思想也是通过时间扭曲的方式来匹配序列片段，它在时间序列数据聚类的应用效果和时间效率方面要优于 DTW。

3. 符号化距离

符号化表示方法可以将时间序列转化成字符串，其相似性度量方法也相应地由定量数据的距离度量转化为定性符号的距离度量。典型的符号化距离度量方法③是基于欧氏距离的度量方法，它通过对时间序列进行标准化处理，将原时间序列转化成满足标准正态分布的序列，再通过 SAX 表示方法将时间序列转化成字符

---

① Keogh E, Wei L, Xi X P, et al. LB_Keogh supports exact indexing of shapes under rotation invariance with arbitrary representations and distance measures[C]. Proceedings of the 32nd International Conference on Very Large Data Bases, 2006: 882-893.

② Paparrizos J, Gravano L. k-Shape: Efficient and Accurate Clustering of Time Series[J]. ACM SIGMOD Record, 2016, 45(1): 69-76.

③ Lin J, Keogh E, Lonardi S, et al. A symbolic representation of time series, with implications for streaming algorithms[C]. Proceedings of the ACM SIGMOD International Conference on Management of Data Workshop on Research Issues in Data Mining and Knowledge Discovery, 2003: 2-11.

串。同时,字符之间的距离是通过查询等概率划分的正态分布表来实现,最终得到形如表1.1的查询表。

表1.1 SAX使用的字符距离查询表(字符集规模为4)

字符	字符			
	a	**b**	**c**	**d**
a	0	0	0.67	1.34
b	0	0	0	0.67
c	0.67	0	0	0
d	1.34	0.67	0	0

在假定字符集规模为$h=4$的情况下,表1.1描述了时间序列通过SAX特征表示后字符之间的距离信息。它可以随着字符集规模h的变化而变化,利用这种形式,两条时间序列的相似性通过相应字符串之间的距离来反映。假设有时间序列$Q=\{q_1,q_2,\cdots,q_m\}$和$C=\{c_1,c_2,\cdots,c_m\}$,转换后的字符序列为$Q^s=\{q_1^s,q_2^s,\cdots,q_w^s\}$和$C^s=\{c_1^s,c_2^s,\cdots,c_w^s\}$,则两条代表时间序列$Q$和$C$的字符串序列的距离为

$$D(\widehat{Q},\widehat{C})=\sqrt{\frac{m}{w}\sum_{i=1}^{w}(\text{dist}(q_i^s,c_i^s))^2} \tag{1.4}$$

其中$\text{dist}(q_i^s,c_i^s)$表示字符q_i^s与c_i^s的字符距离,可以通过查询表1.1获得它们的距离,例如$\text{dist}(a,c)=0.67$。理论证明,该距离度量函数也满足下界要求,利用它进行时间序列相似性搜索时,可以保证漏报情况不会发生。该距离度量函数不但能有效地应用于时间序列的相似性搜索,还常被应用于时间序列数据挖掘领域的其他任务,例如聚类、分类和模式发现等。

编辑距离通常被定义为从一个字符串转换成另一个字符串所需要编辑的最小步数,其中编辑操作包括字符的删除、插入和改变。首先将时间序列通过某种符号化方法转换成字符串后,再利用编辑距离来度量两个字符串的相似性,进而反映原时间序列的

相似性。它的优点主要体现在可以充分利用字符串查找、匹配以及其他相关的成熟算法来提升时间序列数据挖掘算法的总体性能，而且操作过程和结果易于被人们理解与接受。然而，这种方法也存在不足之处，例如，对于不同步的时间序列之间的比较，其相似性度量效果较差。

最大公共子串也可以归为时间序列符号化距离度量的一种，它是通过计算两个字符串的最大公共子串长度与最长字符串长度的比值来度量这两个字符串的相似性。研究字符串之间最大公共子串的主要问题在于如何提高算法的时间和空间性能。传统方法是利用动态规划方法来获取两个字符串的最大公共子串，它的时间复杂度和空间复杂度都为$O(mn)$，其中n和m表示字符串的长度，不利于大量、较长时间序列之间的相似性度量。

4. 基于模型和压缩的距离度量

与上述几种方法相比，基于模型的距离度量方法考虑了时间序列数据产生过程的先验知识，通过对每条时间序列建立模型并计算出使用该模型从某一时间序列产生另一序列的似然值，进而实现时间序列的相似性度量。同时，通过对每对似然值取平均值可以得到形如欧氏距离的值，是具有对称性的相似性度量方法。对于大多数时间序列来说，其数据的存在形式是数值型，因此，连续型输出值的 HMM 或自回归移动平均(Auto Regressive Moving Average, ARMA)模型常用来度量这类时间序列数据。例如，Ge 和 Smyth 建立的 HMM 综合考虑了时间序列的分段线性表示；Panuccio 等通过对 HMM 的距离计算实现标准化处理，进而在计算过程中分析时间序列产生模型的拟合性效果。对于 ARMA 模型来说，通常使用模型参数或演变系数来反映原时间序列的相似性关系。当然，其他基于模型的方法也常被应用于时间序列相似性度量。例如，Keogh 和 Smyth 提出一种基于概率统计的时间序列相似性匹配模型，利用概率距离计算两个序列之间的相似性。

基于压缩的距离度量方法[①]是一种较新颖的时间序列相似性度量方法，其基本思想来源于信息论和计算理论，通常也被称为基于条件 Kolmogorov 复杂性的距离度量或数据压缩距离度量(Compression-based Distance Measure，CDM)。CDM 对数据进行压缩时，算法过程中的连接和压缩操作起关键作用。对较为相似的数据进行连接和压缩时，会产生较高的数据压缩率；相反，对大不相同的数据操作时，则会产生较小的数据压缩率。因此，CDM 借助数据压缩率来反映数据之间的相似性。由于 CDM 对数据压缩的特殊性，它适用于较长时间序列的相似性比较，并且在计算之前需要将连续型时间序列进行离散化。另外，同 DTW 和基于模型的距离度量方法一样，它适用于不等长时间序列的相似性比较。

5. 基于矩阵画像的度量方法

矩阵画像(Matrix Profile)是一种用于时间序列数据挖掘的数据结构，可用于主题发现、密度估计、异常检测、规则发现、分割和聚类等。时间序列矩阵画像由 Chen 和 Keogh 团队于 2015 年提出，是一种可以高效地对时间序列数据进行挖掘的数据结构[②]。Yeh 等提出了 MASS 算法与 STAMP 算法，阐述了计算时间序列的矩阵画像，寻找兴趣模式及异常点的原理和过程。Zhu 等在 STAMP 的基础上提出了 STOMP 算法，改变了算法过程中的点积计算过程，使算法的效率得以提高。Dau 和 Keogh 提出了一种可以应用于不同领域的寻找兴趣模式的通用技术。Yeh 等提出了 mSTAMP 算法，用于发现多维时间序列的兴趣模式，通常来说，多维兴趣模式比单维兴趣模式更具有实际意义。Zhu 等提出了在有

---

① Keogh E, Lonardi S, Ratanamahatana C A, et al. Compression-based data mining of sequential data[J]. Data Mining and Knowledge Discovery, 2007, 14(1): 99-129.

② Chen Y, Keogh E, Hu B, et al. The UCR time series classification archive, http://www.cs.ucr.edu/~eamonn/time_series_data/, 2015.

缺失的数据中寻找兴趣模式的方法，并验证了该方法的可用性。Zhu 等提出了用于发现兴趣模式的新算法 SCRIMP，它结合了 STAMP 与 STOMP 的最佳功能，能够快速收敛且随时可用。矩阵画像算法正在不断完善且愈发成熟，凭借该算法在时间序列数据挖掘上的优点，其在相关领域的应用将越来越广。

矩阵画像是时间序列 T 中每个子序列 $T_{i,m}$ 与其最近邻居（即距离最小值）之间的距离向量。距离画像相当于每个子序列片段与其他所有子序列片段距离的最小值。形式上，MP＝[$\min(\boldsymbol{D}_1)$，$\min(\boldsymbol{D}_2)$，…，$\min(\boldsymbol{D}_{n-m+1})$]，其中 $\boldsymbol{D}_i$（$1 \leqslant i \leqslant n \leqslant m+1$）是时间序列 T 的距离向量 $\boldsymbol{D}_i$。兴趣模式指的是一条或多条时间序列中最相似的子序列片段，即在每个子序列片段所对应的已是其最近距离值（即子序列的 MP 值）的情况下，再寻找 MP 中的极小值。在寻找兴趣模式之前，需要先计算出要寻找兴趣模式的序列的 MP 值，再寻找 MP 中的极小值，从而找到兴趣模式。时间序列 T 的矩阵画像索引用来记录每个子序列片段的最近子序列片段所在位置，记为 MPI，则 MPI 为整数向量，即 MPI＝[$I_1, I_2, \cdots, I_{n-m+1}$]，$I_i = \arg\min\limits_{j}(\boldsymbol{D}_i(j))$，$\boldsymbol{D}_i(j)$表示距离向量 $\boldsymbol{D}_i$ 中的第 j 个距离元素。

当子序列片段的 MP 值相同时，它们的 MPI 也相同。因此通过 MPI 可以快速、简便地定位到 MP 相同的值，从而快速寻找序列的兴趣模式。计算矩阵画像的算法目前有 stamp、stomp、scrimp 等。采用 stomp 算法进行点积处理时，可以降低算法的时间复杂度，使算法更加高效。Gharghabi 等①在矩阵画像的基础上提出了用于度量时间序列之间距离的新方法（Matrix Profile Distance，MPDist），该方法比其他基于欧氏距离或动态时间弯曲的距离算法

① Gharghabi S, Imani S, Bagnall A, et al. Matrix Profile XII：MPdist：A Novel Time Series Distance Measure to Allow Data Mining in More Challenging Scenarios[C]//2018 IEEE International Conference on Data Mining (ICDM). IEEE, 2018：965-970.

更有效,其计算公式为

$$\mathrm{MPDist}(A,B)=\begin{cases}\vec{\boldsymbol{P}}_{ABBA}(k), & |\boldsymbol{P}_{ABBA}|>k\\ \max(\boldsymbol{P}_{ABBA}), & |\boldsymbol{P}_{ABBA}|\leqslant k\end{cases}$$

式中,A 和 B 表示两条时间序列,$\boldsymbol{P}_{ABBA}$ 是一个距离向量且表示了 A 和 B 之间的联合矩阵画像,该向量是由 A 与 B 之间相互计算矩阵画像构建的距离向量,$\vec{\boldsymbol{P}}_{ABBA}$ 是对 $\boldsymbol{P}_{ABBA}$ 从小到大的排序结果。$\vec{\boldsymbol{P}}_{ABBA}$ 的最大值反映了两条时间序列之间局部序列片段最不相似的情况,该值很容易受异常点的影响;最小值则表示了两条时间序列最为普通子序列片段的相异性,较难反映 A 与 B 之间的总体差异性。通过分析发现,取 $k=0.05(L_A+L_B)$ 且当 $\boldsymbol{P}_{ABBA}$ 的向量长度大于 k 时,排序后的联合矩阵画像$\vec{\boldsymbol{P}}_{ABBA}$ 中第 k 个值能够较好地反映时间序列 A 与 B 的相关性。该方法不仅能高效地用于度量时间序列的距离,还可以用于数据流的距离度量。

6. 其他距离度量方法

在时间序列数据挖掘中,相似性搜索、异常检测和兴趣模式发现等任务通常会消耗较大的计算时间和内存空间。然而,对时间序列进行相似性搜索时,通常利用空间访问方法(如 R_Tree 及其变形)来快速搜索相似序列。利用这种方法进行相似性搜索时,若数据维度为 8~12,其搜索效率将会明显下降。由于时间序列的长度往往超过该维度,为了提高搜索效率,需要对时间序列进行数据特征变换,既达到降维的目的,又能提高计算效率。

Faloutsos 等[①] 提出的 GEMIN(GEneric Multimedia INdexing)方法允许采用任意一种降维方法提高相似性搜索效率,它为后期的时间序列相似性搜索研究奠定了基础。采用此类方法,降

---

① Faloutsos C, Ranganathan M, Manolopoulos Y. Fast subsequence matching in time series databases[C]. Proceedings of the ACM SIGMOD International Conference on Management of Data, 1994: 419-429.

维后的空间称为搜索空间，而原数据空间称为真实空间。在搜索空间中进行相似性搜索时，为了防止发生漏报，其度量时间序列的估计距离度量函数 LB(Q,C)（通常也称为下界度量函数）与真实空间的距离度量函数 $D(Q,C)$必须满足①：

$$\mathrm{LB}(Q,C) \leqslant D(Q,C) \tag{1.5}$$

式中，真实空间的距离度量函数 $D(Q,C)$通常指欧氏距离或动态时间弯曲方法。

若 LB(Q,C)满足式(1.5)，则下界度量函数 LB(Q,C)满足真实空间下时间序列之间距离度量的下界要求，亦可称 LB(Q,C)满足下界性，在相似性搜索时不会发生漏报。同时，通常情况下会利用下界紧凑性和数据剪枝能力来衡量 LB(Q,C)度量时间序列相似性的能力。

下界紧凑性 Tightness 通常被表示成搜索空间中下界度量函数 LB(Q,C)与真实距离度量函数 $D(Q,C)$的比值，即

$$\mathrm{Tightness} = \frac{\mathrm{LB}(Q,C)}{D(Q,C)} \tag{1.6}$$

不难发现，紧凑性是一个大于 0 的实数。若紧凑性小于或等于 1，则 LB(Q,C)满足下界要求；否则，不满足下界要求。同时，紧凑性的值越接近 1，则说明 LB(Q,C)的下界紧凑性越好；否则，其下界紧凑性越差。

数据剪枝能力是指下界度量函数 LB 在时间序列数据集 $S=\{S_1,S_2,\cdots,S_N\}$中进行时间序列 Q 相似性搜索时排除不相似时间序列的能力。给定某一距离阈值 ε，判断 LB(Q,S_i)是否大于某阈值 ε。若成立，则说明 S_i 与 Q 不相似，将其排除；否则，S_i 作为 Q 的候选相似序列被保留，等待进一步判断是否为最相似序列。通常情况下，下界度量函数 LB 的下界紧凑性越好，对时间序列的数

---

① Keogh E, Chakrabarti K, Pazzani M, et al. Dimensionality reduction for fast similarity search in large time series databases[J]. Knowledge and Information Systems, 2001, 3(3): 263-286.

据剪枝能力就越好。剪枝能力 Pruning 表示为

$$\text{Pruning}=\frac{\text{不相似序列的数目}}{\text{数据集中序列的数目}} \tag{1.7}$$

基于 PAA 特征表示的距离度量方法和基于 SAX 特征表示的符号化距离度量方法都满足下界要求。其他一些基于特征表示的时间序列距离度量方法也满足下界要求，例如基于 DFT 和 DWT 特征表示的距离度量方法等。为了利用 DTW 方法对时间序列快速、有效地进行相似性搜索，满足 DTW(Q,C)下界的函数 LB_Keogh(Q,C)不仅常常被应用于不同尺度的相似性搜索，还被用于时间序列数据流和物体形态的有效处理。Kim 等通过提取时间序列的最小值和最大值，以及第一个和最后一个数据点来构建四元组特征空间，通过欧氏距离计算时间序列之间的四元组特征向量元素的最大距离来近似度量它们的相似性，最终的距离值也满足 DTW(Q,C)下界要求。同样，Yi 等利用被查询序列的最大值与最小值来观察查询序列中高于最大值和低于最小值的数据点，其构造的距离函数也满足 DTW(Q,C)下界要求。

除了上述距离度量函数外，不满足下界要求的距离度量函数也常被应用于时间数据挖掘中。例如，Lin 和 Li 利用直方图方法来对时间序列的袋装模式 BOP 进行相似性度量；有些学者通过分形特性来对时间序列进行有效的度量及分析；其他一些相似性度量方法①也出现在时间序列数据挖掘的具体任务中。

1.2.3 已有研究的不足之处

近年来，对时间序列的特征表示与相似性度量研究取得了一定的进展，其成果已广泛应用于各个领域，例如，病人群体的异常个体检测、金融数据中股票的相似性发现和异常发现，以及消费支

① Fu T C. A review on time series data mining[J]. Engineering Applications of Artificial Intelligence, 2011, 24(1): 164-181.

出的欺诈问题等。然而，随着研究的不断深入，发现这些时间序列特征表示和相似性度量方法也存在一些不足之处。

正交多项式回归分析模型是一种利用最小二乘法实现拟合误差最小的时间序列特征表示方法，它是从时间序列的整体特征角度出发，对时间序列进行数据降维，以便有效地对时间序列进行相似性度量。然而，由于高次多项式拟合时间序列容易出现过拟合现象，且高次正交多项式基向量对应的坐标系数远小于低次正交多项式基向量对应的坐标系数。若利用欧氏距离来度量坐标系数序列的相似性，则容易忽视数值小的坐标系数所隐含的原时间序列的重要信息。同时，相应的距离度量函数在理论上尚未证明满足下界要求，在相似性搜索中可能会发生漏报现象。因此，针对回归系数特征序列，需要研究一种满足下界要求且度量质量较高的相似性度量方法，以改善正交多项式回归分析模型在时间序列数据挖掘中的应用效果。

时间序列的分段聚合近似和符号化表示方法是目前较为流行的时间序列特征表示方法，它在时间序列数据挖掘领域得到了广泛应用，如时间序列聚类、分类、兴趣模式发现、异常模式发现及时间序列可视化等。同时，相应的相似性度量方法满足距离下界要求，避免了相似性搜索时漏报的产生。但由于分段聚合近似仅考虑了分段序列的均值信息，对于该区域的数据分布情况没有进一步考虑，进而忽略了数据的局部形态信息和分布的不确定性，不能很好地对具有明显形态分布的时间序列进行比较。因此，研究综合考虑均值和形态或者数据分布不确定性的聚合近似方法及符号化表示方法也具有十分重要的意义与广阔的应用前景。

分段线性近似表示方法是时间序列特征表示的一种常用方法，它主要对时间序列的关键点或关键形态进行分析和识别，利用较少数量的直线段来近似拟合原时间序列。虽然该方法能够较为直观地对时间序列进行特征表示，但拟合线段数量的确定却是一个较为棘手的问题。因此，研究如何客观、有效且自适应地对时间序列进行分段线性近似的方法具有重要的意义。同时,降低传统自顶向下分段线性近似表示方法的时间复杂度也具有一定的挑战性。

动态时间弯曲方法是一种伸缩性较好的时间序列相似性度量方法,它可以在不进行时间序列特征表示的情况下直接、有效地进行相似性比较。与欧氏距离度量方法相比,不仅对异常点不具有敏感性,而且还能实现不同长度时间序列之间的距离度量。然而,由于 DTW 利用动态规划方法查找最优弯曲路径的时间复杂度过高,不利于大量较长时间序列之间的相似性比较,进而限制了其应用范围。同时,由于 DTW 算法过分依赖时间序列数据值,忽视了时间序列局部数据的形态特征,不能很好地对具有相近数据但具有明显形态区别的时间序列进行相似性比较。因此,提高 DTW 的效率和精度在时间序列相似性研究领域具有重要的意义和价值。

针对上述问题,以等长和不等长时间序列的特征表示和相似性度量等预处理方法作为主要研究内容,提出鲁棒性和性能较强的解决方案,使得相应的特征表示和相似性度量等预处理方法能够改善时间序列数据挖掘的效率和质量,同时将它们应用于主题数据、金融股票、期刊文献数据和发动机参数等挖掘领域,拓展和提高时间序列数据挖掘技术在社会科学和自然科学领域的应用性能与管理决策效果。

1.3 本书研究内容和框架结构

本书对时间序列特征表示和相似性度量方法研究背景及意义进行了分析,对国内外研究现状进行了综述,综合考虑了目前时间序列特征表示和相似性度量方法存在的优点与缺点,分别以等长时间序列和不等长时间序列为研究对象,对不同类型时间序列的特征表示和相似性度量方法做出探索性研究,使得新方法能够更为完善地对时间序列进行特征表示和相似性度量,进而提高它们在时间序列数据挖掘任务中的应用效率和性能。同时,根据实际项目要求，利用时间序列数据挖掘方法，结合相应的特征表示和相似性度量方法，实现在主题数据、金融股票、期刊文献数据和发动机参数等领域的时间序列特征识别和相似性度量，使得基于特征表示和相似性度量的时间序列数据挖掘理论与方法向经济、金融、数据情报、工业、工程等应用领域拓展，为具体的管理工作提供决策依据和技术支持。

1.3.1 研究内容

为实现相关的研究目标，本书具体研究内容如下。

(1) 从等长时间序列的整体特征出发，提出基于正交多项式回归系数的特征表示和相似性度量方法。利用正交多项式回归分析模型对时间序列进行特征转化，得到反映原时间序列整体形态波动的正交多项式回归系数。通过分析多项式最高项次数回归系数对时间序列拟合效果的影响，选取合适的形态特征反映时间序列的主要形态趋势，提出了更适合回归系数特征序列的相似性度量方法。

(2) 针对分段聚合近似对等长时间序列进行特征表示的问题，利用多维特征对等长时间序列进行特征表示，并构造满足下界性的相似性度量方法。利用分段方法对较长时间序列进行分段，并且对每个分段序列进行特征提取，进而实现时间序列的特征表示和数据降维。同时，针对分段特征序列所提出的距离度量函数需要满足下界性，避免在相似性检索中发生漏报现象。根据分段序列使用不同维度的特征序列，分别提出了基于二维统计特征表示的分段聚合近似方法和基于二维形态特征表示的分段符号化表示方法，进一步提高传统分段聚合近似方法在时间序列数据挖掘中的应用效率。同时，将分段序列的二维形态特征表示推广到更高维的主要形态特征表示，使得具有较高维数的分段特征表示方法在较高数据压缩率的情况下，相应的距离度量函数的性能有所提高。

(3) 根据时间序列的不确定性，以云模型理论为基础对等长时间序列实现分段特征表示，并提出了不满足下界要求但具有较高性能的相似性度量方法。由于时间序列的产生过程和数据分布具有不确定性，通过考虑这种不确定性特征，提出了基于云模型的时间序列特征表示方法，并利用相应的相似性度量函数对特征序列进行相似性度量。研究结果表明，虽然基于云模型的时间序列相似性度量方法不能满足下界要求，但它从局部和全局的角度综合考虑了时间序列的波动性和不确定性，具有较高的相似性度量质量，有效地提高了时间序列数据挖掘算法的性能。

（4）针对传统动态时间弯曲方法度量不等长时间序列需要较高时间代价的问题，提出了两种改良的弯曲度量方法。首先，在权衡计算速度和度量精度的基础上，提出基于分段线性近似和导数动态时间弯曲的时间序列相似性度量方法，使得该方法能快速、有效地对不等长时间序列进行弯曲度量；其次，为解决动态时间弯曲方法在相似性搜索过程中需要花费大量时间代价的问题，通过缩小最优弯曲路径的搜索范围和提前终止计算最优弯曲路径的策略，提高了在时间序列相似性搜索中的应用效率。

（5）时间序列数据特征表示与相似性度量方法的应用研究。首先，针对文本主题分析、研究缺少考虑主题内部和主题之间深层次关系的问题，依据时间顺序和主题出现频次构建主题之间的共现时间序列数据，使用复杂网络分析方法来研究主题。研究分析发现，主题中心代表与关键词热度无关，概念涵盖范围较广的主题更可能成为主题网络中枢等创新性结论。新方法考虑了时间因素对主题分析的影响，不仅拓展了主题研究领域的相关理论和方法，还提升了文献主题研究质量。其次，针对金融市场中的机构交易对股票市场中的散户投资行为具有较强误导性的现象，结合时间序列矩阵画像方法，提出了基于机构交易行为影响的趋势预测方法，进而提升时间序列数据挖掘算法对股票预测的效果。再次，基于参考文献在期刊论文发表过程中的重要性以及引证文献对期刊论文的影响力，提出基于时间序列相似性度量的期刊参考文献与引证文献来对时间序列数据进行分析和研究，从时间变化的角度对来源期刊实现聚类划分，自适应地找到中心来源期刊作为簇的特征对象，其获得的结论可为目标期刊编辑部、论文读者与创作者对期刊文献的质量管理提供决策参考和理论依据。最后，根据实际项目要求和发动机参数时间序列数据的特性，进一步讨论如何利用时间序列特征表示和相似性度量方法实现发动机参数的数据挖掘，进而获取相关的信息和知识，主要内容包括两个方面，分别是发动机参数特征识别方法和发动机故障检测算法。通过对发动机参数数据挖掘技术的研究，进一步拓展时间序列特征表示和相似性度量方法在工业和工程领域的应用，为管理和保障发动机的安全运行提供依据。

1.3.2 框架结构

本书以时间序列的长度为视角，分别研究等长时间序列和不等长时间序列的特征表示和相似性度量方法。对于等长时间序列特征表示和相似性度量的研究，分别从整体特征表示和分段特征表示两方面出发，同时，分析特征表示后的时间序列相似性度量方法是否满足下界要求。另外，结合时间序列数据特征表示和相似性度量的应用混合性特征，将它们应用于解决管理实践中的具体问题，提高相关领域的决策质量。本书具体框架结构如图 1.1 所示。

各章的具体内容如下。

第 1 章，绪论：描述了时间序列特征表示和相似性度量的研究背景和意义，对国内外相关研究进行综述，分析了目前相关研究的优点及缺点，并在此基础上提出了本书研究内容和框架结构。

第 2 章，基于正交多项式回归系数的特征表示及相似性度量：以等长时间序列为研究对象，从整体特征表示的角度出发，利用正交多项式回归分析模型对时间序列进行特征表示并提出满足下界要求的特征序列相似性度量方法。

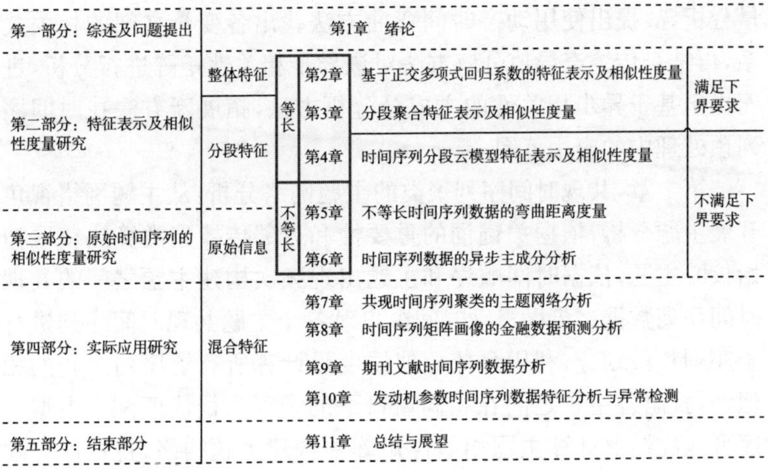

部分	特征	长度	章节	内容	下界
第一部分：综述及问题提出			第1章	绪论	
第二部分：特征表示及相似性度量研究	整体特征	等长	第2章	基于正交多项式回归系数的特征表示及相似性度量	满足下界要求
	分段特征	等长	第3章	分段聚合特征表示及相似性度量	满足下界要求
	分段特征	等长	第4章	时间序列分段云模型特征表示及相似性度量	不满足下界要求
第三部分：原始时间序列的相似性度量研究	原始信息	不等长	第5章	不等长时间序列数据的弯曲距离度量	不满足下界要求
	原始信息	不等长	第6章	时间序列数据的异步主成分分析	不满足下界要求
第四部分：实际应用研究	混合特征		第7章	共现时间序列聚类的主题网络分析	
			第8章	时间序列矩阵画像的金融数据预测分析	
			第9章	期刊文献时间序列数据分析	
			第10章	发动机参数时间序列数据特征分析与异常检测	
第五部分：结束部分			第11章	总结与展望	

图 1.1　本书框架结构

第 3 章，分段聚合特征表示及相似性度量：以等长时间序列为主要研究对象，从分段特征表示的角度出发，分别提出二维统计特征、二维形态特征和高维主要形态特征等表示方法，综合分析和比较了它们各自的距离度量函数满足下界要求的问题。

第 4 章，时间序列分段云模型特征表示及相似性度量：对等长时间序列进行分段云模型特征表示，从距离度量函数不满足下界要求的角度出发，进一步考查基于特征表示方法且不满足下界要求的度量函数的相似性度量质量。

第 5 章，不等长时间序列数据的弯曲距离度量：对于不等长时间序列综合考虑动态时间弯曲的度量质量和时间效率，分别提出一种基于分段线性近似和导数动态时间弯曲的相似性度量方法和一种高效动态时间弯曲相似性搜索方法，使得弯曲度量方法具有较高的度量质量，提高了它们在时间序列数据挖掘中的应用效果。

第 6 章，时间序列数据的异步主成分分析：鉴于传统主成分分析广泛用于时间序列数据特征表示和降维处理，且建立在同步时间点数据的相关关系分析的基础上，缺乏对时间异步性的数据度量分析，故提出使用动态时间弯曲方法找出各变量之间的相关关系，再结合传统奇异值分解方法对该异步相关性矩阵进行分析，进而提出基于异步相关性的主成分分析方法，拓展新方法在时间序列预处理中的应用范围。

第7章，共现时间序列聚类的主题网络分析：从主题网络视角开展主题分析，依据关键词的重要性和近邻传播聚类算法获取初始核心主题，依据时间顺序和主题出现频次构建主题之间的共现时间序列数据。借助滑动时间窗口对各个主题共现时间序列进行子序列片段划分，利用余弦相似性度量计算所有子序列之间的相似性，找出各主题之间在相同窗口下的子序列最优匹配。根据子序列匹配情况计算主题相似性矩阵并构建主题网络，将社区发现算法依据主题网络进行划分，实现了主题二次聚类，进而从更细微的视角揭示主题之间的深层次关系。

第8章，时间序列矩阵画像的金融数据预测分析：针对金融市场中的机构交易对股票市场中的散户投资行为具有较强误导性的现象，提出一种基于机构交易行为影响的趋势预测方法。利用时间序列的矩阵画像方法，以股票换手率数据为切入点，构建不同兴趣模式长度的基于机构交易行为影响的换手率波动知识库；确定待预测股票在兴趣模式长度取何值时可以取得较高的预测精确；根据基于兴趣模式的知识库，预测在机构交易行为影响下的单支股票的波动趋势。

第9章，期刊文献时间序列数据分析：从时间序列数据挖掘的角度出发，以期刊论文的参考文献和引证文献为研究主体，分别从数值和趋势两个角度探究目标参考文献来源期刊被引及引证文献来源期刊引用的热度与趋势。研究过程中使用了字符串正则表达式对半结构化数据进行了结构化处理，为文献数据的聚类分析提供了简便的数据来源。通过时间序列的动态时间弯曲和近邻传播聚类算法等数据挖掘相关方法，对参考文献来源期刊和引证文献来源期刊的时间序列数据进行聚类分析，并实现聚类结果可视化，验证参考文献来源期刊之间的相似性和引证文献来源期刊之间的关系。

第 10 章,发动机参数时间序列数据特征分析与异常检测:根据发动机性能参数数据的特征,采用基于形态特征的符号化表示方法对发动机参数的特征进行识别,同时使用基于统计特征的相似性度量方法结合异常模式发现算法对发动机参数进行异常检测,为发动机的安全性能检测提供了新的视角。

第 11 章,总结与展望:总结本研究的全部工作,并着重阐述研究的创新点,同时对下一步研究工作做出展望。

第2章　基于正交多项式回归系数的特征表示及相似性度量

正交多项式回归分析模型是一种利用最小二乘法实现拟合误差最小的时间序列特征表示方法。该模型从时间序列整体特征出发，对时间序列进行数据降维，以便有效地对时间序列进行相似性度量。Fuchs 等①把时间序列映射到多项式系数所形成的特征空间，选取部分反映时间序列整体特性的主要形态特征来近似表示时间序列，实现原时间序列的特征表示和数据降维。然而，由于高次多项式拟合时间序列容易出现过拟合现象，且高次正交多项式基向量对应的坐标系数远小于低次正交多项式基向量对应的坐标系数，若利用欧氏距离来度量坐标系数特征向量的相似性，则容易忽视数值小的坐标系数所隐含的原时间序列的重要信息。因此，Fuchs 等直接利用欧氏距离来度量坐标系数序列之间的相似性，即基于形态空间的距离度量方法，它不利于近似度量时间序列的关系。同时，在理论上尚未证明满足下界要求，在相似性搜索中可能会发生漏报现象。

针对这些问题，通过分析多项式最高项次数对时间序列拟合效果的影响，选取合适的形态特征反映时间序列的形态趋势，本章提出了新的时间序列相似性度量方法，并且在理论上证明其满足下界要求，具有较好的相似性度量质量。同时，本章提出了另外一种具有较强鲁棒性的相似性度量方法，不但与前者具有相同的相

---

① Fuchs E, Gruber T, Nitschke J, et al. On-line segmentation of time series based on polynomial least-squares approximation[J]. IEEE Transactions on Pattern Analysis and Machine Intelligence, 2010, 32(12): 2232-2245.

似性度量质量，而且有较强的下界紧凑性和数据剪枝能力，有利于提高时间序列相似性搜索的性能。实验结果表明，该方法能快速、有效地对时间序列数据进行相似性度量，提高了时间序列数据挖掘领域相关模型和算法的性能。

2.1　正交多项式回归系数特征表示

正交多项式回归分析模型是利用正交多项式基向量所形成的特征空间来描述时间序列的方法，在特征空间下用回归系数来表示时间序列，从而实现特征表示和数据降维。

给定长度为 m 的等间距采样的时间序列 $Q=\{q_1,q_2,\cdots,q_m\}$，$q_t\in\mathbf{R},1\leqslant t\leqslant m$，可被 K 次多项式 $\Phi_A(t)$ 近似表示，并且该多项式由一组正交多项式线性组合而成，形如：

$$\Phi_A(t)=\sum_{k=0}^{K}a_k\boldsymbol{f}_k(t),\quad t=1,2,\cdots,m \tag{2.1}$$

式中，$\boldsymbol{f}_k(t)$是一个正交多项式基向量。$\boldsymbol{E}(t)=\{\boldsymbol{f}_0(t),\boldsymbol{f}_1(t),\cdots,\boldsymbol{f}_K(t)\}$形成了时间序列降维后的特征空间。$A=\{a_0,a_1,\cdots,a_K\}$为原始时间序列在该特征空间下的坐标（或称为回归系数），同时也是表示时间序列数据降维后的特征序列。在特征空间中，任意正交多项式基向量 $\boldsymbol{f}_k(t)$须满足以下3个条件。

（1）$\boldsymbol{f}_k(t)$由 k 个不同次数单项式线性组合而成，且最高次数为 k，即

$$\boldsymbol{f}_k(t)=r_{k,k}t^k+r_{k,k-1}t^{k-1}+\cdots+r_{k,1}t+r_{k,0} \tag{2.2}$$

（2）$\boldsymbol{f}_k(t)$的最高项系数为1，即 $r_{k,k}=1$。

（3）任意两个不同正交多项式基向量的内积为0，即对于 $i\neq j$，$0\leqslant i,j\leqslant K$，有

$$\langle\boldsymbol{f}_i(t)\mid\boldsymbol{f}_j(t)\rangle=\sum_{t=1}^{m}\boldsymbol{f}_i(t)\boldsymbol{f}_j(t)=0 \tag{2.3}$$

$\boldsymbol{f}_k(t)$是一个独立于时间序列具体数值的正交多项式，仅与长度 m 及时间点的间距有关，特征序列 A 可以通过利用最小二乘法

求解最佳拟合时间序列Q的逼近问题得到，即

$$\sigma_K = \min_A \| \Phi_A - Q \| \tag{2.4}$$

式中，Φ_A 表示 $K+1$ 个特征空间 $\boldsymbol{E}(t)$ 下形态特征序列 A 拟合原时间序列的曲线，σ_K 是在该空间下拟合序列 Φ_A 与原始序列 Q 的误差。利用最优性条件，上述问题的最优解可以转化为求解方程组

$$\frac{\partial \sigma_K}{\partial A} = \frac{\partial \| \Phi_A - Q \|}{\partial A}$$

得到形态特征序列 A，即

$$a_k = \frac{1}{\| \boldsymbol{f}_k \|^2} \sum_{t=1}^{m} q_t \boldsymbol{f}_k(t), \quad k = 0, 1, \cdots, K \tag{2.5}$$

同时结合正交矩阵的相关性质可以推导出正交多项式基向量组 $\boldsymbol{E}(t)$，即

$$\boldsymbol{f}_{k+1}(t) = \left(t - \frac{m-1}{2}\right) \boldsymbol{f}_k(t) - \frac{k^2 m^2 - k^4}{16k^2 - 4} \boldsymbol{f}_{k-1}(t) \tag{2.6}$$

式中，$0 \leqslant k \leqslant K$，$\boldsymbol{f}_{-1}(t) = 0$ 和 $\boldsymbol{f}_0(t) = 1$，并且

$$\| \boldsymbol{f}_k \|^2 = \frac{(k!)^4}{(2k)!(2k+1)!} \prod_{i=-k}^{k} (m+i) \tag{2.7}$$

因此，可将时间序列 $Q = \{q_1, q_2, \cdots, q_m\}$ 转化为特征空间 $\boldsymbol{E}(t) = \{\boldsymbol{f}_0(t), \boldsymbol{f}_1(t), \cdots, \boldsymbol{f}_K(t)\}$ 下的回归系数特征序列 $A = \{a_0, a_1, \cdots, a_K\}$。同时，$A$ 中的任意元素代表时间序列的某一整体形态特征，例如 a_0、a_1、a_2 和 a_k 分别表示时间序列的均值、斜率、二次曲线形态和 k 次曲线形态等特征。

2.2 拟合效果分析

正交多项式回归分析模型对时间序列进行特征表示和数据降维，使时间序列的相似性度量转化为特征序列的相似性度量。由于特征序列拟合时间序列的性能仅与正交多项式的最高次数 K 值有关，因此首先需要分析特征序列长度 $K+1$ 对时间序列拟合效果的影响，确定拟合效果是否会随着 K 的增大得到提升。

将长度为 m 的时间序列 Q 转化为长度为 $K+1$ 的形态特征序列 A，其中 $K \ll m$，利用 A 拟合时间序列的曲线可以表示为 $\Phi_A(t)$。事实上，$\Phi_A(t)$ 可以由 $K+1$ 个长度为 m 的形态特征曲线加和构成，即

$$\Phi_A(t) = \sum_{k=0}^{K} \Psi_k(t) = \sum_{k=0}^{K} a_k f_k(t) \tag{2.8}$$

式中，第 k 个形态特征曲线表示成 $\Psi_k(t) = a_k f_k(t)$，$t=1,2,\cdots,m$。如图 2.1 所示，长度为 60 的时间序列可由 6 条等长的形态特征拟合曲线线性组合表示。Ψ_0 和 Ψ_1 分别描述了时间序列的均值和斜率，剩余曲线描述了时间序列的其他形态特征，而且从拟合效果来看，拟合曲线能很好地反映时间序列的变化趋势。

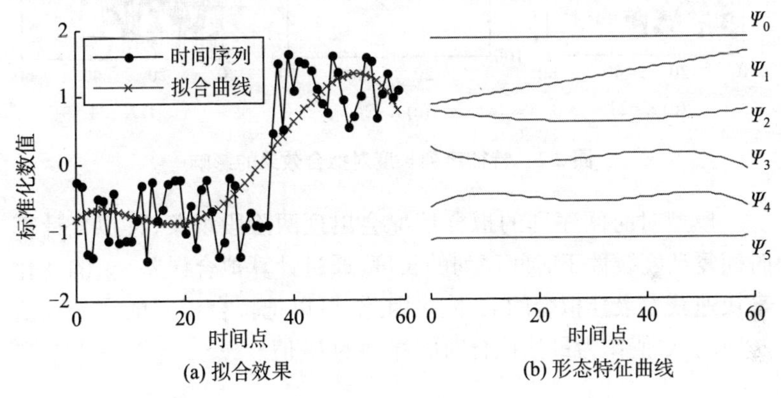

图 2.1 6 条等长的形态特征曲线拟合时间序列

理论上，K 的值越大，$K+1$ 条形态特征曲线拟合时间序列的效果越好。然而，由于随着时间的推移，t 变大，且结合高次多项式，则会产生较大的拟合数值，造成过拟合现象。如图 2.2 所示(图中横轴表示时间点，纵轴表示标准化数值)，随着 K 的增大，出现两阶段现象。第一阶段，拟合误差越来越小，拟合效果越来越好，如图 2.2(a)～(d)所示。第二阶段，当 K 值增大到一定程度后，出现过拟合现象，其拟合效果随 K 值的增大反而越差，图 2.2(e)和(f)显示了过拟合现象。因此，在进行时间相似性度量之前，需要先确

定最佳拟合时间序列的 K 值。

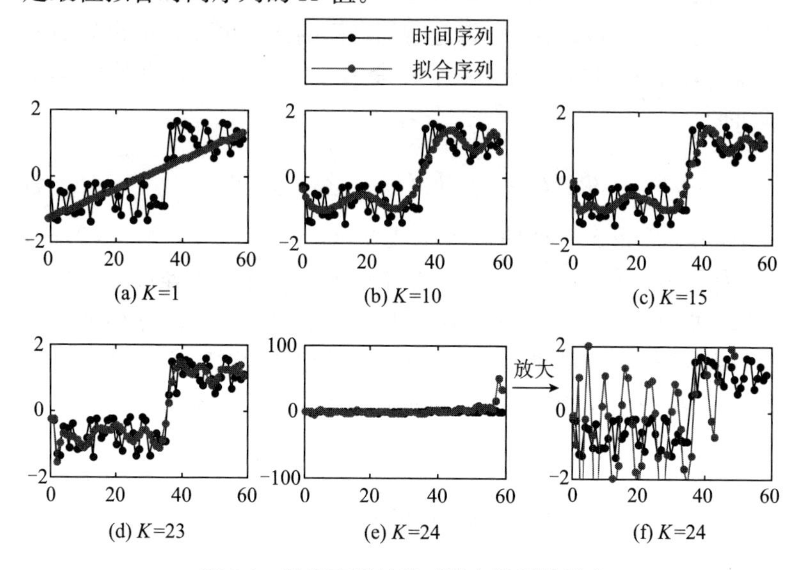

图 2.2　特征序列长度对拟合效果的影响

模型对时间序列的拟合情况会出现两阶段现象，且拟合计算时间复杂度线性于时间序列的长度，通过计算拟合误差 σ_K 的变化来快速获取最佳拟合的 K 值。因此，可以把拟合误差的突变点所对应的 K 值作为最佳拟合时间序列的 K 值。

2.3　相似性度量

基于正交多项式回归系数特征表示的时间序列相似性度量是一种相似性估计度量方法，该方法通常需要满足 3 个基本条件。

（1）转换后的特征序列不但要充分反映时间序列的形态变化趋势，能保留大部分信息，而且其转换过程应简单快速、易实现。

（2）估计度量方法的运行时间需要小于基于真实距离的相似性度量的运行时间。

（3）估计度量方法应满足下界要求，避免在相似性搜索时发生

漏报。

从模型和拟合分析效果来看,基于正交多项式回归系数的时间序列相似性度量方法已经满足条件(1)。在条件(2)中,基于真实距离的相似性度量方法可以为欧氏距离,时间复杂度往往大于相似性估计度量方法,其原因在于相似性估计度量方法是建立在降维后的特征序列的基础上。条件(3)是衡量距离估计度量方法性能的重要指标,它不但可以保证在相似性搜索应用中不发生漏报现象,而且是距离估计度量方法具有下界紧凑性和数据剪枝能力的前提条件。

假设有两条长度为 m 的时间序列 $Q=\{q_1,q_2,\cdots,q_m\}$ 和 $C=\{c_1,c_2,\cdots,c_m\}$,通过模型转换为特征空间 $E(t)$ 下的两组特征序列 $Q_A=\{q_{a_0},q_{a_1},\cdots,q_{a_K}\}$ 和 $C_A=\{c_{a_0},c_{a_1},\cdots,c_{a_K}\}$。Fuchs 直接利用欧氏距离对特征序列进行度量,即

$$\mathrm{SSD}(Q_A,C_A)=\sqrt{\sum_{k=0}^{K}(q_{a_k}-c_{a_k})^2} \tag{2.9}$$

式(2.9)被称为形态空间距离(Shape Space Distance, SSD)度量函数。虽然 SSD 估计度量方法满足 3 个基本条件中的前两个,但理论上还不能确保满足第三个基本条件,即

$$\mathrm{SSD}(Q_A,C_A)\leqslant D(Q,C) \tag{2.10}$$

可能不成立。

为了在理论上保证估计度量方法满足下界要求,在 SSD 的基础上提出一种新的形态特征序列相似性度量方法 $\mathrm{BD}(Q_A,C_A)$,使其满足

$$\mathrm{BD}(Q_A,C_A)\leqslant D(Q,C) \tag{2.11}$$

且有

$$\mathrm{BD}(Q_A,C_A)=\sqrt{\sum_{k=0}^{K}\lambda\,(q_{a_k}-c_{a_k})^2} \tag{2.12}$$

式中 λ 为参变量。

若式(2.11)成立,并且结合式(2.12)有

$$\sum_{k=0}^{K}\lambda\ (q_{a_k}-c_{a_k})^2\leqslant D^2(Q,C) \tag{2.13}$$

由式(2.5)可知

$$q_{a_k}=\frac{1}{\|\boldsymbol{f}_k\|^2}\sum_{t=1}^{m}q_t f_k(t)$$

$$c_{a_k}=\frac{1}{\|\boldsymbol{f}_k\|^2}\sum_{t=1}^{m}c_t f_k(t)$$

则有

$$\sum_{k=0}^{K}\lambda\ (q_{a_k}-c_{a_k})^2=\sum_{k=0}^{K}\frac{\lambda}{(\|\boldsymbol{f}_k\|^2)^2}\left[\sum_{t=1}^{m}(q_t-c_t)\boldsymbol{f}_k(t)\right]^2 \tag{2.14}$$

由柯西不等式得

$$\left[\sum_{t=1}^{m}(q_t-c_t)\boldsymbol{f}_k(t)\right]^2\leqslant\sum_{t=1}^{m}(q_t-c_t)^2\sum_{t=1}^{m}\boldsymbol{f}_k^2(t)$$

且又知 $\|\boldsymbol{f}_k\|^2=\sum_{t=1}^{m}\boldsymbol{f}_k^2(t)$，故式(2.14)演变成

$$\begin{aligned}\sum_{k=0}^{K}\lambda(q_{a_k}-c_{a_k})2&=\sum_{k=0}^{K}\frac{\lambda}{(\|\boldsymbol{f}_k\|^2)^2}\left[\sum_{t=1}^{m}(q_t-c_t)\boldsymbol{f}_k(t)\right]^2\\&\leqslant\sum_{k=0}^{K}\frac{\lambda}{(\|\boldsymbol{f}_k\|^2)^2}\sum_{t=1}^{m}(q_t-c_t)^2\|\boldsymbol{f}_k\|^2\\&=\sum_{k=0}^{K}\frac{\lambda}{\|\boldsymbol{f}_k\|^2}D^2(Q,C)\end{aligned}$$

要使式(2.13)成立，只需要满足

$$\sum_{k=0}^{K}\frac{\lambda}{\|\boldsymbol{f}_k\|^2}=1 \tag{2.15}$$

若 λ 为常量 λ_0，由式(2.15)可以解得

$$\lambda_0=\frac{1}{\sum_{k=0}^{K}\frac{1}{\|\boldsymbol{f}_k\|^2}}$$

若 λ 为变量 λ_k，则可以得到满足式(2.13)的 λ 值，即

$$\lambda_k=\frac{\| \boldsymbol{f}_k \|^2}{K+1}$$

根据λ取值的不同，得到两组满足下界要求的相似性度量方法，基于常量的下界估计距离(Constant-based lower Bounding Distance，CBD)和基于变量的下界估计距离(Variable-based lower Bounding Distance，VBD)分别为

$$\mathrm{CBD}(Q_A,C_A)=\sqrt{\sum_{k=0}^{K}\lambda_0\,(q_{a_k}-c_{a_k})^2} \tag{2.16}$$

$$\mathrm{VBD}(Q_A,C_A)=\sqrt{\sum_{k=0}^{K}\frac{\| \boldsymbol{f}_k \|^2}{K+1}\,(q_{a_k}-c_{a_k})^2} \tag{2.17}$$

通过以上分析得知，CBD和VBD是满足下界要求的距离度量方法，具有一定的数据剪枝能力。另外，通过正交回归分析模型可以将两个不等长的时间序列在同一特征空间中降维，得到两个等长的特征序列，实现不同长度时间序列的相似性度量。同时，基于多维形态特征的表示方法对时间序列形态漂移和伸缩性的识别具有鲁棒性，如图2.3(a)～(c)所示(图中横轴表示时间点，纵轴表示标准化数值)。

特别地，VBD能够有效地对形态特征进行相似性度量，聚类结果说明形态相近的序列被视为相似。由式(2.9)和式(2.16)易知$\mathrm{CBD}=\sqrt{\lambda_0}\,\mathrm{SSD}$，CBD和SSD之间除了具有不同的下界紧凑性外，还具有相同的相似性度量质量，即SSD和CBD被应用于时间序列聚类和分类时，它们的距离度量质量相同，但低于VBD的度量质量(参考2.4节)。

在不出现过拟合的情况下，大量实验表明(见2.4节)，K值一般较小，通常在25以内。为了得到下界紧凑性和数据剪枝能力较好的时间序列相似性度量方法，将VBD扩大$\sqrt{K+1}$倍，进而提出另外一种鲁棒性较强的时间序列相似性度量函数(Unproved lower Bounding Distance，UBD)，即

$$\text{UBD}(Q_A, C_A) = \sqrt{\sum_{k=0}^{K} \| \boldsymbol{f}_k \|^2 (q_{a_k} - c_{a_k})^2} \tag{2.18}$$

与 VBD 相比，由于 UBD$=\sqrt{K+1}$VBD，它们之间只相差常数倍，因此具有相同的时间序列相似性度量质量，如图 2.3(d)所示。虽然 UBD 在理论上尚未被证实满足下界要求，但在实验中发现 UBD 不但满足下界要求，而且具有较强的下界紧凑性和数据剪枝能力，有利于提高时间序列相似性搜索算法的性能。因此，在时间序列数据挖掘中，若是单纯地进行相似性比较，则 VBD 和 UBD 具有等同的相似性度量质量。若它们被应用于大规模时间序列相似性搜索，为了提高算法的搜索性能，应该选择数据剪枝能力较强的距离度量方法，所以 UBD 是一个较好的选择。

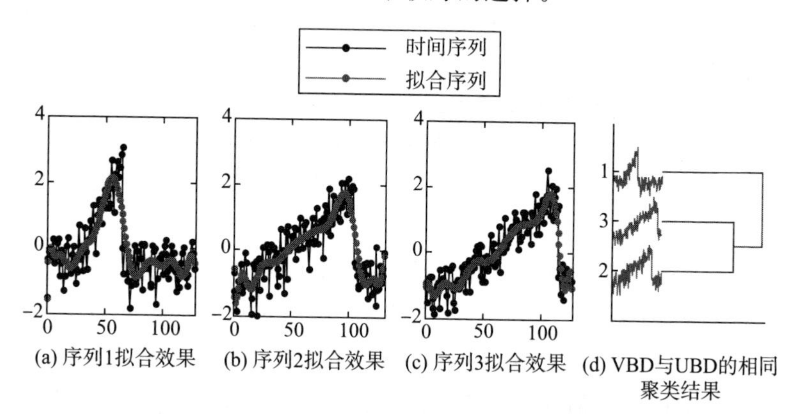

图 2.3　VBD 和 UBD 识别时间序列的形态漂移性与伸缩性

从时间效率上分析，由于 SSD、CBD、VBD 和 UBD 都是基于正交多项式回归分析模型的度量方法，所以它们对时间序列进行特征转换所需要的时间相同。然而，由于这 4 种方法都是基于欧氏距离的度量方法，其时间复杂度与形态特征序列的长度呈线性关系，并且由于特征序列的长度远小于原时间序列的长度，因此，这些方法度量特征序列的时间会小于欧氏距离度量原始时间序列所

需要的时间。另外，比较式(2.9)、式(2.16)～(2.18)易知，与 SSD 相比，CBD、VBD 和 UBD 多出因子 $\|\boldsymbol{f}_k\|^2$ 的计算代价。然而，在正交多项式回归分析模型中，需要先利用含有 $\|\boldsymbol{f}_k\|^2$ 的式(2.5)来计算时间序列的特征，因此运算过程中的 $\|\boldsymbol{f}_k\|^2$ 存储值可以直接用来计算 CBD、VBD 和 UBD，使得这 4 种距离度量方法具有相同的时间效率。

2.4　数值实验

选取 12 个 UCR 时间序列数据集作为实验数据，具体信息如表 2.1 所示。通过三部分实验来分别说明特征空间维度 K 值的变化对拟合效果的影响、4 种相似性度量的下界紧凑性和数据剪枝能力，以及它们在时间序列数据分类和聚类算法中应用效果的比较。

表 2.1　12 个 UCR 时间序列数据集数据的具体信息

序号	名称	类别	训练集大小	测试集大小	序列长度
1	Adiac	37	390	391	176
2	Beef	5	30	30	470
3	CBF	3	30	900	128
4	FISH	7	175	175	463
5	FaceAll	14	560	1690	131
6	Gun_Point	2	50	150	150
7	Lighting7	7	70	73	319
8	OliveOil	4	30	30	570
9	Two_Pattern	4	1000	4000	128
10	Synthetic_Control	6	300	300	60
11	Wafer	2	1000	6174	152
12	Yoga	2	300	3000	426

2.4.1 拟合误差分析

利用正交多项式回归分析模型对每条时间序列进行降维和形态特征抽取时，首先需要确定降维幅度 K。同时，为了进一步确定 K 值变化对拟合误差的影响以及验证两阶段现象是否发生，还要对表 2.1 中所有的数据集进行拟合误差分析。

根据不同 K 值对数据集中每条时间序列 Q 进行特征空间转换得到相应的形态特征序列，再利用式(2.8)构建与原时间序列等长的拟合序列 Φ_A。对特定的 K，比较 Q 与 Φ_A 的拟合误差值。如图 2.4 所示，每个子图(横轴为 K 值，纵轴为拟合误差)显示了每个数据集中的 30 条时间序列与它们的拟合序列之间随 K 值变化的误差变化趋势。不难发现，所有时间序列在 K 值为 20 左右处发生拟合误差趋势变化，说明形态特征曲线出现过拟合现象。拟合曲线的误差随 K 值的增大先减小；当过拟合现象发生后，其误差会迅速增大，这就是拟合效果的两阶段现象。

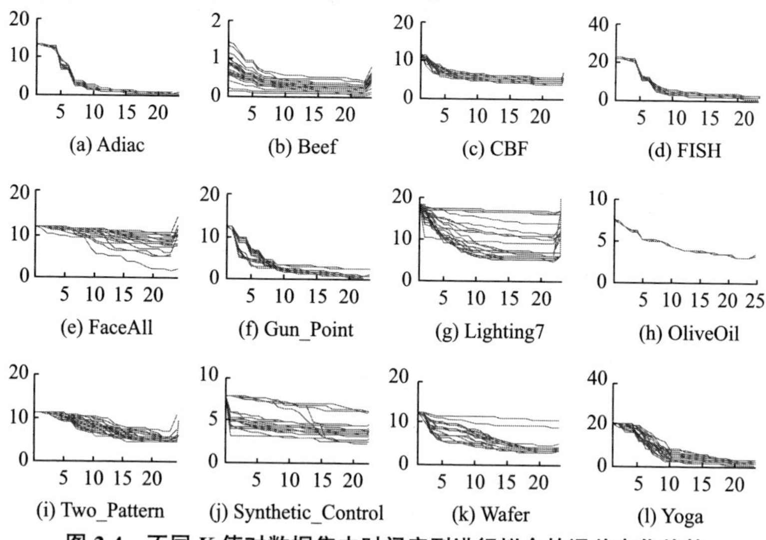

图 2.4 不同 K 值对数据集中时间序列进行拟合的误差变化趋势

通过对所有数据集中时间序列拟合情况的综合分析发现，对于同一数据集的不同时间序列，每条形态特征曲线拟合原时间序列所出现的两阶段现象分界点各不同，但最佳拟合的 K 值会落在一个较小的区间$[L_K, U_K]$，即

$$L_K \triangleq \arg\min_k \| \Phi_{A_k} - Q \| \text{ 和 } U_K \triangleq \arg\max_k \| \Phi_{A_k} - Q \|$$

式中，Q 和 Φ_{A_k} 分别代表数据集中任意时间序列和基于 $k+1$ 个回归特征系数的拟合曲线。如表 2.2 所示，每个数据集都可以确定最佳拟合区间。因此，对同一数据集进行基于正交多项式回归系数的时间序列相似性比较时，可以选择 K 值满足 $K \leqslant L_K$。

表 2.2　不同数据集中时间序列最佳拟合的 *K* 值区间

K 值边界	**数据集序号**											
	1	**2**	**3**	**4**	**5**	**6**	**7**	**8**	**9**	**10**	**11**	**12**
L_K	19	18	19	19	19	19	20	23	19	18	17	17
U_K	23	23	24	22	34	23	24	23	25	23	24	24

2.4.2　下界紧凑性及数据剪枝能力

为了验证 CBD、VBD、UBD 和 SSD 是否满足下界要求，利用表 2.1中的数据进行下界紧凑性和数据剪枝能力分析。首先，选取前 3 个数据集，根据不同 K 值对这 4 种方法进行下界紧凑性分析。对特定的 K 值，取数据集中时间序列之间的下界紧凑性平均值作为实验结果。

实验结果如图 2.5 所示，对于不同的 K 值，4 种方法不但满足下界要求，而且其他 3 种新方法的下界紧凑性要优于 SSD 方法。同时，VBD 和 UBD 具有稳定较好的数据剪枝能力。虽然 CBD 在数据集 Beef 中的下界紧凑性和数据剪枝能力表现良好，但在另外两组数据集中的表现却不如 VBD 和 UBD，对数据具有依赖性，不具备稳定性。

比较 CBD、VBD 和 UBD 对三种数据集度量的下界紧凑性分

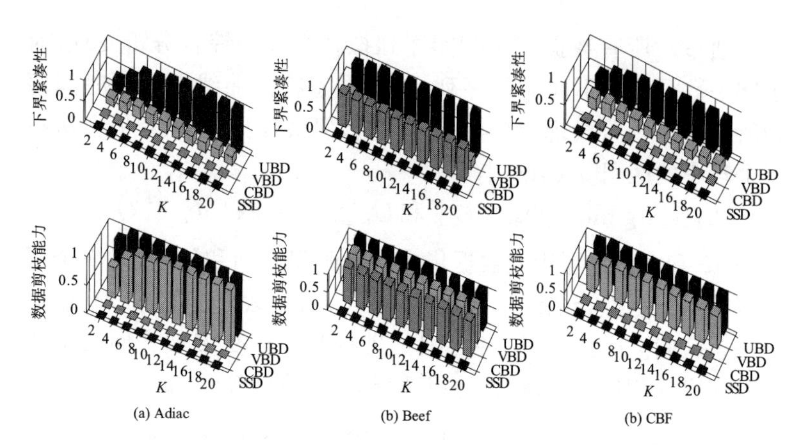

图 2.5　4 种方法根据不同 *K* 值对 3 个数据集的下界紧凑性和数据剪枝能力

散图,如图 2.6 所示(图中纵轴表示下界紧凑性),可以发现 CBD 依赖于下界性较大的时间序列数据。CBD 度量的下界紧凑性都很小,几乎接近 0,但它只对紧凑性较大的数据集 Beef 具有较好的数据剪枝能力。例如在数据集 Adiac 和 CBF 中,最大紧凑性分别低于 0.0013 和 0.002,而在 Beef 中,最大紧凑性超过了 0.045。由于 VBD 和 UBD 对数据度量的紧凑性较大,因此,它们对数据不具有依赖性。图 2.6 还说明了 UBD 对数据度量的下界紧凑性最好,而 CBD 最差。

为了进一步验证 UBD 是否真正满足下界要求,以及是否能全面比较 4 种方法的下界紧凑性和数据剪枝能力,从表 2.2 选取 $K=L_K$ 值,对每个数据集做下界紧凑性和数据剪枝能力分析,其结果如图 2.7 和图 2.8 所示。结果表明这 4 种方法始终满足下界要求,并且 CBD、VBD 和 UBD 的下界紧凑性和数据剪枝能力要优于 SSD。特别地,UBD 的下界紧凑性和数据剪枝能力最好,其次是 VBD。虽然 CBD 的下界紧凑性和数据剪枝能力要优于 SSD,但它依赖于具体数据,且对于大多数数据集来说不具有较好的性能。因此,相对于 VBD 来说,CBD 的相似性度量性能较差。

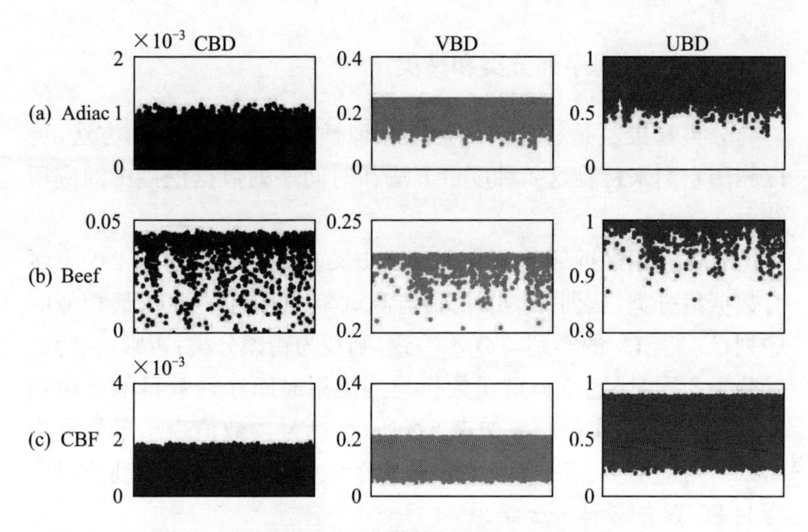

图 2.6　3 种方法对 3 个数据集的下界紧凑性分散图

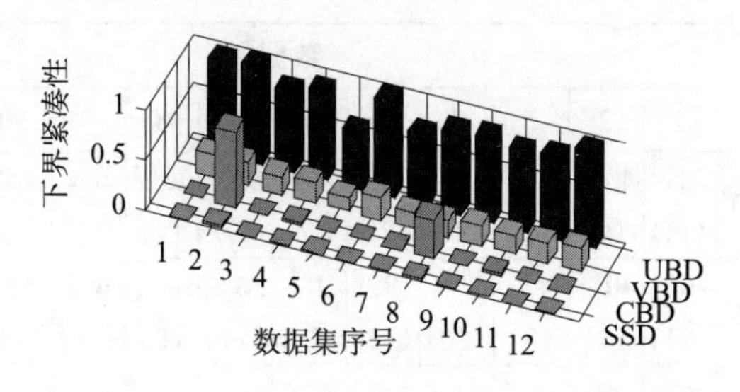

图 2.7　根据 $K=L_K$ 对 12 个数据集进行下界紧凑性比较

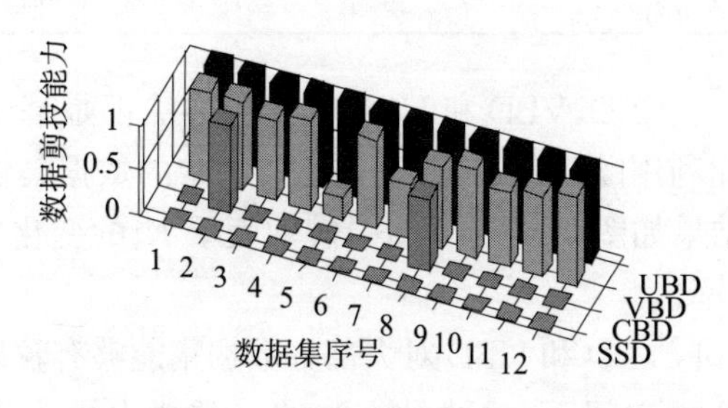

图 2.8　根据 $K=L_K$ 对 12 个数据集进行数据剪枝能力比较

2.4.3 时间序列分类和聚类

分类和聚类是检验时间序列相似性度量质量的常用方法，可以利用它们来检验这 4 种度量方法在时间序列数据挖掘中的应用能力。

首先利用最近邻分类方法按照交叉验证留一法对表 2.1 中所有数据集分类，从训练集中找到与测试集中时间序列 Q 最相似的序列 C_i。若 C_i 的类别与 Q 不一致，则视为错误分类；否则，视为正确分类。同时，把分类错误数目与测试集时间序列数目的比值当作分类错误率，实验结果如表 2.3 所示，括号内数值表示最好分类结果所对应的 K 值。表 2.3 还给出了欧氏距离 EUC 和动态时间弯曲 DTW 的最佳分类结果。

表 2.3 6 种距离度量的最佳分类结果比较

方法	数据集											
	1	**2**	**3**	**4**	**5**	**6**	**7**	**8**	**9**	**10**	**11**	**12**
SSD和CBD	76% (14)	40% (9)	8% (7)	18% (20)	30% (21)	15% (24)	32% (9)	12% (4)	6% (20)	4% (11)	0.4% (19)	23% (6)
VBD和UBD	**40%** (21)	**40%** (3)	**4%** (8)	**22%** (20)	**19%** (12)	**9%** (20)	**26%** (11)	**20%** (9)	**6%** (21)	**1%** (14)	**0.4%** (18)	**17%** (15)
EUC	39%	47%	15%	22%	29%	9%	43%	13%	9%	12%	0.5%	17%
DTW	40%	50%	3%	17%	19%	9%	27%	13%	0	0.7%	2%	16%

由于 SSD、CBD、VBD 和 UBD 这 4 种方法都是基于欧氏距离的方法，因此利用欧氏距离 EUC 对表 2.1 中的数据集做同样的分类实验，其结果如图 2.9 所示(图中横轴表示 K 的变化值，纵轴表示分类错误率)。

总体上讲，VBD 和 UBD 对大部分数据集能够有较好的分类效果，特别在低维空间下，这两种方法的分类能力更为出色。由于 SSD 和 CBD(VBD 和 UBD)之间只相差常数倍。因此，在分类和聚

类中具有相同的相似性度量质量。表2.3中粗体数据说明了VBD和UBD的分类性能要优于SSD和CBD,而斜体数据说明VBD和UBD的分类性能略低于SSD和CBD,但不小于欧氏距离EUC的分类性能。

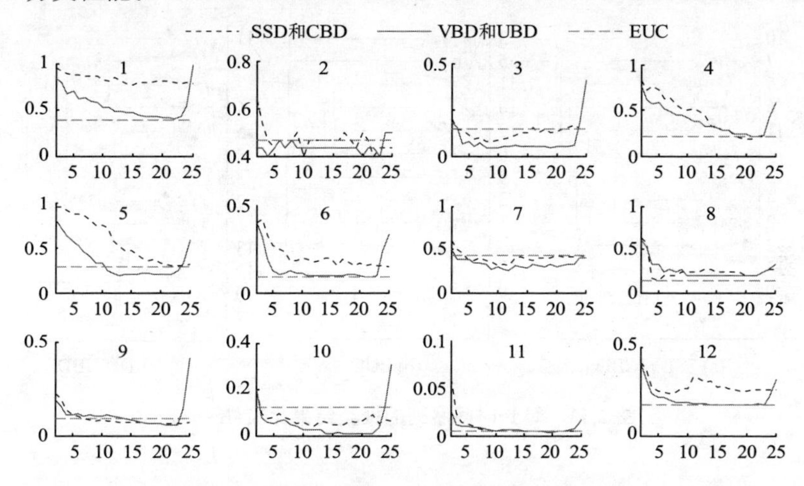

图2.9　不同*K*值对12个数据集的分类结果

DTW能够弯曲度量时间序列之间的相似性,其度量质量优于传统方法,但具有平方阶时间复杂度的缺陷。利用其他5种方法的分类结果与DTW进行比较,实验结果如表2.3和图2.10所示。图2.10表明VBD和UBD的分类性能更接近DTW,因此可以说,VBD和UBD能较好地对时间序列进行相似性度量。

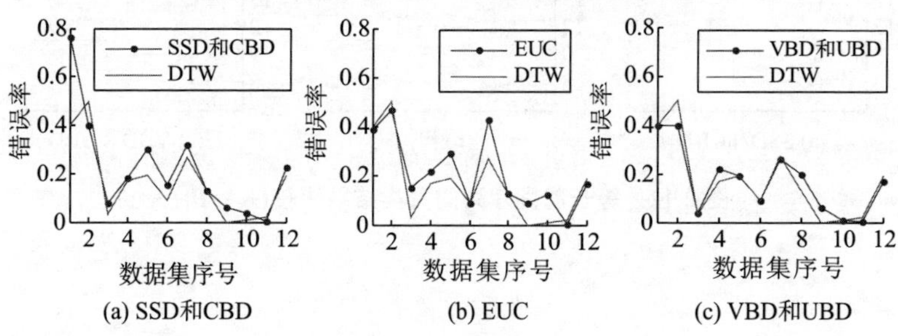

图2.10　5种方法在12个数据集中的分类结果与DTW的分类结果比较

在聚类分析实验中，从数据集 Synthetic_Control 中任意选取 13 条等长时间序列，{1，2，3}、{4，5}、{6，7}、{8，9}、{10，11}和{12，13}各为一类。根据不同的 K 值，利用 SSD、CBD、VBD、UBD 和 EUC 对时间序列进行层次聚类，聚类结果如图 2.11～图 2.13 所示。

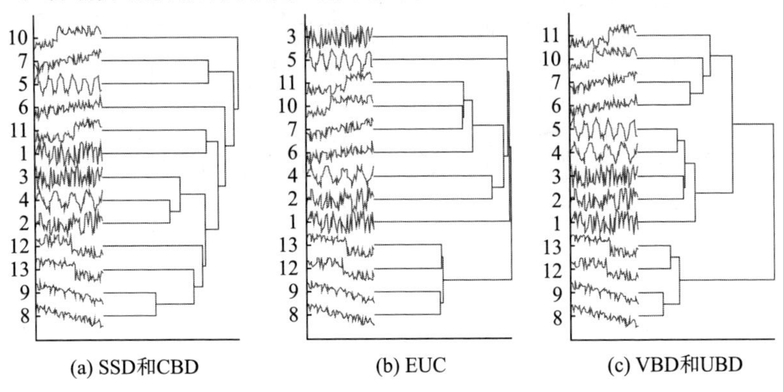

图 2.11　等长时间序列的聚类结果比较(K=5)

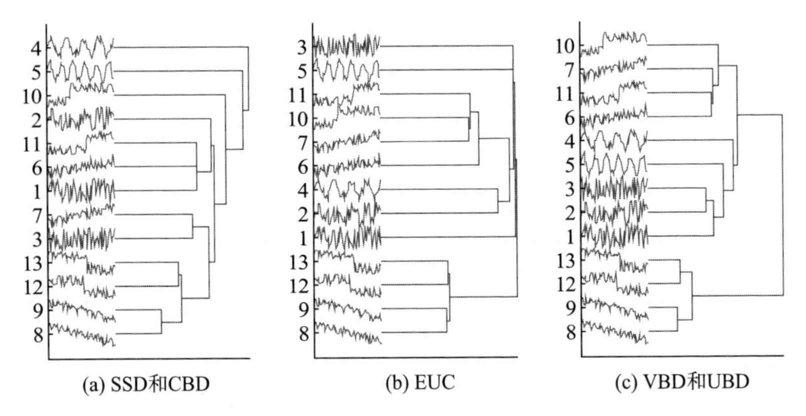

图 2.12　等长时间序列的聚类结果比较(K=10)

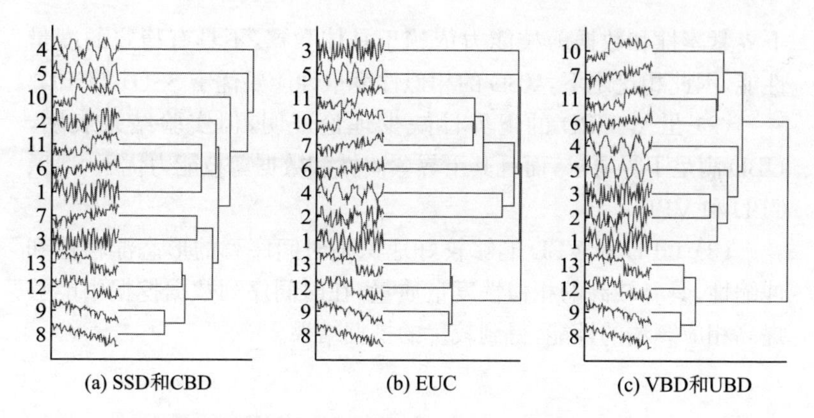

图 2.13　等长时间序列的聚类结果比较($K=15$)

根据不同 K 值下的实验结果可知，VBD 和 UBD 的聚类效果明显优于其他 3 种方法。例如，对于时间序列 1、2 和 3，VBD 和 UBD 总可以将其归为一类，而另外 3 种却不能准确地将它们聚成一类。更为重要的是，VBD 和 UBD 的线性时间复杂度要显著优于 DTW 的平方阶时间复杂度，适用于较长时间序列的相似性比较。

2.5　本章小结

本章从时间序列整体特征的角度出发，利用正交多项式回归分析模型对时间序列进行特征转换，提出了基于正交多项式回归系数的时间序列数据相似性度量，包含 3 种具有不同相似性度量性能的方法(CBD、VBD 和 UBD)。首先分析了特征空间维度 K 的变化对时间序列近似表示的影响，再从理论上提出了满足下界要求的相似性度量方法 CBD 和 VBD。与此同时，为了改善 VBD 的下界紧凑性和数据剪枝能力，提出了另外一种度量性能更高的相似性度量方法(UBD)。它们具有以下几个特点。

(1) CBD 和 VBD 的下界性在理论上得到了证明，并且下界紧凑性和数据剪枝能力优于传统度量方法 SSD。然而，由于 CBD 的下界紧凑性和数据剪枝能力依赖于具体数据，不具有稳定的度量性能，因此相比之下，VBD 的相似性度量性能要优于 SSD 和 CBD。

（2）虽然 UBD 的下界性缺少理论证明，但实验结果表明，UBD 满足下界要求，而且其下界紧凑性和数据剪枝能力优于 SSD、CBD 和 VBD。

（3）UBD 和 VBD 能够较好地识别时间序列的形态漂移性和伸缩性，具有较高的相似性度量质量，在时间序列数据挖掘中能够提高相应算法的性能，得到较优的挖掘结果。

第3章　分段聚合特征表示及相似性度量

时间序列是一种会随着时间推移而不断增加长度的数据，一条普通时间序列的长度也可以达到上千或者上万个数据点。若用基于整体特征的表示方法对较长时间序列进行特征表示，则较少的特征会丢失大量数据信息，将不能很好地反映原时间序列的形态趋势。然而，较多的特征在理论上虽然能够反映原时间序列的大部分信息，但过高的特征维度将不利于时间序列的相似性搜索。特别地，对于基于正交多项式回归系数特征表示方法来说，过高的特征序列长度 K 会出现过拟合现象，不能准确地描述原时间序列的形态变化趋势。

为解决上述问题，通常可以利用分段方法对较长时间序列进行分段，并利用特征表示方法对每个分段序列进行特征提取，进而实现时间序列的特征表示和数据降维。例如，分段聚合表示方法 PAA 和分段聚合符号化 SAX 都是对时间序列进行分段处理，并且用均值特征或符号来对分段序列进行特征表示，最终形成以均值为特征的低维序列。同时，基于分段聚合方法的特征表示方法所提出的特征序列距离度量方法不仅要能快速计算，而且必须满足下界要求，进而避免在相似性搜索中发生漏报现象。

鉴于分段聚合近似方法及其扩展方法的重要性，本章首先介绍传统分段聚合近似表示方法的基本原理，分析该方法存在的问题；其次，分别提出基于二维统计特征表示的分段聚合近似方法和基于二维形态特征表示的分段符号化表示方法，进一步提高传统分段聚合近似方法在时间序列数据挖掘中的应用性能。同时，将分段序列的二维形态特征表示推广到高维形态特征表示，研究具有较高维数的分段特征表示方法对距离估计度量函数性能的影响。

3.1 分段聚合近似

分段聚合近似是一种基于分段序列均值表示的时间序列特征表示方法。长度为 m 的时间序列 $Q=\{q_1,q_2,\cdots,q_m\}$ 被平均分成 w 条子序列，每条子序列可利用其包含的数据点的平均值作为该序列的特征，即 $\bar{Q}=\{\bar{q}_1,\bar{q}_2,\cdots,\bar{q}_w\}$。

$$\bar{q}_i=\frac{w}{m}\sum_{t=(i-1)k+1}^{ik} q_t$$

利用单一的均值表示序列段的信息势必造成大量数据信息丢失，而且丢失程度会随着 w 的减小而增大。同时，仅用均值来表示序列段信息，虽然可以反映原时间序列的总体波动形态变化趋势，但对各序列段的局部波动趋势却无法描述。

若两条时间序列中分别存在图 3.1(a)所示的序列段 Q 和序列段 C，它们具有相同的均值。若用均值对其进行特征表示时，它们将以同一特征进行表示，比较结果将视它们为极为相似的序列段。显然，序列段 Q 和序列段 C 存在明显的形态区分，即序列段 Q 和序列段 C 分别为正弦波曲线和波动趋势为上升状态的直线。因此，若仅用均值来描述此类序列段，将会因数据特征表示丢失过大信息量而导致后期的相似性度量结果不准确，进而影响最终的时间序列数据挖掘结果。针对这种情况，提出一种基于特征统计的分段聚合近似表示方法，即利用均值特征和标准差（或方差）特征来共同描述分段序列，使得特征序列能够保留更多的数据信息，进而更好地反映原时间序列的总体和局部波动特征。图 3.1(a)中的标准差特征可以有效地区分具有同等均值的序列数据。

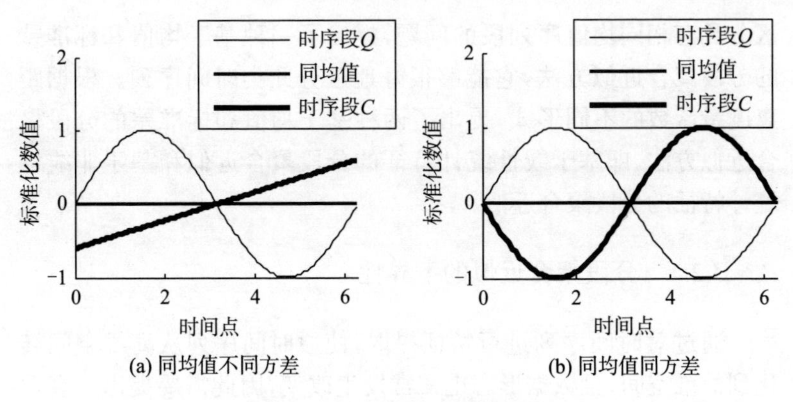

(a) 同均值不同方差　　(b) 同均值同方差

图 3.1　分段聚合近似的问题

若两条时间序列出现图 3.1(b)所示的序列段 Q 和序列段 C，它们同时具有相同的均值和相同的方差，则利用传统 PAA 和基于特征统计的聚合近似方法都无法区分此类数据。然而，从形态上分析，序列段 Q 呈现下降趋势，序列段 C 呈现上升趋势，因此可以通过借助刻画形态趋势的变量或特征来区分具有相同均值和方差的序列段。在时间序列数据挖掘中，通常利用拟合直线的斜率或角度来反映被拟合序列段的变化趋势，所以提出另外一种基于形态特征表示的时间序列符号聚合近似表示方法，解决具有同均值和方差的时间序列之间的相似性度量所出现的问题。该方法不仅能区分上述时间序列的数据形态变化，而且通过区域转换可以将直线斜率序列转化为形如 SAX 同等形式的符号序列。在相同的压缩比环境下，与传统符号化表示方法相比，它能更好地提供原始时间序列数据信息，进而提高时间序列数据挖掘的效率。

3.2　基于二维统计特征的分段聚合近似

在数理统计理论中，均值和标准差是极为重要的两个统计量，它能够较好地反映数据分布的形态。针对传统聚合近似方法无法区分具有相同均值序列段的问题，提出了一种基于均值和标准差的分段聚合近似方法，它能够很好地区分此类时间序列。根据距离度量函数的不同形式，提出了两种基于均值和标准差的分段聚合近似方法，即基于线性统计特征的分段聚合近似和基于非线性统计特征的分段聚合近似。

3.2.1　分段聚合近似的下界性

通过对时间序列进行特征提取，使原时间序列从高维空间转化到低维空间，且数据形态也常常发生改变，因此需要提出一套适用于低维空间状态下特征序列的相似性度量方法。同时，鲁棒性较好的特征序列相似性度量函数 $\mathrm{LB}(Q,C)$ 应当满足下界要求，即 $\mathrm{LB}(Q,C)\leqslant D(Q,C)$，以免在相似性搜索过程中发生漏报，其中 $D(Q,C)$ 是时间序列 Q 和 C 之间的欧氏距离。

在 PAA 中，原时间序列 $Q=\{q_1,q_2,\cdots,q_m\}$ 和 $C=\{c_1,c_2,\cdots,c_m\}$ 分别被分段表示成 w 段均值序列 $\bar{Q}=\{\bar{q}_1,\bar{q}_2,\cdots,\bar{q}_w\}$ 和 $\bar{C}=\{\bar{c}_1,\bar{c}_2,\cdots,\bar{c}_w\}$，则度量原时间序列和特征序列的距离函数分别为

$$D(Q,C)=\sqrt{\sum_{t=1}^{m}(q_t-c_t)^2} \tag{3.1}$$

和

$$\mathrm{LB}(Q,C)=\mathrm{PAA}(Q,C)=\sqrt{k\sum_{i=1}^{w}(\bar{q}_i-\bar{c}_i)^2} \tag{3.2}$$

式中，$k=\dfrac{m}{w}$，表示每条序列段的维度。

Lin 等已证明 PAA 算法中所用的特征序列度量函数满足下界要求，即

$$\mathrm{PAA}(Q,C)\leqslant D(Q,C) \tag{3.3}$$

式(3.3)确保利用 PAA 特征表示方法进行相似性搜索时不发生漏报，并且能够快速排除不相似序列，保留较为相似的序列，以便在保留序列集中使用更为精确的相似性度量方法进一步查找最

相似的序列对象。同样,在基于PAA的符号表示方法中的相似性度量函数不仅满足欧氏距离的下界,而且还满足PAA(Q,C)的下界,能有效地应用于分类、聚类、异常模式发现和相似性搜索等时间序列数据挖掘任务。

3.2.2　线性统计特征

在PAA方法中,时间序列可以用均值表示各条序列段,实现数据降维。同样,对于每条序列段,也可以利用另一统计量标准差来进一步描述该序列段的数据分布特征。

某一时间序列$Q=\{q_1,q_2,\cdots,q_m\}$被平均分成w条序列段,每条序列段分别用其包含数据的均值和标准差来表示,最终可以得到均值特征序列$\overline{Q}=\{\overline{q}_1,\overline{q}_2,\cdots,\overline{q}_w\}$和标准差特征序列$\widehat{Q}=\{\widehat{q}_1,\widehat{q}_2,\cdots,\widehat{q}_w\}$。$\overline{Q}$为PAA特征序列,而$\widehat{Q}$中的任意元素$\widehat{q}_i$为

$$\widehat{q}_i=\sqrt{\frac{1}{k-1}\sum_{t=(i-1)k+1}^{ik}(q_t-\overline{q}_i)^2} \tag{3.4}$$

式中,$\overline{q}_i\in\overline{Q}$表示第$i$个序列段的均值。任意序列段都可以用二维特征来表示,即均值特征和标准差特征。

与传统PAA一样,任意两条时间序列都可以转化为标准差特征序列,并且标准差特征序列之间的相似性在一定程度上反映了原时间序列之间的关系。因此,也可以定义基于标准差特征序列之间的距离度量函数

$$\widehat{D}(\widehat{Q},\widehat{C})=\sqrt{k\sum_{i=1}^{w}(\widehat{q}_i-\widehat{c}_i)^2} \tag{3.5}$$

基于线性统计特征的聚合近似(Linear Statistical Feature based Piecewise Aggregate Approximation,LSF_PAA)利用序列段的均值和标准差来对时间序列进行特征表示,并且相应的距离度量函数是均值特征序列度量函数和标准差特征序列度量函数的线性组合型,即

$$\text{LSF\_PAA}(Q,C)=\overline{D}(\overline{Q},\overline{C})+\mu\hat{D}(\hat{Q},\hat{C}) \tag{3.6}$$

式中，$\overline{D}(\overline{Q},\overline{C})=\text{PAA}(Q,C)$为均值特征序列之间的相似性度量函数，其计算方法见公式(3.2)，μ 在[0,1]范围内取值。

在 PAA 算法中，均值特征序列度量函数 $\overline{D}(\overline{Q},\overline{C})$是满足下界要求的相似性计算方法，而且基于 PAA 的其他特征表示方法所利用的距离度量函数也通常需要满足下界要求，且具有广泛的应用前景。例如，基于 PAA 的符号化表示方法 SAX 中所使用的距离度量函数及基于 PAA 和分段直线斜率的聚合近似表示方法 PLAA 中所使用的距离度量函数等，它们都满足下界要求。因此，LSF_PAA 使用的距离度量函数 LSF_PAA(Q,C)应当满足下界要求，确保在相似性搜索中不发生漏报现象。

定理 1 若$\mu\geqslant\dfrac{\sqrt{\overline{D}^2+\hat{D}^2}-\overline{D}}{\hat{D}}$时，LSF_PAA$(Q,C)\leqslant D(Q,C)$。

证明： 设时间序列 Q 和 C 中元素分别表示为 $q_t=\bar{q}_i+\Delta q_t$ 和 $c_t=\bar{c}_i+\Delta c_t$，其中 Δq_t 和 Δc_t 分别表示时间序列数据点 q_i 和 c_i 与它们所在序列段均值的偏移量。为了便于证明上述定理，设 $w=1$，即降维幅度最大，整条时间序列用 1 个均值和 1 个标准差来表示，因此有 $q_t=\bar{q}+\Delta q_t$ 和 $c_t=\bar{c}+\Delta c_t$，其中 $\bar{q}$ 和 $\bar{c}$ 分别为时间序列 Q 和 C 的均值。

因为

$$\begin{aligned}\sum_{t=1}^{m}(q_t-c_t)^2&=\sum_{t=1}^{m}((\bar{q}+\Delta q_t)-(\bar{c}+\Delta c_t))^2\\&=\sum_{t=1}^{m}((\bar{q}-\bar{c})+(\Delta q_t-\Delta c_t))^2\\&=m(\bar{q}-\bar{c})^2+2(\bar{q}-\bar{c})\sum_{t=1}^{m}(\Delta q_t-\Delta c_t)+\\&\quad\sum_{t=1}^{m}(\Delta q_t-\Delta c_t)^2\end{aligned}$$

且

$$(\bar{q}-\bar{c})\sum_{t=1}^{m}(\Delta q_t-\Delta c_t)=(\bar{q}-\bar{c})\sum_{t=1}^{m}((q_t-c_t)-(\bar{q}-\bar{c}))$$
$$=(\bar{q}-\bar{c})\sum_{t=1}^{m}(q_t-c_t)-m(\bar{q}-\bar{c})^2$$
$$=(\bar{q}-\bar{c})m(\bar{q}-\bar{c})-m(\bar{q}-\bar{c})^2$$
$$=0$$

因此有

$$D^2(Q,C)=m\,(\bar{q}-\bar{c})^2+\sum_{t=1}^{m}(\Delta q_t-\Delta c_t)^2 \tag{3.7}$$

又因为

$$\sum_{t=1}^{m}(\Delta q_t-\Delta c_t)^2=\sum_{t=1}^{m}\Delta q_t^2+\Delta c_t^2-2\Delta q_t\Delta c_t \tag{3.8}$$

且

$$\hat{D}^2(\hat{Q}-\hat{C})=m(\hat{q}-\hat{c})^2=m\left(\sqrt{\frac{1}{m}\sum_{t=1}^{m}\Delta q_t^2}-\sqrt{\frac{1}{m}\sum_{t=1}^{m}\Delta c_t^2}\right)^2$$
$$=\sum_{t=1}^{m}\Delta q_t^2+\sum_{t=1}^{m}\Delta c_t^2-2\sqrt{\sum_{t=1}^{m}\Delta q_t^2\sum_{t=1}^{m}\Delta c_t^2} \tag{3.9}$$

再根据柯西不等式，有

$$\sqrt{\sum_{t=1}^{m}\Delta q_t^2\sum_{t=1}^{m}\Delta c_t^2}\geqslant\sum_{t=1}^{m}\Delta q_t\Delta c_t \tag{3.10}$$

和

$$\sum_{t=1}^{m}(\Delta q_t-\Delta c_t)^2\geqslant\hat{D}^2(\hat{Q}-\hat{C}) \tag{3.11}$$

假设有

$$D^2(Q,C)\geqslant(\bar{D}(\bar{Q},\bar{C})+\mu\,\hat{D}(\hat{Q},\hat{C}))^2,\ \mu\in[0,1] \tag{3.12}$$

则根据式(3.7)和式(3.11)，式(3.12)转化为

$$\hat{D}^2(\hat{Q},\hat{C})\geqslant2\mu\bar{D}(\bar{Q},\bar{C})\hat{D}(\hat{Q},\hat{C})+\mu^2\,\hat{D}^2(\hat{Q},\hat{C})$$

由于$\hat{D}(\hat{Q},\hat{C})\geqslant0$，故有

$$\hat{D}(\hat{Q},\hat{C})-2\mu\overline{D}(\overline{Q},\overline{C})-\mu^2\hat{D}(\hat{Q},\hat{C})\geqslant 0 \tag{3.13}$$

将 $\mu\geqslant\frac{\sqrt{\overline{D}^2+\hat{D}^2}-\overline{D}}{\hat{D}}$代入式(3.13)，则式(3.13)左边有

$$\hat{D}(\hat{Q},\hat{C})-2\mu\overline{D}(\overline{Q},\overline{C})-\mu^2\hat{D}(\hat{Q},\hat{C})\geqslant\hat{D}^2(\hat{Q},\hat{C})-\hat{D}^2(\hat{Q},\hat{C})=0$$

故式(3.13)成立，即若 $\mu\geqslant\frac{\sqrt{\overline{D}^2+\hat{D}^2}-\overline{D}}{\hat{D}}$时，LSF_PAA$(Q,C)\leqslant D(Q,C)$。

根据定理 1 可以知道，在一定的条件下，LSF_PAA(Q,C)满足下界要求。同时，由式(3.6)不难知道，LSF_PAA 中距离度量函数由 PAA 和基于标准差的距离度量函数加权得到。与 PAA 相比，LSF_PAA 多出了$\mu\hat{D}(\hat{Q},\hat{C})$的贡献量。因此，LSF_PAA 具有较强的下界紧凑性，即

$$\text{PAA}(Q,C)\leqslant\text{LSF\_PAA}(Q,C)\leqslant D(Q,C)$$

3.2.3 非线性统计特征

与基于线性统计特征的分段聚合近似方法一样，基于非线性统计特征的分段聚合近似(Non-Linear Statistical Feature based Piecewise Aggregate Approximation, NLSF_PAA)也是利用均值和标准差特征序列来描述原时间序列，进而达到降维的目的，不同的是它们所利用的距离度量函数不同。所谓非线性，指 NLSF_PAA 所利用的距离度量函数 NLSF_PAA(Q,C)是均值特征序列度量函数 $\overline{D}(\overline{Q},\overline{C})$的二次方值与标准差特征序列度量函数$\hat{D}(\hat{Q},\hat{C})$二次方值之和的平方根，即

$$\text{NLSF\_PAA}(Q,C)=\sqrt{\overline{D}^2(\overline{Q},\overline{C})+\hat{D}^2(\hat{Q},\hat{C})} \tag{3.14}$$

同样，为了使该度量函数满足下界要求，防止在时间序列相似性检索时发生漏报，式(3.14)必须满足下界要求，即 NLSF_PAA

$(Q,C) \leqslant D(Q,C)$。

定理 2　若 $\text{NLSF\_PAA}(Q,C)=\sqrt{\bar{D}^2(\bar{Q},\bar{C})+\hat{D}^2(\hat{Q},\hat{C})}$，则有 $\text{NLSF\_PAA}(Q,C) \leqslant D(Q,C)$。

证明：由式(3.7)～式(3.10)可以推导出 $\sum_{t=1}^{m}(q_t-c_t)^2 \geqslant m(\bar{q}-\bar{c})^2+\hat{D}^2(\hat{Q},\hat{C})$，又因为 $D^2(Q,C)=\sum_{t=1}^{m}(q_t-c_t)^2$ 和 $\bar{D}(\bar{Q},\bar{C})=m(\bar{q}-\bar{c})^2$，故有 $\bar{D}^2(\bar{Q},\bar{C})+\hat{D}^2(\hat{Q},\hat{C}) \leqslant D^2(Q,C)$，即 $\sqrt{\bar{D}^2(\bar{Q},\bar{C})+\hat{D}^2(\hat{Q},\hat{C})} \leqslant D(Q,C)$。证明完毕。

定理2说明NLSF_PAA中所利用的特征序列距离度量函数NLSF_PAA(Q,C)满足下界要求。由式(3.14)不难发现，与PAA相比，NLSF_PAA(Q,C)中的平方根下增加了一项关于标准差特征序列度量的二次方值，因此它具有较好的下界紧凑性，即

$$\text{PAA}(Q,C) \leqslant \text{NLSF\_PAA}(Q,C) \leqslant D(Q,C)$$

3.2.4　数值实验

在UCI时间序列数据集(Synthetic Control Chart Time Series)中，分别利用PAA、LSF_PAA和NLSF_PAA进行距离度量函数的下界性紧凑性和数据剪枝能力比较，进而说明新方法的距离估计度量性能。

首先对数据集 S 中600条长度为60的时间序列依次按照分段参数 $W=\{w_1,w_2,\cdots,w_{10}\}$ 进行分段，最终得到各分段参数下的特征序列集合 S'，即 $S'=\{S'_1,S'_2,\cdots,S'_{10}\}$。利用PAA、LSF_PAA和NLSF_PAA分别对各个特征序列集中相邻的特征序列进行相似性度量，并且计算它们与欧氏距离的比值，直到完成所有相邻特征序列之间的相似性比较，最终取其平均值作为该方法在这个特征序列集中的下界紧凑性。本次实验中取 $W=\{60,30,20,12,10,6,4,3,2,1\}$，那么数据压缩率集合为 $K=\{1,2,3,5,6,10,15,20,30,60\}$。3种

方法在该数据集下的下界紧凑性实验结果如图 3.2 所示。

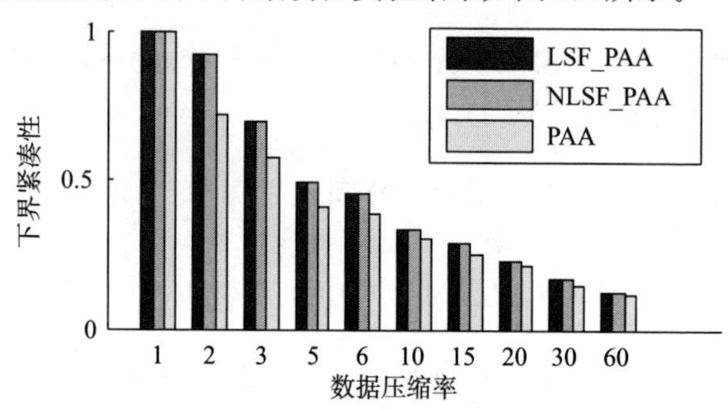

图 3.2　3 种方法在该数据集下的下界紧凑性

LSF_PAA 和 NLSF_PAA 的下界紧凑性在各分段参数下的结果一致,这就意味着这两种方法具有相同的距离度量质量。然而,传统 PAA 的距离度量函数的下界紧凑性不如这两种方法。同时,当压缩率为 1 时,LSF_PAA 和 NLSF_PAA 将退化成 PAA,3 种方法的下界紧凑性相同。

另外,从数据集中随机选取 100 条时间序列作为查询序列,并且根据不同的分段数 W(或数据压缩率 K)对每条查询序列从剩下的数据集中查找相似序列,排除距离值大于 ε 值的对象。根据不同参数设置,3 种方法在该数据集下进行相似性搜索时的数据剪枝能力如图 3.3 所示。

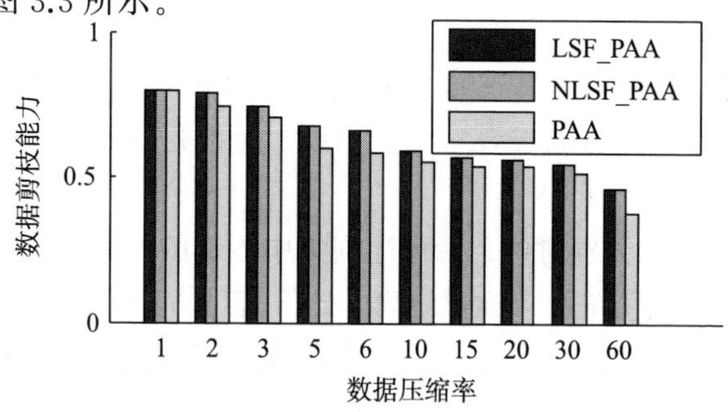

图 3.3　3 种方法在该数据集下的数据剪枝能力

从结果来看,LSF_PAA 与 NLSF_PAA 具有相同的数据剪枝能力,并且它们的数据剪枝能力要优于 PAA 的剪枝能力。当数据压缩率为1时,新方法中各个分段序列为原时间序列的单一数据点,各个分段序列的均值为对应数据点的值,而各个分段序列的标准差为0,因此 LSF_PAA 与 NLSF_PAA 也就退化成 PAA。

从实验结果来看,LSF_PAA 与 NLSF_PAA 优于 PAA,并且两者具有相同的相似性度量性能。从理论上分析,若 LSF_PAA 与 NLSF_PAA 具有相同的度量质量,则说明对于任意两条时间序列 Q 和 C,它们具有相同的距离值,即

$$\mathrm{LSF\_PAA}(Q,C)=\mathrm{NLSF\_PAA}(Q,C)$$

结合式(3.7)和式(3.14),有

$$\begin{aligned}\overline{D}^2(\overline{Q},\overline{C})+\widehat{D}^2(\widehat{Q},\widehat{C}) &= (\overline{D}(\overline{Q},\overline{C})+\mu\,\widehat{D}(\widehat{Q},\widehat{C}))^2 \\ &= \overline{D}^2(\overline{Q},\overline{C})+2\mu\overline{D}(\overline{Q},\overline{C})\,\widehat{D}(\widehat{Q},\widehat{C})+ \\ &\quad \mu^2\,\widehat{D}^2(\widehat{Q},\widehat{C})\end{aligned}$$

约简得

$$\widehat{D}(\widehat{Q},\widehat{C})=2\mu\overline{D}(\overline{Q},\overline{C})+\mu^2\,\widehat{D}(\widehat{Q},\widehat{C})$$

与式(3.13)中 μ 值取最大值时的等式相同,因此,当 $\mu=\dfrac{\sqrt{\overline{D}^2+\widehat{D}^2}-\overline{D}}{\widehat{D}}\in[0,1]$时,LSF_PAA 与 NLSF_PAA 具有相同的度量质量。

3.3　基于二维形态特征的分段符号聚合近似

由3.1节的分析得知,基于统计特征的分段聚合近似方法虽然能对大多数据时间序列进行较好的相似性度量,并且具有识别相同均值不同方差序列段之间差异的能力。然而,传统方法处理具有相同均值和方差的序列的能力略显不足。

形态特征能够较为客观地反映时间序列的变化趋势,保留较

多原始时间序列的数据信息，为提高后期时间序列数据挖掘的质量提供可靠保障。因此，针对传统 PAA 和统计特征的不足，进一步提出基于形态特征的时间序列符号聚合近似方法，考虑了分段序列的均值信息和数据波动的形态特征，并且通过论域转化对其进行符号表示，使得原本基于数值型的序列转化为具有一定意义的字符串。

近年来，最为流行的符号表示方法可以说是符号聚合近似方法(SAX)，它在时间序列数据挖掘中得到了广泛应用并取得了良好效果。虽然 SAX 方法具有很多优点，如快速降维、有界、高效率查询等，但也存在一些缺陷。Lkhagva 等人提出一种基于序列极大值、极小值和均值的扩展型符号化聚合方法(EXT_SAX)，能够较为准确地搜索相似模式。然而，由于把极大值、极小值与均值的符号化视为同等重要的表现形式，导致扩大了极大值和极小值在时间序列中的作用。同时，处理后的符号从原来的 1 个变成 3 个，增加了计算代价，而且不能保证估计距离满足下界要求。钟等人针对 SAX 对时间序列信息描述不完整的缺陷，提出了一种基于统计特征的时序数据符号化算法(Statistical Feature Vector Symbolization, SFVS)，该方法利用子序列的均值和方差较为详细地描述数据分布，并且在不增加符号的前提下将这两个特征看作一个特征矢量的分量，使得各子序列片段转化成了含有两个分量的符号矢量，有利于在时序模式识别中实现较为精确的分析。然而，针对具有相同均值和相同方差的序列时，该方法不能够对这些序列进行数据差异的识别。

为解决此类问题，Hung 和 Anh 提出的分段线性聚合近似方法(Piecewise Linear Aggregate Approximation, PLAA)综合考虑了均值和斜率，提出了改良聚合近似及估计距离度量方法，但它没有对聚合近似实现符号化表示，从而限制了其使用范围。因此，本节提出一种基于形态特征的时间序列符号聚合近似方法(Shape Features based Symbolic Aggregate approXimation, SF_SAX)，利

用各个子序列的均值(水平形态特征)和斜率(趋势形态特征)来共同描述数据的变化趋势,并且对它们进行符号化表示,进而使其能够更好地识别具有形态差异的序列。在相同的压缩比下,与传统符号化表示方法相比,它能更好地反映原始时间序列数据的变化趋势,并且对应的相似性计算方法能够较好地度量序列之间的关系,能保证特征序列度量函数满足下界要求且具有较好的数据剪枝能力。

3.3.1　形态特征符号聚合近似

基于二维形态特征的符号聚合近似 SF_SAX 是一种同时考虑时序段的均值和斜率两种特征的符号化表示方法,它不但继承了经典 SAX 的优点,而且对时序段进行形态描述,为降维后的数据序列提供了更为充足的信息。目前大多数时间序列相似性研究一般只是单方面考虑时序段的特征,要么从时序段的统计特征出发,如均值、方差、极值点和关键点等;要么从形态特征角度出发,如斜率或角度变化等,缺少同时兼顾时序段的统计特征和形态特征的符号化研究。SF_SAX 方法同时从均值和斜率形态角度出发,一方面,可以比较时序段之间统计特征值的大小,从水平形态角度来研究序列段的数据波动性;另一方面,数据的波动趋势可以通过斜率得到体现。

SF_SAX 过程包含基于均值的分段聚合近似(PAA)和基于斜率形态特征的分段聚合近似(Slope based PAA,S_PAA)。S_PAA 的实际操作方法与 PAA 基本相似,即利用最小二乘法对分段序列中所包含的数据进行直线拟合,利用直线的斜率近似值来表示该时序段的形态特征。

对于长度为 m 的时间序列 Q 被转化成两组长度为 w 数据序列 $\bar{Q}$ 和 $\widehat{Q}$。$\bar{Q}$ 为 PAA 均值数据序列,即 PAA 序列;$\widehat{Q}$ 是以直线斜率近似值为特征的形态序列,记为 S_PAA 序列。同时,$\widehat{Q}$ 形态序列中的元素值$\hat{q}_i$满足：

$$\hat{q}_i=\frac{k-1}{2}q'_i \tag{3.15}$$

式中 q'_i 为 Q 中被分段后的第 i 个序列段拟合直线的斜率值，即

$$q'_i=\frac{k\sum_{t=t_0}^{ki}tq_t-(\sum_{t=t_0}^{ki}t)(\sum_{t=j_0}^{ki}q_t)}{k\sum_{t=t_0}^{ki}t^2-(\sum_{t=t_0}^{ki}t)^2} \tag{3.16}$$

式中，$t_0=(i-1)k+1$，k 为每个分段序列数据点的个数，即序列段的长度，$i=1,2,\cdots,w$。

如图 3.4 所示，某一时间序列由均值序列和斜率序列来分别逼近表示。总体上看，均值序列能反映时间序列的全局形态变化情况，但对于分段序列中的局部数据分布情况却不能够很好地表示。然而，斜率序列不论是从时间序列的全局形态来看，还是从局部数据的分布来看，都能够较好地反映时间序列的形态变化。因此，基于直线斜率的特征序列弥补了均值序列无法描述局部形态变化的不足。

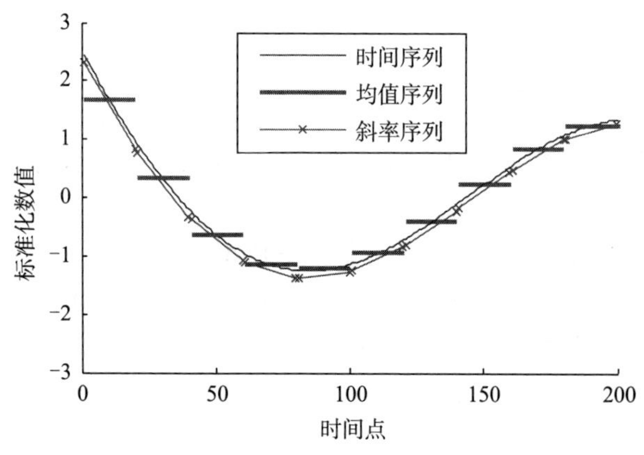

图 3.4　均值序列和斜率序列拟合时间序列

在进行时间序列符号化之前，需要对其进行标准化处理，使时间序列数据服从标准正态分布，即标准化后的时间序列数据服从

均值为0,方差为1的正态分布。标准化公式为

$$q_t=\frac{q_t-\bar{q}}{\hat{q}},t=1,2,\cdots,m \tag{3.17}$$

式中,$\bar{q}$为时间序列Q中所有数据的均值,即$\bar{q}=\sum_{t=1}^{m}q_t/m$。同时,$\hat{q}$为$Q$中所有数据点的标准差,即$\hat{q}=\sqrt{\frac{1}{m-1}\sum_{t=1}^{m}(q_t-\bar{q})^2}$。

标准化后的序列数据分布形态与原时间序列的形态将保持一致。根据标准正态分布的3σ规则,新序列数据点主要分布在区间[−3,3]中。若要对斜率进行形如SAX的符号化,则需要将斜率论域转化到传统PAA所在的论域中,其方法是将斜率与时序段的时间跨度$k-1$相乘。由于标准化后时间序列相邻两个数据点构成直线的斜率最大值为6,最小值为−6,即时序段的斜率将主要分布在区间[−6,6]中。因此,将斜率与$(k-1)/2$相乘便得到基于斜率的时间序列聚合近似(S_PAA)。如图3.5所示,时间序列可以分别被基于均值的分段聚合近似(PAA)和基于斜率的分段聚合近似(S_PAA)来表示。

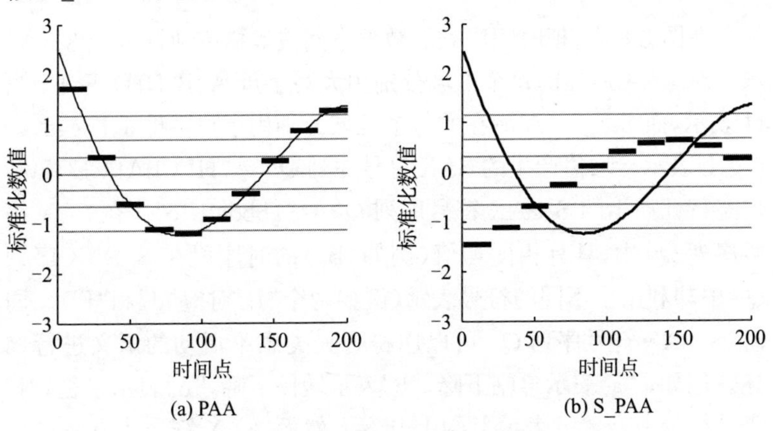

图3.5　基于均值和斜率的两种聚合近似方法

得到PAA和S_PAA特征序列后,根据它们的数据值分布情况,将数据空间进行等概率划分,按照传统的符号化方法将PAA和S_PAA数据序列分别转化成SAX字符序列和S_SAX字符序列。如图3.6所示,时间序列Q分别被转化成SAX符号序列Q^{s1}和S_SAX符号序列Q^{s2},SAX符号序列Q^{s1}反映了均值的信息,S_SAX符号序列Q^{s2}体现了各时序段的形态特征。

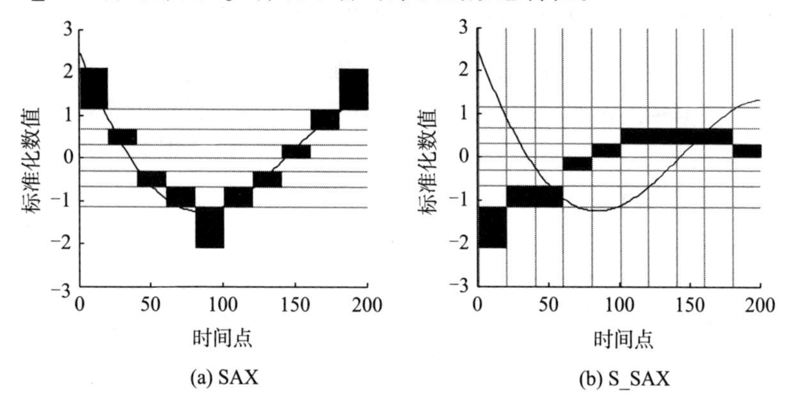

图3.6　时间序列Q的SAX符号序列Q^{s1}和S_SAX符号序列Q^{s2}

在图3.6中,把时间序列的数据空间按等概率地划分成8个区域。对PAA所在的每个区域分别用大写字母A、B、C、D、E、F、G、H表示,而对S_PAA所在的每个区域分别用小写字母a、b、c、d、e、f、g、h表示。均值产生的SAX符号序列Q^{s1}=“HFCBABCEGH”,形态特征产生的S_SAX符号序列Q^{s2}=“abbdeffffe”。在SAX符号序列Q^{s1}中,具有相同均值(例如“B”)的时序段在S_SAX序列Q^{s2}中却利用了不同的符号表示(例如两个“B”对应“d”和“f”)。同时,S_SAX符号序列Q^{s2}可以用符合人类思维活动的语义进行描述。例如,“a”表示急剧下降,“b”表示缓慢下降,“d”表示平稳,“f”表示缓慢上升,“g”表示急剧上升等。然而,SAX符号化方法产生的符号却没有明确的语义,它只能反映时序段均值的大小。例如,在SAX产生的符号序列中,两个“B”仅反映相应两个时序段的均

值相等,没有考虑这两个时序段的波动趋势;在 S_SAX 产生的符号序列中,两个“b”不仅表示缓慢下降,而且两个相邻的“b”还表示有两个序列段在整个时间序列形态变化中连续缓慢下降。

同样,将 SAX 和 S_SAX 序列组成的 SF_SAX 表示成符号矢量,即 SF_SAX 序列中的元素将表示成 $q_l^s = q_l^{s1} \cdot i + q_l^{s2} \cdot j$,进而实现了基于形态特征的时间序列符号化表示。因此可以说,SF_SAX 是一种更具有信息表现力的时间序列降维技术和符号化表示方法。

3.3.2　相似性度量及算法描述

假设有长度为 m 的时间序列 Q 和 C,利用 SF_SAX 方法对它们进行降维和符号化表示,则在低维空间下(维数为 w),时间序列 Q 和 C 被表示为符号序列 Q^s 和 C^s。针对任意 l, $1 \leqslant l \leqslant w$,有 $q_l^s = q_l^{s1} \cdot i + q_l^{s2} \cdot j$ 和 $c_l^s = c_l^{s1} \cdot i + c_l^{s2} \cdot j$,则基于形态特征的时间序列符号化聚合近似方法的距离度量为

$$\text{SF\_SAX}(Q,C) = \sqrt{\frac{m}{w}} \sqrt{\sum_{l=1}^{w} ((\text{dist}(q_l^{s1}, c_l^{s1}))^2 + \mu (\text{dist}(q_l^{s2}, c_l^{s2}))^2)} \tag{3.18}$$

式中,$\mu = 2(1+w/m)^2/(9(1-w/m))$,dist(·)函数为度量两个字符之间的距离函数,具体实现办法与传统 SAX 符号化中字符距离函数度量一致。相对于真实距离来讲,通常也可以把距离度量函数 SF_SAX(Q,C)称为估计距离度量函数。

SF_SAX(Q,C)被用于度量相似性搜索过程中时间序列之间的相似性时,该函数需要满足下界要求,即估计距离不大于真实距离,以防止相似性搜索中出现漏报现象。因此,需要证明估计距离 $\text{SF\_SAX}(Q,C) \leqslant D(Q,C)$,其中 $D(Q,C)$ 表示时间序列 Q 与 C 的欧氏距离。

由于时间序列的符号序列 X^s 直接由 $\overline{X}$ 和 $\widehat{X}$ 转化得到,相当于等价证明

$$\mathrm{DR}(\bar{Q},\hat{Q},\bar{C},\hat{C})=\sqrt{\frac{m}{w}}\sqrt{\sum_{l=1}^{w}((\bar{q}_l-\bar{c}_l)^2+\mu(\hat{q}_l-\hat{c}_l)^2)} \leqslant D(Q,C) \tag{3.19}$$

证明：因为 $k=m/w$，由式(3.15)和式(3.19)可推出

$$\begin{aligned}\mathrm{DR}(\bar{Q},\hat{Q},\bar{C},\hat{C})&=\sqrt{\frac{m}{w}}\sqrt{\sum_{l=1}^{w}((\bar{q}_l-\bar{c}_l)^2+\mu(\hat{q}_l-\hat{c}_l)^2)}\\&=\sqrt{\frac{m}{w}}\sqrt{\sum_{l=1}^{w}\left((\bar{q}_l-\bar{c}_l)^2+\mu\frac{\left(\frac{m}{w}-1\right)^2}{4}(q'_l-c'_l)^2\right)}\\&=\sqrt{\frac{m}{w}\sum_{l=1}^{w}(\bar{q}_l-\bar{c}_l)^2+\frac{\left(\frac{m}{w}+1\right)^2\left(\frac{m}{w}-1\right)}{18}\sum_{l=1}^{w}(q'_l-c'_l)^2}\end{aligned}$$

有文献已经证明

$$\sqrt{\frac{m}{w}\sum_{l=1}^{w}(\bar{q}_l-\bar{c}_l)^2+\frac{\left(\frac{m}{w}+1\right)^2\left(\frac{m}{w}-1\right)}{18}\sum_{l=1}^{w}(q'_l-c'_l)^2}\leqslant D(Q,C)$$

故 $\mathrm{DR}(\bar{Q},\hat{Q},\bar{C},\hat{C})\leqslant D(Q,C)$得证。

从上述证明过程中容易发现，$\mathrm{DR}(\bar{Q},\hat{Q},\bar{C},\hat{C})$可以转化为PLAA中所用到的距离度量函数，说明SF_SAX的聚合近似过程与PLAA相似，反映分段序列的均值和斜率信息。同时，两种方法的距离函数度量质量相同，可以转化为相同函数来度量聚合近似序列的距离值。

算法3.1：基于SF_SAX的时间序列相似性度量方法。

输入：时间序列 $Q=\{q_1,q_2,\cdots,q_m\}$和 $C=\{c_1,c_2,\cdots,c_m\}$，降维后的维数 w，字符集规模 h。

输出：相似性距离 d。

步骤1　根据降维后的维数 w，将时间序列 Q 和 C 平均分成 w 个时序段；

步骤2　对每个时序段分别实现PAA转化和SF_PAA转化，

得到两组 PAA 数据序列和两组 SF_PAA 数据序列；

步骤 3　将 PAA 数据序列和 SF_PAA 序列进行符号转化，分别生成两组 SF_SAX 符号序列；

步骤 4　利用式(3.18)进行计算，最终得到相似性距离 d。

3.3.3　数值实验

通过下界紧凑性实验来验证 SF_SAX 及其相似性度量的有效性，并且与传统的 SAX 方法和 SFVS 方法进行比较，进而说明 SF_SAX 方法的性能。

从 UCR 数据集 Synthetic_Control 中任意选取 100 条时间序列作为距离计算的对象，并且设定 h 和 w 的值，即 $h=[3,4,5,6,7,8,9]$和 $w=[2,4,6,10,12,15,20]$。针对每一组 $P=[h(i),w(j)]$，分别利用 SAX、SFVS 和 SF_SAX 计算任意两个时间序列估计距离的下界紧凑性，各自可以得到长度大小为$(100\times99)/2=4590$ 的下界紧凑性向量 $\text{TLB}_{\text{SAX}}^{P}$、$\text{TLB}_{\text{SFVS}}^{P}$ 和 $\text{TLB}_{\text{SF\_SAX}}^{P}$。最终把这些下界紧凑性的平均值作为相应方法在 P 中的下界紧凑性，即 $\overline{\text{TLB}_{\text{SAX}}^{P}}$、$\overline{\text{TLB}_{\text{SFVS}}^{P}}$ 和 $\overline{\text{TLB}_{\text{SF\_SAX}}^{P}}$。实验结果如图 3.7(a)(b)和(c)所示。

容易发现，3 种方法在不同参数下的下界紧凑性都小于 1，说明 3 种近似方法的特征序列距离度量函数都满足下界要求，能够避免漏报现象的发生。从实验结果来看，SF_SAX 方法的下界紧凑性要大于 SFVS 和 SAX 的下界紧凑性（例如，当 $h=9$ 和 $w=20$，即 $P=[9,20]$时，$\overline{\text{TLB}_{\text{SAX}}^{P}}=0.58\leqslant\overline{\text{TLB}_{\text{SFVS}}^{P}}=0.60\leqslant\overline{\text{TLB}_{\text{SF_SAX}}^{P}}=0.62$），也说明了 SF_SAX 的数据剪枝能力要大于 SFVS 和 SAX，有利于时间序列相似性搜索。

为了进一步说明 SF_SAX 的性能，在不考虑 h 的情况下对 3 种方法进行下界紧凑性比较，即在符号化之前，分别利用 3 种方法的分段聚合近似进行相似性度量，并且在不同的分段 $w=[2,4,6,10,12,15,20]$下进行实验比较，其结果如图 3.7(d)所示。结果表明，3 种方法对时间序列的分段聚合近似的距离度量也满足下界要求，而且 SF_SAX 的下界紧凑性要大于 SFVS 和 SAX。

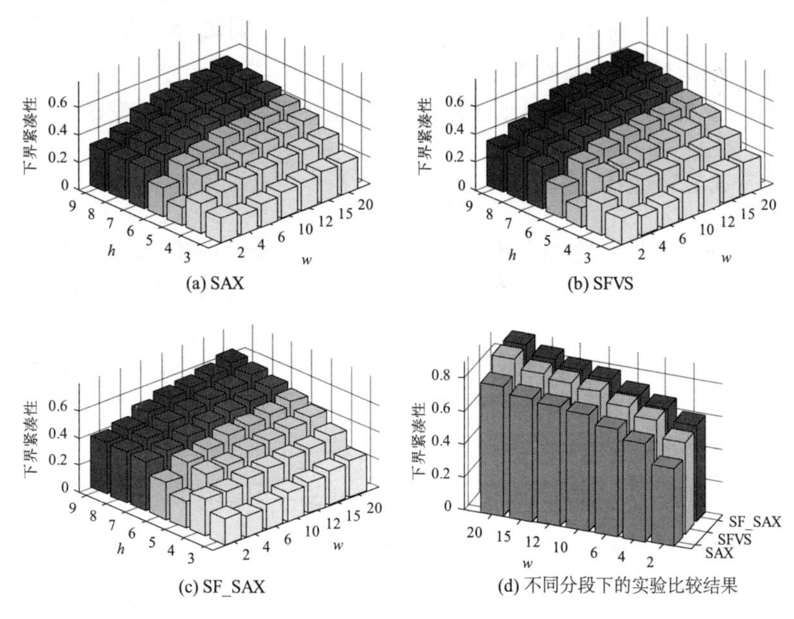

图 3.7　3 种方法在不同参数下的下界紧凑性

3.4　基于主要形态特征的分段聚合近似

在前面的工作中，针对 PAA 自身的不足，例如不能处理具有相同均值不同方差或相同均值相同方差等问题，首先提出了两种基于统计特征的分段聚合近似方法，分别为 LSF_PAA 和 NLSF_PAA，它们都是从重要统计量的角度来研究分段聚合近似，并且提高了传统 PAA 方法在时间序列相似性搜索应用中的性能。为了防止时间序列数据中丢失一些重要模式并且提高 PAA 的算法性能，Hung 和 Anh 同时考虑了分段序列的均值信息及其拟合直线的斜率，使得这种分段线性聚合近似方法 PLAA 能够在时间序列相似性搜索中发挥较好的性能，但它缺少对序列实现符号化转化

过程的研究。针对此问题，本章3.3节提出的SF_SAX弥补了这一缺陷。

与此同时，上述聚合近似方法（即PAA、PLAA、APCA、SAX、LSF_PAA和NLSF_PAA）所对应的特征序列相似性度量函数都满足下界要求，能够保证在时间序列相似性搜索时不发生漏报情况。在以往的研究成果中，大多数都是基于一种或两种重要信息特征的分段聚合近似方法。例如，PAA、APCA和SAX是基于均值的，PLAA是基于均值和斜率的，LSF_PAA与NLSF_PAA是基于均值和标准差的。因此可以看出，均值、斜率和标准差常用来描述时间序列数据形态的变化特征，是研究时间序列特征表示方法时需要首先考虑的重要因素。

通过正交多项式回归分析模型，时间序列$Q=\{q_1,q_2,\cdots,q_m\}$被转化为$K+1$维特征空间$\boldsymbol{E}(t)=\{\boldsymbol{f}_0(t),\boldsymbol{f}_1(t),\cdots,\boldsymbol{f}_K(t)\}$下的回归系数特征序列$A=\{a_0,a_1,\cdots,a_K\}$，实现数据降维，且相应的特征系数序列$A$具有实际形态意义。例如，$a_0$代表时间序列的均值，$a_1$代表拟合时间序列的直线的斜率，而$a_2$和$a_k$分别代表拟合时间序列形态变化的二次曲线和$k$次曲线特征。因此，鉴于形态特征对时间序列近似表示的重要性，利用主要形态特征来对时间序列进行特征表示，从高维形态特征的角度来研究分段聚合近似表示方法，即利用反映时间序列主要形态特征（包括均值、斜率、曲线和变化曲线）来对时间序列进行分段表示，提出的相似性度量函数也像前面所讲述方法中的距离度量函数一样，满足下界要求，在相似性搜索应用中避免发生漏报。同时，分析高维形态特征对分段聚合表示方法中距离度量函数的影响。

3.4.1　主要形态特征表示

由2.2节的拟合效果分析得知，通过正交多项式回归分析模型得到的$K+1$项回归系数对时间序列进行拟合时，过大的K值会产生过拟合现象，进而影响反映原时间序列的形态变化趋势。多项式形态空间表示(Polynomial Shape Space Representation, PSSR)①中,通过统计实验分析得知,前4个系数保留了反映原始时间序列的绝大部分信息,其他回归系数都会非常小,并且计算高维的回归系数将消耗更多的时间。同时,通过对时间序列进行分段,使得较长的原时间序列被分割成较短的序列段,若利用正交多项式回归分析模型对较短的序列段进行特征表示,则可以避免产生过拟合现象。因此,利用这4个回归系数可以充分描述序列段的主要形态,提出基于主要形态特征的分段聚合近似方法。

在基于正交多项式回归分析模型的时间序列特征表示中,由于主要形态特征包括均值(Average)、斜率(Slope)、二次曲线(Curve)和变化曲线(Change of curve),因此,把基于主要形态特征的分段聚合近似方法简称为ASCC。其中,变化曲线被定义为三次曲线。

ASCC的基本思想就是将时间序列平均分割成若干条序列段,并且利用主要形态特征对每条序列段进行特征表示。时间序列$Q=(q_1,q_2,\cdots,q_m)$被平均分割成w条序列段$Q'=(Q'_1,Q'_2,\cdots,Q'_w)$,且任意序列段$Q'_i$的长度$L=\frac{m}{w}$,其中$(1\leqslant i\leqslant w)$。每个序列段$Q'_i$可进一步被主要形态特征表示成$F_i$,即$F_i=(\Psi_{i0}(t),\Psi_{i1}(t),\Psi_{i2}(t),\Psi_{i3}(t))^{\mathrm{T}}$,其中$\Psi_{ik}(t)=a_{ik}\boldsymbol{f}_k(t)$,$(0\leqslant k\leqslant 3)$。换另外一种形式讲,$Q'$可被表示成$F=(F_1,F_2,\cdots,F_w)$。

如图3.8所示,ASCC像PAA和PSSR一样能反映时间序列形态变化趋势。更为重要的是,ASCC不仅能够反映原时间序列的整体形态,而且也能较为详细地反映局部形态变化。然而,PAA和PSSR容易忽略对局部形态的描述。

为了便于理解主要形态特征表示方法,下面通过具体实例来说明ASCC表示过程。若有某一序列段$Q'_1=(10,10,6,4,10)$,根据式(2.5)和式(2.6),可以计算特征空间和回归系数特征序列,分别为

---

① Fuchs E, Gruber T, Nitschke J, et al. Temporal data mining using shape space representation of time series[J]. Neurocomputing, 2010, 74: 379-393.

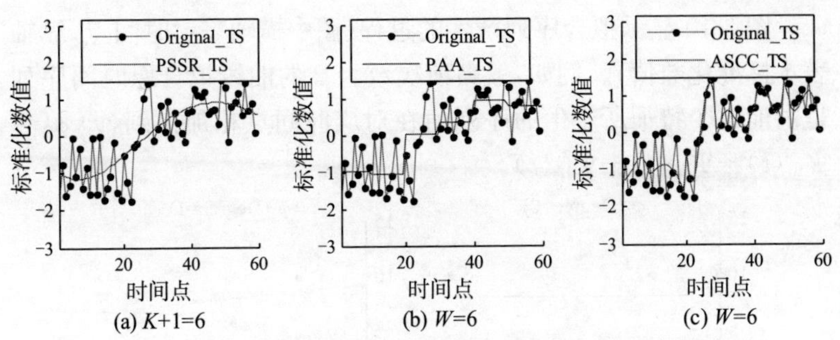

图 3.8　3 种方法根据不同参数对原时间序列的拟合效果

$$f_0(t)=1$$
$$f_1(t)=t-2$$
$$f_2(t)=t^2-4t+2$$
$$f_3(t)=t^3-6t^2+8.6t-1.2$$

和

$$\boldsymbol{A}_1=(a_0,a_1,a_2,a_3)=(8,-0.6,1,1)$$

该序列 Q'便可表示成四维向量，即

$$\begin{aligned}\boldsymbol{F}_1&=(\Psi_{10}(t),\Psi_{11}(t),\Psi_{12}(t),\Psi_{13}(t))^{\mathrm{T}}\\&=(8\boldsymbol{f}_0(t),-0.6\boldsymbol{f}_1(t),\boldsymbol{f}_2(t),\boldsymbol{f}_3(t))^{\mathrm{T}}\end{aligned}$$

其中 $t=1,2,\cdots,5$，表示序列段时间点。同时，向量 $\boldsymbol{F}_1$ 中的各元素分别代表拟合原序列段的均值序列、拟合直线、二次拟合曲线和三次拟合曲线。拟合序列段可以利用这 4 个特征所产生的数值序列在相同时间点进行累加得到，如图 3.9 所示。

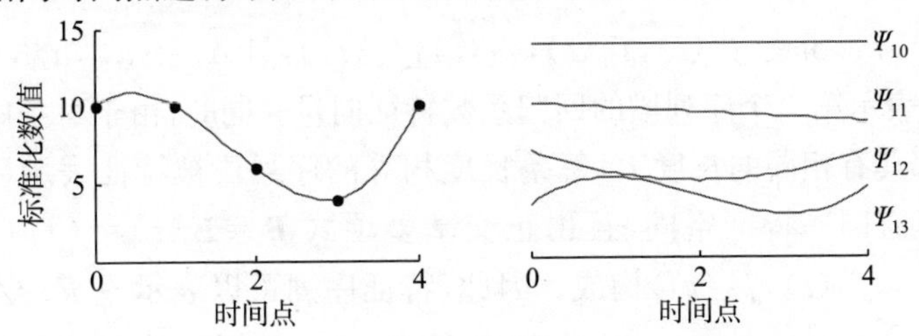

图 3.9　拟合序列段由 4 个特征数值序列累加构成

图 3.10 显示拟合序列产生的过程(图中横轴表示时间点,纵轴表示标准化数值)。例如,最高项次数为 2 的曲线拟合原时间序列是由前 3 个特征所产生的序列值在对应时间点相加得到,即 $\phi_2=\Psi_{10}(t)+\Psi_{11}(t)+\Psi_{12}(t)$。

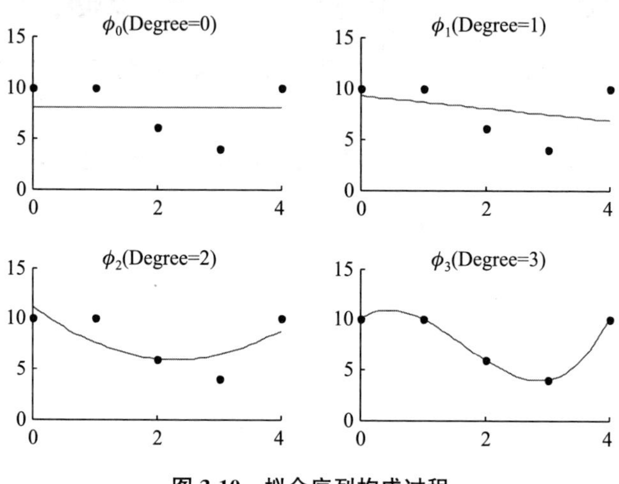

图 3.10　拟合序列构成过程

对于较长的时间序列来说,ASCC 首先将它平均分成长度为 L 的 w 个序列段,每个序列段利用上述构造过程可以对原时间序列进行拟合或表示。最终便得到一组特征序列 F,任一向量 $\boldsymbol{F}_i\in F$ 被表示成

$$\begin{aligned}\boldsymbol{F}_i&=\boldsymbol{A}_i\boldsymbol{B}\triangleq(a_{i0},a_{i1},a_{i2},a_{i3})\hat{\boldsymbol{f}}\\&=(a_{i0}\boldsymbol{f}_0(t),a_{i1}\boldsymbol{f}_1(t),a_{i2}\boldsymbol{f}_2(t),a_{i3}\boldsymbol{f}_3(t))\end{aligned}$$

式中,$\hat{\boldsymbol{f}}=\mathrm{diag}(\boldsymbol{f}_0(t),\boldsymbol{f}_1(t),\boldsymbol{f}_2(t),\boldsymbol{f}_3(t))$,且 $\boldsymbol{A}_i=(a_{i0},a_{i1},a_{i2},a_{i3})$表示第 i 个序列段的回归系数特征向量。同时,由于每条序列段都具有相同的长度 L,每条长度相等的序列段被特征表示后都会具有同一特征空间,且由正交基多项式 $\boldsymbol{B}=\boldsymbol{E}(t)=(\boldsymbol{f}_0(t),\boldsymbol{f}_1(t),\boldsymbol{f}_2(t),\boldsymbol{f}_3(t))$构成。因此,特征序列可以表示成 $F=\boldsymbol{AB}$,其中 $\boldsymbol{A}=(\boldsymbol{A}_1,\boldsymbol{A}_2,\cdots,\boldsymbol{A}_w)^{\mathrm{T}}$ 和 $t=1,2,\cdots,L$,T 表示向量或矩阵转置。同时,$\boldsymbol{A}$ 是大小为 $w\times4$ 的回归特征系数矩阵,$\boldsymbol{B}$ 为正交基多

项式矩阵且可以进一步表示成

$$\boldsymbol{B}=\boldsymbol{Z}\boldsymbol{R}=\begin{pmatrix}1 & 1 & 1 & 1\\ 2 & 2 & 2 & 2\\ \vdots & \vdots & \vdots & \vdots\\ L & L & L & L\end{pmatrix}\begin{pmatrix}1 & r_{20} & r_{30} & r_{40}\\ 0 & 1 & r_{31} & r_{41}\\ 0 & 0 & 1 & r_{42}\\ 0 & 0 & 0 & 1\end{pmatrix}$$

在 $\boldsymbol{Z}$ 中，每列代表每条序列段的时间值 $t=1,2,\cdots,L$。在 $\boldsymbol{R}$ 中，第 k 列正交基多项式 $f_k(x)$ 的系数，如式(2.2)所示，其中 $k=0,1,2,3$。

通过矩阵 $\boldsymbol{A}_{w\times 4}$ 和 $\boldsymbol{B}_{L\times 4}$ 可以对原时间序列 Q 进行近似表示。如图3.11所示(图中横轴表示时间点，纵轴表示标准化数值)，时间序列根据不同的分割数 w 且利用ASCC进行主要形态特征表示。从拟合效果来看，尽管处于较低维的空间里，拟合序列都能很好地反映原时间序列形态趋势变化。当 $w=15$，ASCC能够毫不失真地对时间序列进行拟合。其原因在于，长度为60的时间序列被分割成15条长度为4的序列段，4个主要形态特征能够无失真地拟合这些长度为4的序列段。

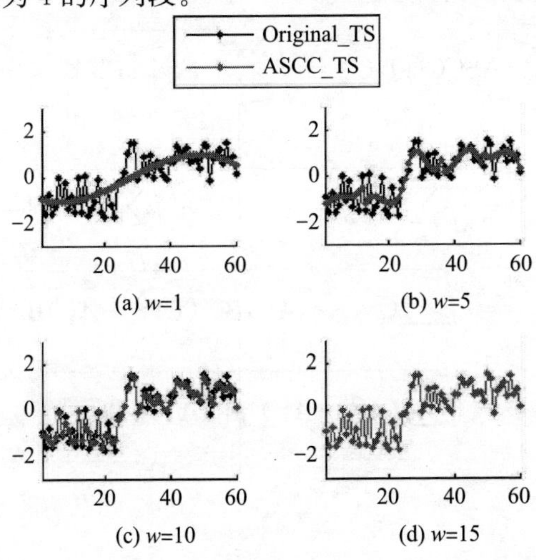

图3.11 根据不同分割数ASCC的分段拟合效果

因此，ASCC首先要对时间序列进行等长分割，并利用主要形态特征对每条序列段进行特征表示，最终得到回归特征系数矩阵 $\boldsymbol{A}$ 和公共正交基多项式矩阵 $\boldsymbol{B}$，并用 $\boldsymbol{A}$ 和 $\boldsymbol{B}$ 来近似表示原时间序列。

3.4.2 形态特征相似性度量

ASCC是一种分段聚合近似方法，使得时间序列被平均分段后转化为一组回归特征系数矩阵和一个正交基多项式矩阵。为了更好地在时间序列数据挖掘中使用该特征表示方法，需要提出对应的特征序列相似性度量函数，并且该函数最好能满足下界要求。

两条时间序列 $Q=(q_1,q_2,\cdots,q_m)$ 和 $C=(c_1,c_2,\cdots,c_m)$，分别被平均分割成长度为 $L=m/w$ 的 w 条序列段，每条序列段经多项式回归分析模型转化后得到 w 个回归特征系数矩阵 $\boldsymbol{A}$ 和1个公共正交基多项式矩阵 $\boldsymbol{B}$。最终得到两条时间序列的聚合近似表示序列 $\boldsymbol{F}^Q$ 和 $\boldsymbol{F}^C$，即 $\boldsymbol{F}^Q=(\boldsymbol{F}_1^Q,\boldsymbol{F}_2^Q,\cdots,\boldsymbol{F}_w^Q)$ 和 $\boldsymbol{F}^C=(\boldsymbol{F}_1^C,\boldsymbol{F}_2^C,\cdots,\boldsymbol{F}_w^C)$，且对于任意 i $(0\leqslant i\leqslant w)$，有 $\boldsymbol{F}_i^Q=\boldsymbol{A}_i^Q\boldsymbol{B}$ 和 $\boldsymbol{F}_i^C=\boldsymbol{A}_i^C\boldsymbol{B}$。那么，这两条近似序列的相似性度量函数为

$$\mathrm{ASCC}(Q,C)=\sqrt{\sum_{i=1}^{w}\|\boldsymbol{F}_i^Q-\boldsymbol{F}_i^C\|^2} \tag{3.20}$$

经过转化得

$$\begin{aligned}\mathrm{ASCC}(Q,C)&=\sqrt{\sum_{i=1}^{w}\|\boldsymbol{F}_i^Q-\boldsymbol{F}_i^C\|^2}=\sqrt{\sum_{i=1}^{w}\|(\boldsymbol{A}_i^Q-\boldsymbol{A}_i^C)\boldsymbol{B}\|^2}\\&=\sqrt{\sum_{i=1}^{w}((\boldsymbol{A}_i^Q-\boldsymbol{A}_i^C)\boldsymbol{B})((\boldsymbol{A}_i^Q-\boldsymbol{A}_i^C)\boldsymbol{B})^{\mathrm{T}}}\\&=\sqrt{\sum_{i=1}^{w}(\boldsymbol{A}_i^Q-\boldsymbol{A}_i^C)\hat{\boldsymbol{f}}^2(\boldsymbol{A}_i^Q-\boldsymbol{A}_i^C)^{\mathrm{T}}}\end{aligned}$$

而

$$\boldsymbol{B}^{\mathrm{T}}\boldsymbol{B}=\begin{pmatrix}\boldsymbol{f}_0(t)\\ \boldsymbol{f}_1(t)\\ \boldsymbol{f}_2(t)\\ \boldsymbol{f}_3(t)\end{pmatrix}(\boldsymbol{f}_0(t),\boldsymbol{f}_1(t),\boldsymbol{f}_2(t),\boldsymbol{f}_3(t))$$

$$=\begin{pmatrix}\boldsymbol{f}_0^2(t) & \boldsymbol{f}_0(t)\boldsymbol{f}_1(t) & \boldsymbol{f}_0(t)\boldsymbol{f}_2(t) & \boldsymbol{f}_0(t)\boldsymbol{f}_3(t)\\ \boldsymbol{f}_1(t)\boldsymbol{f}_0(t) & \boldsymbol{f}_1^2(t) & \boldsymbol{f}_1(t)\boldsymbol{f}_2(t) & \boldsymbol{f}_1(t)\boldsymbol{f}_3(t)\\ \boldsymbol{f}_2(t)\boldsymbol{f}_0(t) & \boldsymbol{f}_2(t)\boldsymbol{f}_1(t) & \boldsymbol{f}_2^2(t) & \boldsymbol{f}_2(t)\boldsymbol{f}_3(t)\\ \boldsymbol{f}_3(t)\boldsymbol{f}_0(t) & \boldsymbol{f}_3(t)\boldsymbol{f}_1(t) & \boldsymbol{f}_3(t)\boldsymbol{f}_2(t) & \boldsymbol{f}_3^2(t)\end{pmatrix}$$

根据正交多项式基向量的性质，上式可进一步转化为

$$\boldsymbol{B}^{\mathrm{T}}\boldsymbol{B}=\mathrm{diag}(\boldsymbol{f}_0^2(t),\boldsymbol{f}_1^2(t),\boldsymbol{f}_2^2(t),\boldsymbol{f}_3^2(t))=\widehat{\boldsymbol{f}}^2$$

因此，该距离度量函数转化为

$$\mathrm{ASCC}(Q,C)=\sqrt{\sum_{i=1}^{w}(\boldsymbol{A}_i^Q-\boldsymbol{A}_i^C)\,\widehat{\boldsymbol{f}}^2\,(\boldsymbol{A}_i^Q-\boldsymbol{A}_i^C)^{\mathrm{T}}}$$

$$=\sqrt{\sum_{i=1}^{w}(\boldsymbol{A}_i^Q-\boldsymbol{A}_i^C)\boldsymbol{B}^{\mathrm{T}}\boldsymbol{B}\,(\boldsymbol{A}_i^Q-\boldsymbol{A}_i^C)^{\mathrm{T}}}$$

若 $\boldsymbol{H}=\boldsymbol{B}^{\mathrm{T}}\boldsymbol{B}$，则最终距离度量函数可表示为

$$\mathrm{ASCC}(Q,C)=\sqrt{\sum_{i=1}^{w}(\boldsymbol{A}_i^Q-\boldsymbol{A}_i^C)\boldsymbol{H}\,(\boldsymbol{A}_i^Q-\boldsymbol{A}_i^C)^{\mathrm{T}}} \tag{3.21}$$

$\boldsymbol{B}$ 是 $L\times4$ 的矩阵，故 $\boldsymbol{H}$ 的矩阵大小为 4×4。同时，$\boldsymbol{H}$ 仅与 L 的大小有关且独立于每条序列段并具有数据值。计算特征序列相似性时，$\boldsymbol{H}$ 可被事先计算并保存。同样，$\boldsymbol{A}_i^Q-\boldsymbol{A}_i^C$ 是一个长度为 4 的向量，或者理解成大小为 1×4 的矩阵。因此，ASCC(Q,C)是基于小矩阵运算的函数，能快速对特征序列进行相似性计算。

为了使相似性度量函数在相似性搜索时不发现漏报情况，该函数须满足下界要求，即

$$\mathrm{ASCC}(Q,C)\leqslant D(Q,C)$$

式中，$D(Q,C)$表示原数据空间下两条时间序列的欧氏距离。

定理　时间序列 Q 和 C 经过 ASCC 近似表示后得到特征序列 $\boldsymbol{F}^Q$ 和 $\boldsymbol{F}^C$，则其度量特征序列的距离函数 ASCC(Q,C)满足下界要

求，即 $\mathrm{ASCC}(Q,C)\leqslant D(Q,C)$。

证明： 不失一般性，设 $w=1$，则有 $L=m$，那么等价证明：

$$\mathrm{ASCC}(Q,C)=\sqrt{(\boldsymbol{A}_0^Q-\boldsymbol{A}_0^C)\boldsymbol{H}\,(\boldsymbol{A}_0^Q-\boldsymbol{A}_0^C)^{\mathrm{T}}}\leqslant D(Q,C)$$

假设 $\widetilde{Q}$ 和 $\widetilde{C}$ 分别为原时间序列 Q 和 C 的拟合序列，即 $\widetilde{Q}=\boldsymbol{A}_0^Q\,\hat{\boldsymbol{f}}$ 和 $\widetilde{C}=\boldsymbol{A}_0^C\,\hat{\boldsymbol{f}}$，又设 $Q=\widetilde{Q}+e_Q$ 和 $C=\widetilde{C}+e_C$，其中 e_Q 和 e_C 分别表示拟合误差，那么有

$$Q-C=(\widetilde{Q}-\widetilde{C})+(e_Q-e_C)$$

故有

$$\begin{aligned}
D^2(Q,C)&=\sum_{t=1}^{m}(q_t-c_t)^2\\
&=(Q-C)(Q-C)^{\mathrm{T}}\\
&=[(\widetilde{Q}-\widetilde{C})+(e_Q-e_C)][(\widetilde{Q}-\widetilde{C})+(e_Q-e_C)]^{\mathrm{T}}\\
&=(\widetilde{Q}-\widetilde{C})(\widetilde{Q}-\widetilde{C})^{\mathrm{T}}+(e_Q-e_C)(e_Q-e_C)^{\mathrm{T}}
\end{aligned}$$

由于 $e_Q\sim N(0,\sigma_Q^2)$、$e_C\sim N(0,\sigma_C^2)$ 和 $e_Q-e_C\sim N(0,\sigma_Q^2+\sigma_C^2)$，其中 $N(\cdot,\cdot)$ 表示高斯白噪声，有

$$\begin{aligned}
D^2(Q,C)&=(\widetilde{Q}-\widetilde{C})(\widetilde{Q}-\widetilde{C})^{\mathrm{T}}+(\sigma_Q^2+\sigma_C^2)\\
&=((\boldsymbol{A}_1^Q-\boldsymbol{A}_1^C)\,\hat{\boldsymbol{f}})((\boldsymbol{A}_1^Q-\boldsymbol{A}_1^C)\,\hat{\boldsymbol{f}})^{\mathrm{T}}+(\sigma_Q^2+\sigma_C^2)\\
&=(\boldsymbol{A}_1^Q-\boldsymbol{A}_1^C)\,\hat{\boldsymbol{f}}^2(\boldsymbol{A}_1^Q-\boldsymbol{A}_1^C)^{\mathrm{T}}+(\sigma_Q^2+\sigma_C^2)\\
&=\mathrm{ASCC}^2(Q,C)+(\sigma_Q^2+\sigma_C^2)
\end{aligned}$$

故有 $\mathrm{ASCC}^2(Q,C)\leqslant D^2(Q,C)$，证明完毕。

3.4.3 数值实验

本小节通过 5 个实验来验证基于主要形态特征的分段聚合近似方法 ASCC 的合理性及其度量函数的性能，同时观察高维形态特征对距离度量函数性能的影响。第 1 个实验比较了 ASCC 和 PAA 的拟合效果；第 2 个实验和第 3 个实验利用 PAA、PLAA、LSF_PAA 和 ASCC 对数据集中时间序列进行相似性计算，分别比

较它们各自度量函数的下界紧凑性和数据剪枝能力；第 4 个实验利用这 4 种方法对时间序列数据进行分类结果比较；第 5 个实验通过比较方法之间的 CPU 时间代价，从时间效率角度考察新方法的性能。

1. 拟合效果

PAA 是一种较为流行的时间序列分段近似表示方法，并且利用特征序列信息能够得到拟合序列，进而能够计算与原时间序列之间的拟合误差。相反，虽然 PLAA 和 LSF_PAA 能够对时间序列进行分段聚合特征表示，但它们无法通过重构过程得到拟合序列。因此，本次实验仅比较 ASCC 与 PLAA 在拟合时间序列时产生的误差，进而说明特征表示方法近似表示原时间序列的质量。

从较长的股票时间序列数据中随机截取 50 条长度为 4000 的短序列。利用 PAA 和 ASCC 分别对序列按降维后的维数(10，20，40，50，100，200，500，1000)进行特征表示并构造其拟合序列，进而比较在相应降维后维数下的平均拟合误差，结果如图 3.12 所示。

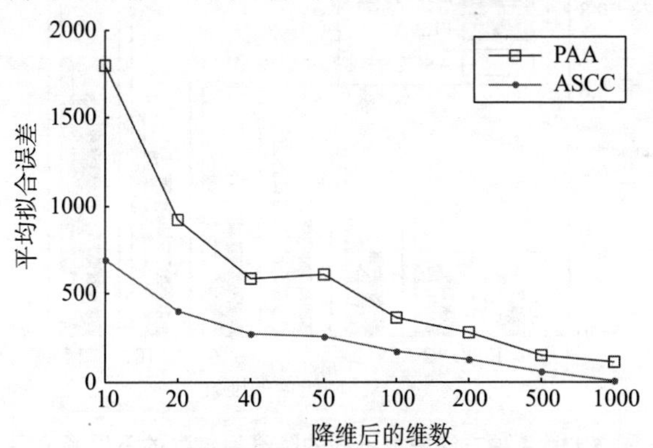

图 3.12　PAA 与 ASCC 的拟合效果

由图 3.12 易发现，随着降维后的维数的增大，数据压缩率减小，两种方法的拟合效果会越来越好。同时，在任意压缩率的情况下，ASCC 的拟合效果要优于 PAA，而且当数据压缩率越大时，ASCC 的拟合效果越突出。

2. 下界紧凑性

利用 ASCC 与 PLAA、LSF_PAA、PAA 各自所使用的距离度量函数对时间序列数据集 Synthetic_Control 进行距离计算，并最终比较各自在不同降维后维数下的下界紧凑性。对数据集中的任意两条时间序列都进行特征变换并计算特征序列之间的距离，同时参与计算下界紧凑性。在本次实验中，降维后的维数取值分别为(1，2，3，5，6，10，15)，其实验结果如图 3.13 所示。结果表明，4 种方法都满足下界要求，而且随着降维后维数的增大，它们的下界紧凑性越来越好。同时，也表明 ASCC 的下界紧凑性要优于其他方法。特别地，当降维后维数为 15 时，ASCC 的下界紧凑性为 1，其原因在于分段序列长度为 4 时，ASCC 中的 4 个主要形态能够完全表示该序列段的信息，不存在信息丢失的情况。

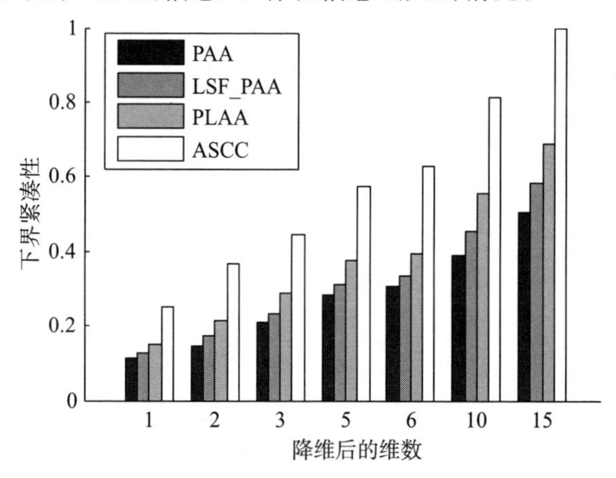

图 3.13　4 种方法根据不同的降维后维数的下界紧凑性

3. 数据剪枝能力

首先把时间序列数据集分成两部分，即训练集和测试集各 300 条，并且对每条时间序列进行标准化处理。让测试集中的每条时间序列都在训练集中利用 4 种方法根据不同的降维后维数(1，2，

3，5，6，10，15)进行相似性查找，并统计得到每种方法在同一降维后维数下的数据剪枝能力，其结果如图 3.14 所示。

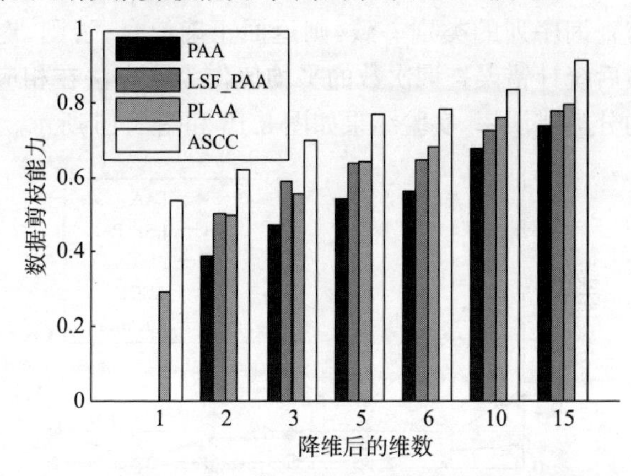

图 3.14　4 种方法根据不同的降维后维数的数据剪枝能力

可以知道，ASCC 的数据剪枝能力要优于其他 3 种方法。特别地，当降维后维数为 1 时，PAA 和 LSF_PAA 的数据剪枝能力出现为 0 的情况。其原因在于，当降维后维数为 1 时，说明整条时间序列被当成分段序列，且标准化后的时间序列满足均值为 0，方差为 1，使得利用 PAA 和 LSF_PAA 度量它们的距离为 0，故会产生剪枝能力为 0 的情况。

4. 时间序列分类

时间序列分类是时间序列数据挖掘领域的一项重要任务，其挖掘结果能够反映相似性度量质量。利用最近邻分类方法对两个数据集(Synthetic_Control 和 Cylinder-Bell-Funnel)进行分类，分类中的时间序列特征表示方法和距离计算函数分别由 PAA、PLAA、LSF_PAA 和 ASCC 提供，并与不需要特征表示的欧氏距离 Euclidean 相比较。同时，根据不同分段数目(降维后的维数)进行分类，即在两个数据集中，降维后的维数集合分别为(1，2，3，5，6，10，15)和(1，2，4，8，16，32)。

对于每个降维后的维数，让测试集中的每条序列利用最近邻分类方法在训练集中查找出与之最相似的序列。若查询结果的序列类别与查询序列的类别一致，则返回正确信息；否则，返回错误信息。最后统计错误查询次数的平均值作为该方法在相应降维后维数下的分类错误率，实验结果如图 3.15 和图 3.16 所示。

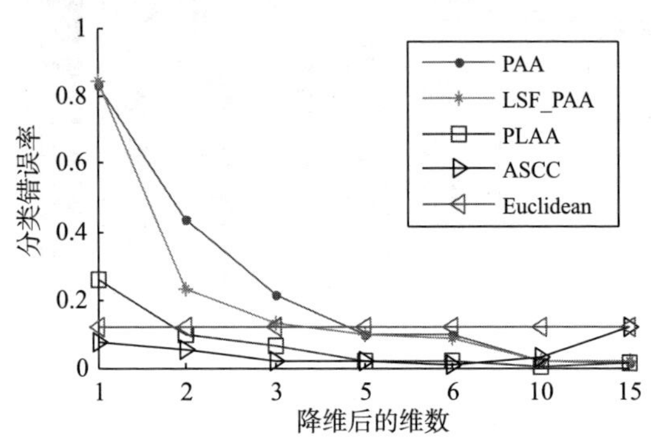

图 3.15　5 种方法根据不同的降维后维数在数据集 Synthetic_Control 中的分类结果

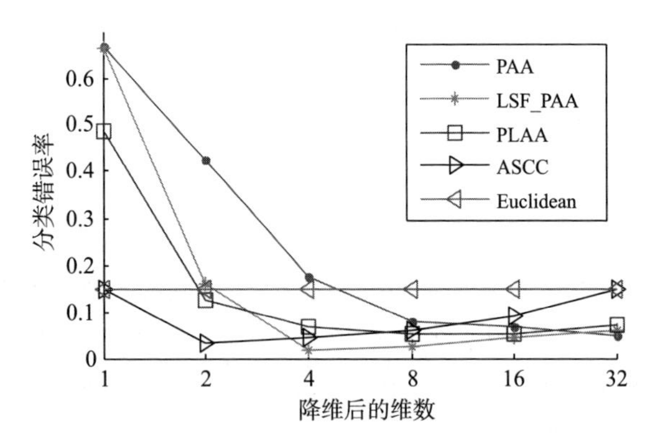

图 3.16　5 种方法根据不同的降维后维数在数据集 Cylinder-Bell-Funnel 中的分类结果

在 Synthetic_Control 和 Cylinder-Bell-Funnel 数据集中，

ASCC的分类错误率在降维后维数较低的情况下要小于其他 4 种方法的分类错误率，这说明在压缩率较大的情况下进行时间序列分类，ASCC 方法进行特征表示和相似性度量比其他 3 种方法更为有效。同时，ASCC 的分类错误率在两个数据集中都表现出比欧氏距离更好的分类性能。

5. 时间代价比较

与其他方法相比，ASCC 除了具有较好的拟合效果、下界紧凑性、数据剪枝能力和提高时间序列数据挖掘的能力外，还需要考察该方法的时间效率，从计算效率的角度来说明它对时间序列进行特征表示和相似性度量的性能。

利用 CPU 标准化时间代价来描述分段近似方法和相似性度量的计算性能。首先根据不同的降维后维数，利用分段近似方法对两条时间序列进行特征表示并计算其相似度，记录 CPU 的使用时间。分别从数据集 Synthetic_Control 和 Cylinder-Bell-Funnel 中随机选择 50 条和 30 条时间序列，这就意味着分别存在 50×49/2 组和 30×29/2 组时间序列需要进行特征表示和相似性计算，统计它们在不同方法和不同降维后维数情况下 CPU 所消耗的时间，根据序列组数取其平均值作为 CPU 标准化时间代价。实验结果如图 3.17 和图 3.18 所示。

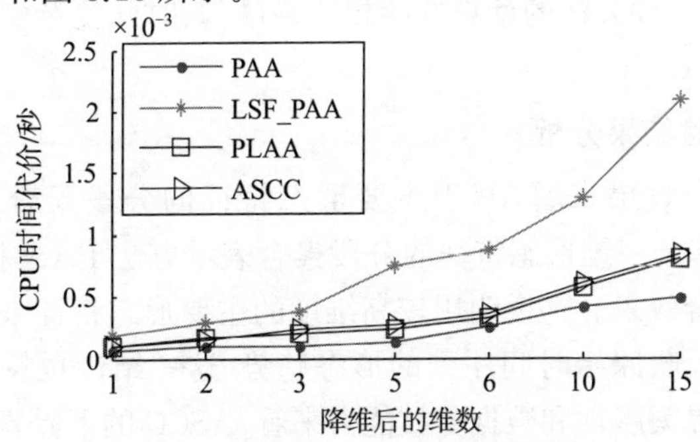

图 3.17　4 种方法根据不同的降维后维数在数据集 Synthetic_Control 中的时间代价

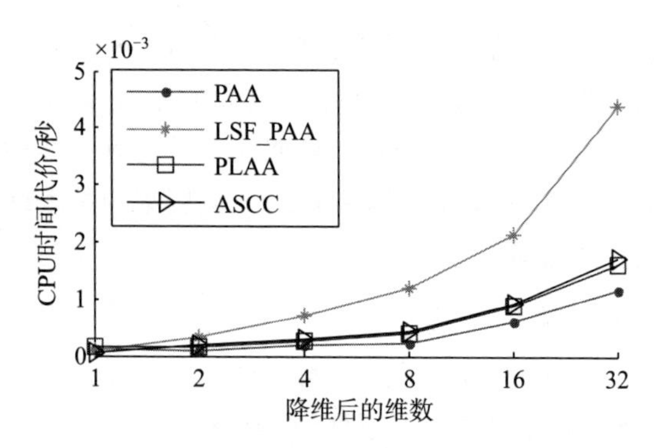

图 3.18　4 种方法根据不同的降维后维数在数据集 Cylinder-Bell-Funnel 中的时间代价

由图 3.17 和图 3.18 中曲线的变化趋势来看，4 种方法的时间性能都会随着降维后维数的增大而变差。LSF_PAA 的时间代价最高，并且降维后维数越大，与其他 3 种方法的时间代价距离越大。相反，PAA 的时间代价最低。同时，PLAA 和 ASCC 的时间代价几乎相同，并与 PAA 接近。从时间复杂度来讲，ASCC 和其他 3 种方法一样，都与时间序列的长度呈线性关系，即为 $O(k_0 m)$，其中 k_0 为较小的常数，但不同方法中的 k_0 值不同。事实上，从图 3.17和图 3.18 中 CPU 时间代价的数量级来看，可以得出相同的结论，即这 4 种方法的计算性能相差甚微，其时间复杂度的数量级相同，都为 $O(m)$。

6. 实验结果分析

从拟合效果来看，基于主要形态特征的分段聚合表示方法 ASCC 与基于一维形态特征的分段聚合表示方法 PAA 相比，具有较好的拟合效果。这说明用较高维度的主要形态特征来表示分段序列更能反映原始时间序列的形态趋势，这一结论也符合实际情况。从下界紧凑性和数据剪枝能力来看，ASCC 的下界紧凑性和数据剪枝能力要优于其他分段聚合方法。同样，在分类实验中也发现，在较大的数据压缩率的情况下，ASCC 分类结果要优于其他分段近似表示方法。从时间效率来看，除基于二维统计特征的分段聚合近似方法 LSF_PAA 外，ASCC 所用的时间虽然高于基于一维形态特征的分段聚合近似方法 PAA，但基于四维主要形态特征的 ASCC 方法所用的时间却与基于二维形态特征的分段聚合近似方法 PLAA 相近，且低于基于二维统计特征的分段聚合近似方法 LSF_PAA 所用的时间。这说明即使利用较高维的形态特征来分段表示序列段，若选用合适的分段聚合表示方法和距离度量方法，也可以得到较好的时间序列相似性度量质量。

3.5　本章小结

本章对传统分段聚合近似方法进行了分析，对其存在的一些问题进行了较为详细的讨论，并且主要针对 3 个问题开展研究。

首先，为了解决 PAA 不能对具有相同均值的时间序列进行特征识别的问题，提出利用基于二维统计特征的方法来实现分段聚合，即综合利用均值和标准差来对分段序列进行特征表示，并且证明了提出的两种距离度量函数(LSF_PAA 和 NLSF_PAA)满足下界要求，它们具有相同的距离度量质量。

其次，为了处理具有相同均值和相同方差的情况，进一步提出了一种基于二维形态特征的时间序列符号化聚合近似方法(SF_SAX)。该方法从均值和斜率的角度出发，将时间序列用基于均值的分段聚合近似方法(PAA)和基于斜率的分段聚合近似方法(S_PAA)来表示，并且将斜率进行论域转化，最终实现时间序列的符号化表示。与此同时，提出的符号特征序列距离度量方法不仅能够快速、有效地进行相似性计算，还能满足下界要求，避免漏报情况的发生。

最后，鉴于分段聚合近似方法在时间序列数据挖掘中的重要性，从高维形态的角度来研究分段聚合表示方法，进而提出了一种基于主要形态特征的分段聚合近似方法 ASCC。该方法所用的特征序列相似性度量函数与其他分段聚合近似方法一样，满足下界要求。同时，与其他分段聚合近似方法相比，该方法具有较好的下界紧凑性和数据剪枝能力。实验结果表明，ASCC 不仅能较好地反映原时间序列的形态变化趋势，而且结合相应的距离度量函数可以提高时间序列数据挖掘算法的性能。

本章提出的 3 种分段聚合近似方法的度量函数都满足下界要求，而且由实验分析得知，具有较高特征维度的分段聚合近似方法的下界紧凑性和数据剪枝能力要优于特征维度较低的分段聚合近似方法。在数据压缩率较大的情况下，基于高维特征的分段聚合近似只需要付出较小的计算时间代价就可以获得较优的度量质量，进而提高时间序列数据挖掘算法的性能。基于二维统计特征和基于二维形态特征表示的分段聚合近似方法能区分具有同均值不同方差和同均值同方差的时间序列之间的差异性，并且其特征表示和度量方法较为直观，易于理解。对于 ASCC 来说，该方法具有较好的特征表示能力和度量质量，但由于它包含了基于模型的特征表示方法和基于特征矩阵计算的度量方法，其操作过程较为复杂，不易被理解；同时，ASCC 的计算过程需要付出较多的空间代价。因此，在实际应用中，可以根据具体的数据规模和时间序列的数据形态分布情况来选择合适的分段聚合近似方法。

第4章　时间序列分段云模型特征表示及相似性度量

传统时间序列相似性度量方法主要以精确数据为基础，对时间序列进行定量分析。一些学者虽然提出了对时间序列进行统计分析和模糊化处理的方法，例如蔡自兴和钟清流提出的 SFVS 多维时间序列符号化相似性度量、Keogh 等提出的基于统计的 PAA 相似性度量方法、Manish Sarkar 提出的模糊相似度计算和基于随机统计的马尔科夫链的时间序列分析等，但很少研究能同时兼顾时间序列模糊性和随机性的问题。在实践中，时间序列不仅包含数据隶属于某一概念或知识的模糊性信息，而且时间序列数据本身的产生过程也具有随机性。模糊性主要体现在时间点上的数据值隶属于现实概念的程度，例如某一股票数据当前时间点上的值为波峰，该波峰对于不同股票投资群体的收益概念的隶属程度不一样。随机性则可以体现在时间序列数据的产生过程受多种随机因素的影响，例如国家宏观政策和市场价值规律等因素可以影响股票数据的波动，进而造成了时间序列数据的随机性。因此，研究时间序列的不确定性相似性度量问题具有重要的意义。

云理论是李德毅院士提出的一种研究不确定性的理论。它是一种基于统计学和模糊数学的理论，是研究定量数据和定性概念之间的不确定性的转换模型，该模型被称为云模型。若仅用一个云模型对较长时间序列进行特征表示，虽然云模型的 3 个数字特征可以反映该时间序列的总体数据分布特征，却忽略了时间序列的局部信息特征。鉴于分段聚合方法在时间序列数据挖掘中的重要性，可以利用分段方法将较长的时间序列分成若干子序列，每个子序列可以用一个云模型进行特征表示，进而时间序列的局部和全局的数据分布特征都可由若干个云模型来描述。根据云模型自身的特点，提出了相应的云模型相似性计算方法，其度量结果能够反映原时间序列之间的特征差异。

这种基于云模型特征表示的时间序列相似性度量方法是一种不满足下界要求的度量方法，若将其应用于时间序列相似性搜索，会发生漏报情况。然而，在时间序列数据挖掘领域，通常有些相似性度量方法不具有下界性，但它们在时间序列分类和聚类等应用中能发挥良好的度量效果。因此，本章利用分段方法将时间序列用云模型来表示，提出分段云模型特征序列的相似性度量方法，并将其应用于时间序列数据挖掘领域，检验云模型特征表示和相似性度量方法的性能。

4.1　云模型简介

自然语言是人类智慧的结晶，在人工智能中具有重要的地位，是通过语言值来表示概念，这些概念通常具有不确定性。以往研究不确定性的方法有很多，如概率论、模糊集理论和粗糙集理论等，但利用这些方法来研究概念的不确定性尚存在一定的局限性，特别是在研究自然语言的模糊性和随机性时，没有很好地将两者联系起来。云理论同时兼顾这两个方面来研究自然语言的不确定性，利用云模型可以实现定性概念与定量表示之间的转化。

云模型是不确定性人工智能中研究自然语言在定性概念与定量表示之间相互转化的模型，主要反映人类知识中概念的模糊性和随机性，为研究不确定性人工智能提供了新的理论和方法。云模型已经在数据挖掘和知识发现、管理科学及决策分析等方面得到了广泛的应用并取得了良好的效果。正态云是一种较为重要和普遍的云模型，具有良好的数学性质，并且现实世界中许多现象都服从或近似服从正态分布，因此，它具有一定的普适性。

定义 1　设 U 是一个用精确数值表示的定量论域，C 是 U 上

的定性概念，若定量值 $x \in U$，且 x 是定性概念 C 的一次随机实现，x 对 C 的确定度为 $\mu_C(x) \in [0,1]$ 是具有稳定倾向的随机数，则 x 在论域 U 上的分布称为云，每个 x 称为一个云滴。

云由若干云滴组成，云滴是某个定性概念的一次随机实现，多次产生的云滴可以综合反映这个定性概念的整体特征。某个概念的整体特征可以用云的3个数字特征来表示，即期望 Ex、熵 En 和超熵 He，因此云模型特征可以由这3个数字特征组成的向量来描述。

定义2　由3个参数(Ex,En,He)来表示云的数字特征的模型，称为云模型(Ex,En,He)。其中，云的期望 Ex 表示云滴在论域空间分布的期望值，即最能够代表定性概念的点。云的熵 En 表示定性概念的不确定性度量，可以用来描述云的跨度，反映云滴的离散程度；超熵 He 是熵的不确定性度量，可以用来描述云的厚度，如图4.1所示。

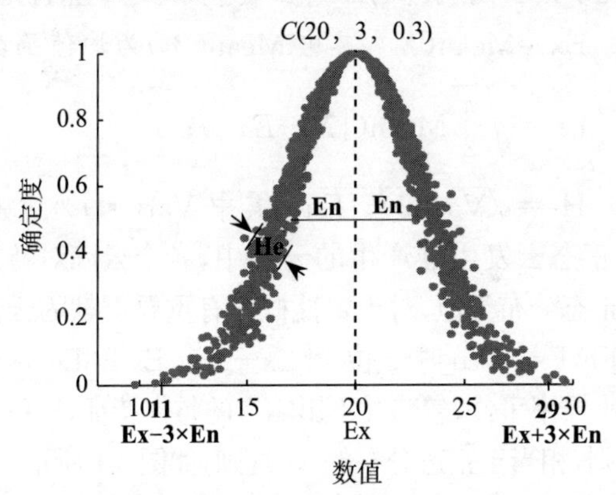

图4.1　正态云模型 C(20,3,0.3)

定义3　若随机变量 x 满足：$x \sim N(\mathrm{Ex}, \mathrm{En}'^2)$，其中 $\mathrm{En}' \sim N(\mathrm{En}, \mathrm{He}^2)$，对定性概念 C 的确定度满足：

$$\mu_C(x) = \mathrm{e}^{-\frac{(x-\mathrm{Ex})^2}{2\mathrm{En}'^2}} \tag{4.1}$$

则 x 在论域 U 上的分布称为正态云。

正态云是一种定性概念与定量表示之间的不确定转化模型。正向正态云发生器可以实现从定性概念到定量数据的映射；相反，从定量表示到定性概念的映射可以由逆向正态云发生器来实现。

算法 4.1：正向正态云发生器算法过程 Cloud(Ex,En,He,n)。

输入：某正态云 C 的 3 个数字特征 Ex、En 和 He，云滴个数 n。

输出：云滴集$[x(i), y(i)]$，$i=1,2,\cdots,n$。

步骤 1　$\mathrm{En}'=\mathrm{randn}(1)\mathrm{He}+\mathrm{En}$，其中 randn(1)表示产生均值为 0、方差为 1 的正态分布随机数；

步骤 2　$x(i)=\mathrm{randn}(1)\mathrm{En}'+\mathrm{Ex}$；

步骤 3　$y(i)=\mathrm{e}^{-\frac{(x(i)-\mathrm{Ex})2}{2\mathrm{En}'2}}$；

步骤 4　重复步骤 1～步骤 3，直到 $i=n$ 为止。

算法 4.2：逆向正态云发生器算法过程 Back_Cloud(X)。

输入：一组云滴向量 X(不含确定度信息)。

输出：表示该云滴向量的正态云模型 C(Ex,En,He)。

步骤 1　$\mathrm{Ex}=\mathrm{Mean}(X)$，其中 Mean(•)为均值函数；

步骤 2　$\mathrm{En}=\sqrt{\frac{\pi}{2}}\mathrm{Mean}(|X-Ex|)$；

步骤 3　$\mathrm{He}=\sqrt{\mathrm{Var}(x)-\mathrm{En}^2}$，其中 Var(•)为方差函数。

由正向正态云发生器产生的云滴中，各个云滴对特定概念的贡献不同。与正态分布类似，对于定性概念有重要贡献的云滴主要落在区间[Ex−3En,Ex+3En]中。位于[Ex−3En,Ex+3En]区间之外的云滴元素称为小概率事件，忽略并不影响它的整体特征，这就是正向正态云的 3En 规则，相当于正态分布的 3σ 规则，如图 4.1 所示。

由图 4.1 可知，正态云有明显的几何特征，通常可以借助回归曲线和主曲线来研究其特性。这两种曲线分别从垂直方向的期望和正交方向的期望来反映云的整体特征，但由于它们的解析式难以求出，只能通过线性逼近的方法近似求得。然而，期望曲线是从水平方向研究云模型的整体特征，通过正态云的定义可以推出期望曲线的解析式。

定义 4　若随机变量 x 满足：$x\sim N(\mathrm{Ex},\mathrm{En}'^2)$，其中 $\mathrm{En}'\sim N(\mathrm{En},\mathrm{He}^2)$且 $\mathrm{En}\neq 0$，则

$$y=\mathrm{e}^{-\frac{(x-\mathrm{Ex})^2}{2\mathrm{En}^2}} \tag{4.2}$$

称为正态云的期望曲线,如图 4.2 所示。

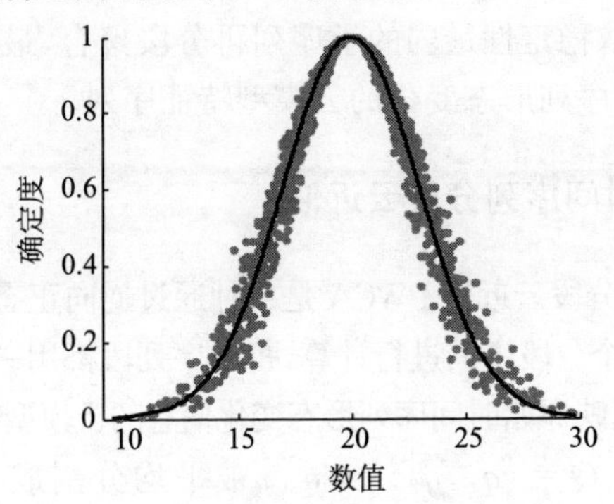

图 4.2 正态云期望曲线

由图 4.2 可以看出,期望曲线可以很好地反映正态云的重要几何特征,所有的云滴都在正态云期望曲线附近随机波动。

4.2 时间序列云模型特征表示

云模型作为人工智能领域处理定量数据和定性概念之间关系的一种方法,也可被应用于时间序列数据挖掘领域。本节提出利用云模型对时间序列进行分段表示,使得每条序列段都可以用一个云模型来刻画该序列中数据分布的情况。

首先,提出分段云近似方法①(PieceWise Cloud Approximation, PWCA),利用分段聚合近似 PAA 的思想,使用云模型表示被平均划分后的序列段,利用云模型的 3 个数字特征表示该序列段的数据分布信息,最终得到一组云模型特征序列近似表示原时间序列。其次,针对 PWCA 中序列平均分割的不足,进一步提出时间序列自适应云分割方法(Adaptive Piecewise Cloud approXi-

① Hailin Li, Chonghui Guo. Piecewise cloud approximation for time series mining. Knowledge-Based Systems, 2011, 24(4): 492-500.

mation, APCX)。通过云模型的熵评判分段聚合后各子序列的数据稳定性,选取稳定性最弱的子序列再分段聚合,最终得到一组更能反映原时间序列形态变化的云模型特征序列。

4.2.1 时间序列分段云近似

时间序列分段云近似 PWCA 是一种通过逆向正态云发生器对时间序列中的各个分段序列进行计算,每个序列段都用一个云模型来表示,最终得到反映原始时间序列形态变化信息的云模型特征序列。

时间序列 $Q=\{q_1,q_2,\cdots,q_m\}$ 被平均分割成 w 个序列段,$Q(i:j)=\{q_i,q_{i+1},\cdots,q_j\}$为时间序列 Q 中的子序列片段且 $i<j$。利用云模型对这些序列段进行特征表示,最终得到时间序列在低维空间下的特征序列 $Q^c=\{q_1^c,q_2^c,\cdots,q_w^c\}$,且特征序列元素满足:

$$q_i^c=\text{Back\_Cloud}(Q(k(i-1)+1:ki)) \tag{4.3}$$

式中,$k=\dfrac{m}{w}$,表示压缩率。

式(4.3)中,逆向正态云发生器 Back_Cloud(·)将序列段转化为云模型 q_i^c,并且 q_i^c 分别用云模型的 3 个数字特征来表示,即 $q_i^c=(\text{Ex},\text{En},\text{He})_i$。同样,通过正向正态云发生器 Cloud(·)可以生成 k 个云滴来描述相应的序列段。

图 4.3 中显示了利用云模型对长度为 60 的时间序列进行分段特征表示,每个序列段的长度为 10,且分别被表示成 6 个云模型,即 $Q^c=\{q_1^c,q_2^c,\cdots,q_6^c\}$。每个云模型能够对分段序列数据的分布情况进行较为客观的描述。例如,第 2 个序列段 $Q(11:20)$的数据分布较为平稳且靠近均值,而第 4 个序列段 $Q(31:40)$中的元素却较为离散且离均值较远。从云模型 q_2^c 和 q_4^c 的云滴分布情况来看,前者云滴较为集中,反映了序列段 $Q(11:20)$平衡靠近其均值的数据分布情况;后者云滴较为离散,说明了序列段 $Q(31:40)$的数据比较离散且偏离其均值。因此,PWCA 能够较好地描述时间序列数据的分布状态,与 PAA 相比(图中粗直线表示 PAA 特征

序列),是一种较为合理、有效的特征表示方法。

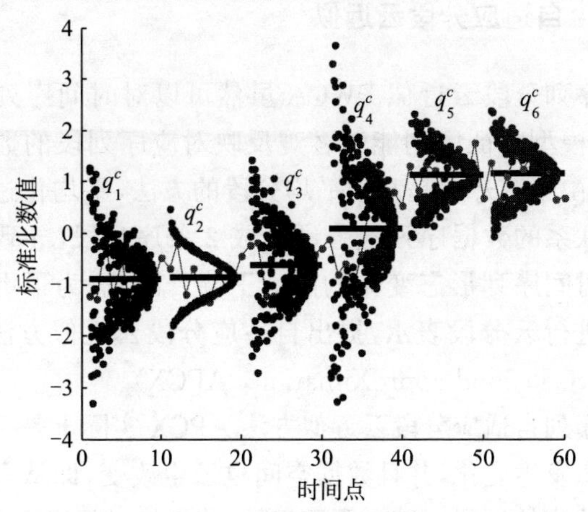

图 4.3　分段序列云模型表示

PWCA 特征序列中的 w 个云模型可以通过正向正态云发生器 Cloud(•)分别随机产生 k 个云滴,最终按云模型的数据分布情况产生 $m=kw$ 个云滴,且这些云滴对云模型所对应的语义具有模糊性。把这些云滴按产生的先后顺序排列,便形成了一条拟合原时间序列的新序列。如图 4.4 所示,6 个云模型序列分别随机产生 10 个云滴,这些云滴可以很好地拟合原时间序列的变化趋势。

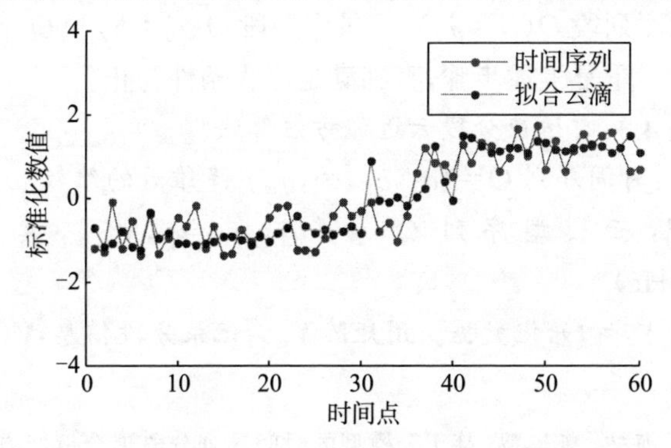

图 4.4　云模型特征序列产生的云滴拟合原时间序列

4.2.2 自适应分段云近似

时间序列分段云近似 PWCA 虽然可以对时间序列进行特征表示，且云模型特征序列能够客观反映对应序列段的数据分布情况。然而，由于其过程是基于平均分段的方法，平均化过程必然导致有一定联系的数据序列被强硬分成 2 条序列段，导致云模型序列描述原时间序列形态变化的能力下降。因此，为了更客观地对时间序列进行云分段表示，提出自适应分段云近似方法①（Adaptive Piecewise Cloud approXimation，APCX）。

时间序列自适应分段云近似方法 APCX 实际上是一种时间序列数据形态发生变化，并且数据空间也发生改变，即从高维空间向低维空间转化的过程。其主要思想是：首先将时间序列 $Q(i_0:j_0)$ 按照时间顺序依次分割成 2 个序列段，同时对当前的 2 个序列段数据进行云模型表示；然后利用各自云模型的熵来评价对应序列段中数据分布的稳定性，选取稳定性最差（稳定性的好坏可以由云模型中的数据特征 En 来衡量）的序列段，并对其进行再次分段。具体方法是从序列段 $Q(i_0:j_0)$ 中找出一个数据关键点 q_k，$i_0 \leqslant k \leqslant j_0$，且该关键点能使被它分开的 2 个序列段 $Q(i_0:k)$ 和 $Q(k:j_0)$ 的云模型熵之和与父序列 $Q(i_0:j_0)$ 的云模型熵之间的差值最大，同时删除序列段 $Q(i_0:j_0)$，记录序列段 $Q(i_0:k)$ 和 $Q(k:j_0)$ 为父序列段。重复上述步骤，直到满足停止条件为止。

算法 4.3：自适应分段云近似方法算法。

输入：时间序列 $Q=\{q_1,q_2,\cdots,q_m\}$ 降维后的维数 w。

输出：云模型序列 $Q^c=\{q_1^c, q_2^c, \cdots, q_w^c\}$，其中 $q_i^c=(\mathrm{Ex},\mathrm{En},\mathrm{He})_i$。

步骤 1　初始化数据。用矩阵 $\mathbf{V}_{w\times 5}$ 记录分段信息，$\mathbf{V}(k,1:3)$

① 李海林，郭崇慧. 基于云模型的时间序列分段聚合近似方法[J]. 控制与决策，2011(10)：1525-1529.

记录第 k 个序列段对应云模型的 3 个数字特征，$\mathbf{V}(k,4:5)$ 记录第 k 个序列段的始末位置在原时间序列的位置。初始设置 $k=1$，$\mathbf{V}(k,1:3)=\text{Back\_Cloud}(Q)$，$\mathbf{V}(k,4:5)=[1,m]$。

步骤 2　若 $k>w$，则程序停止运行，并返回结果 $Q^c=\mathbf{V}(1:w,1:3)$；否则，执行下一步。

步骤 3　在 $\mathbf{V}$ 的第 2 列中查找最大熵对应的行，即 $k_0=\arg\max\limits_i \mathbf{V}(i,2)$。

步骤 4　令 $t_1=\mathbf{V}(k_0,4)$，$t_2=\mathbf{V}(k_0,5)$。从序列段 $Q(t_1:t_2)$ 中搜索 t_0，$t_1<t_0<t_2$，并计算 $L(1:3)=\text{Back\_Cloud}(Q(t_1:t_0))$ 和 $R(1:3)=\text{Back\_Cloud}(Q(t_0:t_2))$。同时，$L(4:5)=[t_1,t_0]$ 和 $R(4:5)=[t_0,t_2]$，使得

$$\Delta\text{En}=\mathbf{V}(k_0,2)[\mathbf{V}(k_0,5)-V(k_0,4)]-[L(2)(L(5)-L(4))+R(2)(R(5)-R(4))]$$

最大。

步骤 5　删除父序列段且保存当前两条序列段为父序列段，即 $\mathbf{V}(k_0,:)=L$ 为删除父序列段并保存当前序列段 R，$\mathbf{V}(k+1,:)=R$ 为保存当前序列段 R，并且 $k=k+1$，返回步骤 2。

通过自适应分段云近似算法，通过云模型的熵可以自适应地对时间序列的形态特征进行识别并实现特征表示。如图 4.5 所示，

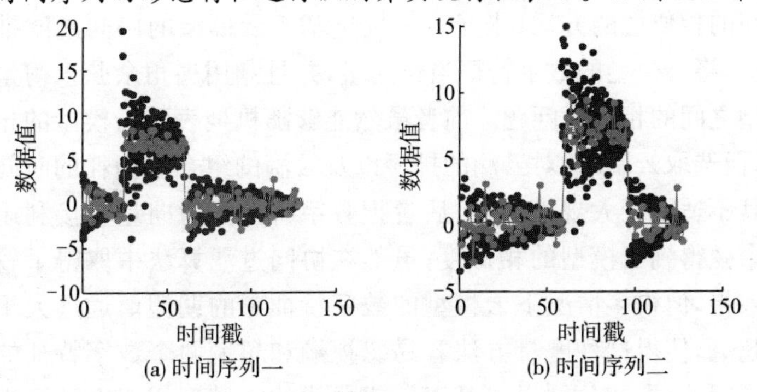

图 4.5　自适应分段云表示时间序列

两条具有相同形态波动特征的时间序列，APCX 能够自适应地识别时间序列中的漂移特征，并且云模型可以对各序列段的数据分布情况进行客观描述。

4.3　云模型相似性度量

近年来，在数据挖掘领域，云模型不仅用于挖掘过程的不确定性表示，还为挖掘结果的表示提供了符合人类思维习惯的定性分析方法。通常情况下，数据挖掘任务中的定量数据可以通过云模型来实现定性概念转换，同时建立在定性概念基础之上的数据挖掘任务需要进行相似性计算，例如分类、聚类、相似性搜索等。特别地，在股票时间序列数据挖掘中，云模型可以对时间序列数据进行分段概念表示，需要利用云模型相似性计算方法来度量概念之间的距离，以便在挖掘过程中发现潜在的序列模式和其他有价值的信息与知识。因此，在基于云的数据挖掘应用领域，云模型相似度计算方法的优劣直接影响数据挖掘算法的效率。

传统云模型相似度计算方法是基于特征向量或随机选取云滴进行相似度比较，例如，张勇等提出的相似云及其度量方法就是一种通过随机选取若干个云滴，计算这些云滴的距离值来表示云模型间的相似性的方法；张光卫等提出基于云模型的协同过滤推荐算法，将云模型的数字特征当作向量，并且利用夹角余弦来衡量云模型之间的相似度问题。前者虽然能够随机地表示云模型的相似度，但选取云滴时，对云滴的排序以及云滴的组合所消耗的时间使得其不适用于大规模数据；后者把数字特征作为向量直接利用夹角余弦得到云模型的相似度，虽然在协同过滤算法中取得了较好的效果，但很多情况下云模型的数字特征中的期望值远远大于熵和超熵，使得这种度量方法容易忽视熵和超熵两个数字特征的作用。因此，本节分别提出基于期望曲线的云模型相似度计算方法和基于最大边界曲线的云模型相似度计算方法，它们在一定程度

上克服了传统方法的不足。

4.3.1　基于期望曲线的云模型相似度计算方法

由于具有解析式的正态云期望曲线能够方便、有效地描述正态云的总体特征，因此，可以借助正态云期望曲线来求解云模型的相似度。使用两个云模型的期望曲线相交重叠部分的面积 S 来表示两个云模型的相似程度，如图 4.6 所示，阴影部分面积反映了两个云模型的相似程度。

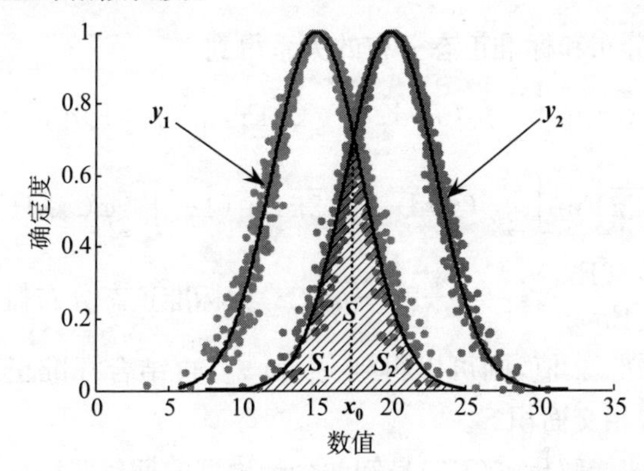

图 4.6　云模型 $C_1(15,3,0.35)$ 和 $C_2(20,3,0.3)$ 的相似度面积 S

通常情况下，已知两条期望曲线的解析式，可以通过积分方法求出面积 S。如果两条期望曲线相交点的横坐标为 x_0，那么

$$S=\int_{-\infty}^{x_0} y_2(x)\mathrm{d}x+\int_{x_0}^{\infty} y_1(x)\mathrm{d}x. \tag{4.4}$$

式中，$y_1(x)$ 和 $y_2(x)$ 分别为正态云模型 C_1 和 C_2 的期望曲线方程。但由于式(4.2)是一个不可积函数，故只能通过数值逼近方法得到式(4.4)的近似解。然而，逼近求解方法相当耗费时间，对于大量云模型彼此之间的相似度计算是不可行的。因此，一般的数值积分求解方法不适合此类情况的云模型相似度计算。

由期望曲线解析式(4.3)易知，该曲线类似于正态分布的概率

密度函数,对其进行变形可得

$$y=\sqrt{2\pi}\mathrm{En}\frac{1}{\sqrt{2\pi}\mathrm{En}}\mathrm{e}^{-\frac{(x-\mathrm{Ex})^2}{2\mathrm{En}^2}}=\sqrt{2\pi}\mathrm{En}f(x)$$

式中,$f(x)$是正态分布的概率密度函数。利用正态分布的相关性质对重叠部分的面积进行求解,即

$$\begin{aligned}S&=\int_{-\infty}^{x_0}y_2(x)\mathrm{d}x+\int_{x_0}^{\infty}y_1(x)\mathrm{d}x\\&=\sqrt{2\pi}\mathrm{En}_2\int_{-\infty}^{x_0}f_2(x)\mathrm{d}x+\sqrt{2\pi}\mathrm{En}_1\int_{x_0}^{\infty}f_1(x)\mathrm{d}x\end{aligned}$$

由一般正态分布和标准正态分布的关系得到

$$\begin{aligned}S&=\sqrt{2\pi}\mathrm{En}_2\int_{-\infty}^{x_0}f_2(x)\mathrm{d}x+\sqrt{2\pi}\mathrm{En}_1\int_{x_0}^{\infty}f_1(x)\mathrm{d}x\\&=\sqrt{2\pi}\mathrm{En}_2\int_{-\infty}^{z_2}\varphi(x)\mathrm{d}x+\sqrt{2\pi}\mathrm{En}_1(1-\int_{-\infty}^{z_1}\varphi(x)\mathrm{d}x)\end{aligned}\tag{4.5}$$

式中,$z_1=\frac{x_0-\mathrm{Ex}_1}{\mathrm{En}_1}$,$z_2=\frac{x_0-\mathrm{Ex}_2}{\mathrm{En}_2}$,$\varphi(x)$为标准正态分布概率密度函数。若已知 x_0 值,则可以得到 z_1 和 z_2,再结合标准正态分布表,便可求得相交面积 S。

由期望曲线解析式(4.3)易知两个云模型的期望曲线分别为

$$y_1(x)=\mathrm{e}^{-\frac{(x-\mathrm{Ex}_1)^2}{2\mathrm{En}_1^2}}\text{和 }y_2(x)=\mathrm{e}^{-\frac{(x-\mathrm{Ex}_2)^2}{2\mathrm{En}_2^2}}$$

若曲线相交,则有 $y_1(x)=y_2(x)$,即$|z_1|=|z_2|$,解得:

$$x_0^{(1)}=\frac{\mathrm{Ex}_2\mathrm{En}_1-\mathrm{Ex}_1\mathrm{En}_2}{\mathrm{En}_1-\mathrm{En}_2}\text{和 }x_0^{(2)}=\frac{\mathrm{Ex}_1\mathrm{En}_2+\mathrm{Ex}_2\mathrm{En}_1}{\mathrm{En}_1+\mathrm{En}_2}$$

由正向正态云的 3En 规则可知,有 99.74%的云滴或元素会落在区间[Ex−3En,Ex+3En]内,在计算正态云相似度时,只考虑该区间内的云滴分布便可。在两个云模型中,不妨设 $\mathrm{Ex}_1\leqslant\mathrm{Ex}_2$,则两个云模型的期望曲线的两个交点 $x_0^{(1)}$ 和 $x_0^{(2)}$ 的分布情况存在以下3 种可能。

(1) 若 $x_0^{(1)}$ 和 $x_0^{(2)}$ 同时落在区间$[\mathrm{Ex}_2-3\mathrm{En}_2,\mathrm{Ex}_1+3\mathrm{En}_1]$外,说明两个交点之间的云滴可以忽略,故相交面积可以视为 0,即 $S=0$。

(2) 若 $x_0^{(1)}$ 和 $x_0^{(2)}$ 有一个点落在区间$[\mathrm{Ex}_2-3\mathrm{En}_2, \mathrm{Ex}_1+3\mathrm{En}_1]$内，相交情况如图 4.6 所示，则相交面积由两部分构成，即 $S=S_1+S_2$。

(3) 若 $x_0^{(1)}$ 和 $x_0^{(2)}$ 同时落在区间$[\mathrm{Ex}_2-3\mathrm{En}_2, \mathrm{Ex}_1+3\mathrm{En}_1]$内，相交情况如图 4.7 和图 4.8 所示，则相交面积由 3 部分构成，即 $S=S_1+S_2+S_3$。

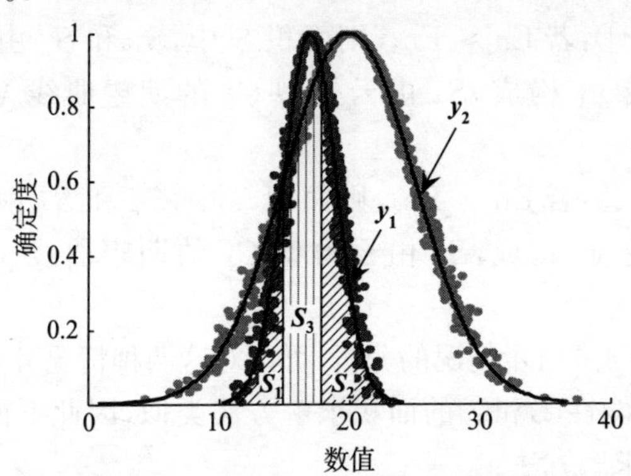

图 4.7　云模型 $C_1(17,2,0.25)$和 $C_2(20,5,0.3)$的相似度面积 S

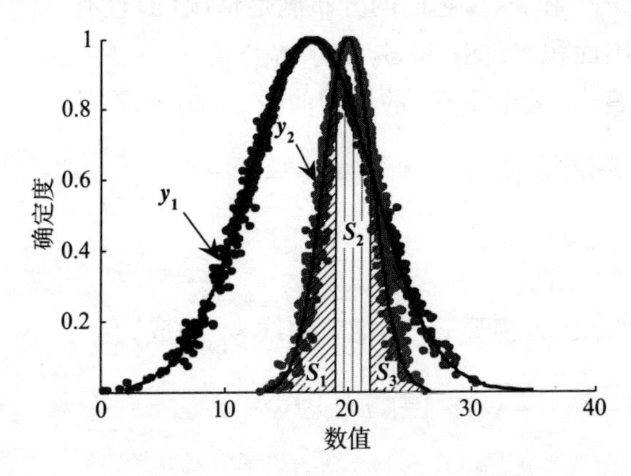

图 4.8　云模型 $C_2(17,5,0.3)$和 $C_1(20,2,0.25)$的相似度面积 S

验证 $x_0^{(1)}$ 和 $x_0^{(2)}$ 是否满足正向正态云的 3En 规则并根据它们的分布情况判断属于哪种可能。若 x_0 的分布属于情况(1)，则 S

$=0$;若 x_0 的分布属于情况(2),则可以根据式(4.5)计算出面积 S。若 x_0 分布属于情况(3),则按图 4.6 所示情况的分析分 3 步求解 S,即 $S=S_1+S_2+S_3$。

在两个云模型 C_1 和 C_2 中,不妨设 $Ex_1 \leqslant Ex_2$。对于情况(3),存在另外两种可能性。

可能性①:若 $\mathrm{En}_1 \leqslant \mathrm{En}_2$,则面积 S 中,S_1 和 S_3 由云模型 C_1 的期望曲线 y_1 构成,S_2 由云模型 C_2 的期望曲线 y_2 构成,如图 4.7所示。

可能性②:若 $\mathrm{En}_1 > \mathrm{En}_2$,则面积 S 中,S_1 和 S_3 由云模型 C_2 的期望曲线 y_2 构成,S_2 由云模型 C_1 的期望曲线 y_1 构成,如图 4.8所示。

根据图 4.6 所示情况的分析,可以对这两种情况分步求解面积 S。由于可能性①和②的面积求解方法类似,因此下面给出情况(1)的面积求解方法。

如图 4.7 所示,两个云模型的熵满足 $\mathrm{En}_1 \leqslant \mathrm{En}_2$,期望曲线的交点分别为 $x_0^{(1)}$ 和 $x_0^{(2)}$,它们的分布满足情况(3)且有 $x_0^{(1)} \leqslant x_0^{(2)}$,则可以推导出面积 S_1、S_2 和 S_3 的求解公式。

面积 S_1 由云模型 C_1 的期望曲线 y_1 构成,有

$$S_1=\sqrt{2\pi}\,\mathrm{En}_1\int_{-\infty}^{x_0^{(1)}} f_1(x)\mathrm{d}x=\sqrt{2\pi}\,\mathrm{En}_1\int_{-\infty}^{z_1^{(1)}} \varphi(x)\mathrm{d}x$$

式中,$z_i^{(j)}=\dfrac{x_0^{(j)}-\mathrm{Ex}_i}{\mathrm{En}_i}$。

面积 S_2 由云模型 C_2 的期望曲线 y_2 构成,有

$$\begin{aligned}S_2&=\sqrt{2\pi}\,\mathrm{En}_2\int_{x_0^{(1)}}^{x_0^{(2)}} f_2(x)\mathrm{d}x\\&=\sqrt{2\pi}\,\mathrm{En}_2\left(\int_{-\infty}^{x_0^{(2)}} f_2(x)\mathrm{d}x-\int_{-\infty}^{x_0^{(1)}} f_2(x)\mathrm{d}x\right)\\&=\sqrt{2\pi}\,\mathrm{En}_2\left(\int_{-\infty}^{z_2^{(2)}} \varphi(x)\mathrm{d}x-\int_{-\infty}^{z_2^{(1)}} \varphi(x)\mathrm{d}x\right)\end{aligned}$$

面积 S_3 由云模型 C_1 的期望曲线 y_1 构成,有

$$\begin{aligned} S_3 &= \sqrt{2\pi}\,\mathrm{En}_1 \int_{x_0^{(2)}}^{\infty} f_1(x)\mathrm{d}x \\ &= \sqrt{2\pi}\,\mathrm{En}_1 \left(1 - \int_{-\infty}^{x_0^{(2)}} f_1(x)\mathrm{d}x\right) \\ &= \sqrt{2\pi}\,\mathrm{En}_1 \left(1 - \int_{-\infty}^{z_1^{(2)}} \varphi(x)\mathrm{d}x\right) \end{aligned}$$

通过查询标准正态分布表,便可以快速解出两个云模型重叠的3部分面积 $S=S_1+S_2+S_3$。

为了对不同云模型的相似度进行比较,需要对面积 S 做标准化处理,最终得到基于期望曲线的云模型相似度(Expectation based Cloud Model, ECM),

$$S_{\mathrm{ECM}}(C_1,C_2)=\frac{2S}{\sqrt{2\pi}(\mathrm{En}_1+\mathrm{En}_2)}\in[0,1] \tag{4.6}$$

式中,$\sqrt{2\pi}\,\mathrm{En}_1$ 和 $\sqrt{2\pi}\,\mathrm{En}_2$ 分别表示两个正态云模型的期望曲线与横坐标之间形成的面积。

综上所述,正态云模型相似度 $D_{\mathrm{ECM}}(C_1,C_2)$ 的计算过程如下。

算法 4.4:正态云模型相似度算法。

输入:两个正态云模型 $C_1(\mathrm{Ex}_1,\mathrm{En}_1,\mathrm{He}_1)$ 和 $C_2(\mathrm{Ex}_2,\mathrm{En}_2,\mathrm{He}_2)$。

输出:正态云模型相似度 $S_{\mathrm{ECM}}(C_1,C_2)$。

步骤1　不妨设 $\mathrm{Ex}_1\leqslant\mathrm{Ex}_2$ 且初始设置 $S=0$,求解 $x_0^{(1)}$ 与 $x_0^{(2)}$,设 $x_0^{(1)}\leqslant x_0^{(2)}$。

步骤2　若 $x_0^{(1)}\leqslant\min(\mathrm{Ex}_1-3\mathrm{En}_1,\mathrm{Ex}_2-3\mathrm{En}_2)$ 且 $x_0^{(2)}\geqslant\max(\mathrm{Ex}_1+3\mathrm{En}_1,\mathrm{Ex}_2+3\mathrm{En}_2)$ 时,则 $S_{\mathrm{ECM}}(C_1,C_2)=0$ 并且程序停止;否则,执行下一步。

步骤3　若 $x_0^{(1)}\geqslant\max(\mathrm{Ex}_1-3\mathrm{En}_1,\mathrm{Ex}_2-3\mathrm{En}_2)$ 且 $x_0^{(2)}\leqslant\min(\mathrm{Ex}_1+3\mathrm{En}_1,\mathrm{Ex}_2+3\mathrm{En}_2)$ 时,则根据两个云模型的熵(En_1 和 En_2)大小情况来求解面积 $S=S_1+S_2+S_3$;否则,执行下一步。

步骤4　在其他情况下,$x_0^{(1)}$ 或 $x_0^{(2)}$ 落在区间 $[\mathrm{Ex}_2-3\mathrm{En}_2,\mathrm{Ex}_1+3\mathrm{En}_1]$ 内,即 $S=S_1+S_2$。

步骤 5　将 S 代入式(4.6)，计算出 $S_{\mathrm{ECM}}(C_1,C_2)$。

4.3.2　基于最大边界曲线的云模型相似度计算方法

基于期望曲线的正态云相似度计算方法主要通过期望曲线来描述不同云模型之间的相似度。期望曲线能够很好地反映云模型的整体特征，它从整体几何特征的角度来研究正态云模型的相似度，进而可以忽略云模型中超熵的描述。然而，很多情况下要从局部的角度研究云模型的相似度，因此，下面提出一种基于最大边界曲线的正态云相似度计算方法(Maximum boundary based Cloud Model, MCM)。该方法能够让云模型的 3 个数字特征都参与相似度计算，实现云模型局部特征的相似度计算。

根据正态云的定义及正向正态云模型的 3En 规则，正态云模型的最大边界曲线解析式可定义为

$$y=\mathrm{e}^{-\frac{(x-\mathrm{Ex})^2}{2(3\mathrm{He}+\mathrm{En})^2}} \tag{4.7}$$

由图 4.9 可以发现，几乎所有的云滴都在这条最大边界曲线之下，这是由正态分布的 3σ 规则所决定的。最大边界曲线是一种从最大云滴值这个局部视角来研究云模型几何特性的方法。

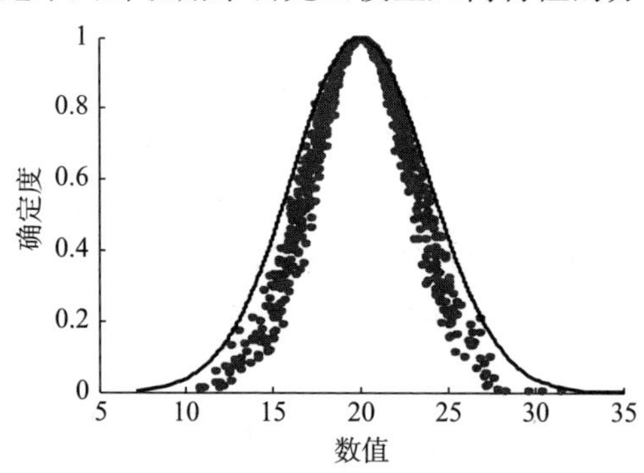

图 4.9　云模型的最大边界曲线

式(4.7)与式(4.2)很相似，都是不可积的解析式，因此可以按

照4.2节的方法来研究基于最大边界曲线的正态云相似度计算方法。令 en=3He+En,则式(4.7)变成

$$y=\mathrm{e}^{-\frac{(x-\mathrm{Ex})^2}{2\mathrm{en}^2}} \tag{4.8}$$

得到与期望曲线方法相似的最大边界曲线解析式。同样,可以利用类似基于期望曲线的云模型相似度求解方法来得到两个云模型之间最大边界曲线相重叠部分的面积,最终得到两个正态云模型的相似度。

由式(4.2)和式(4.7)以及图4.2和图4.9不难发现,基于正态云期望曲线的相似性计算方法(ECM)考虑了云模型的前两个数字特征,即期望 Ex 和熵 En,从云模型的期望位置和跨度的角度来比较正态云的相似性;基于最大边界曲线的正态云相似性计算方法(MCM)同时考虑了正态云模型的3个数字特征,即期望 Ex、熵 En 和超熵 He,增加了对正态云厚度的理解,从微观(局部)的角度比较正态云的相似性。

4.4 基于云模型的时间序列相似性计算

利用时间序列云模型特征表示方法 PWCA 和 APCA,可以将长度为 m 的两个时间序列 Q 和 C 通过一组长度为 w 的云模型特征序列进行表示,分别记为 $Q^c=\{q_1^c,q_2^c,\cdots,q_w^c\}$ 和 $C^c=\{c_1^c,c_2^c,\cdots,c_w^c\}$,其中 a_i^c 表示对时间序列 A 中的第 i 条分段序列的云模型表示。通过数据降维后的特征序列反映原时间序列的相似度为

$$\mathrm{ECM}(Q,C)=\sqrt{\frac{1}{w}\sum_{i=1}^{w}S_{\mathrm{ECM}}(q_i^c,c_i^c)} \tag{4.9}$$

或

$$\mathrm{MCM}(Q,C)=\sqrt{\frac{1}{w}\sum_{i=1}^{w}S_{\mathrm{MCM}}(q_i^c,c_i^c)} \tag{4.10}$$

这两个基于云模型的时间序列相似性计算公式能够快速、有效地计算特征序列的相似性。在实际应用中,根据需要可以选择

不同的相似性度量公式。然而，从 4.5 节的实验分析可以获知，基于 ECM 的云模型特征序列相似性计算方法比基于 MCM 的方法更能有效地度量原时间序列的相似性。

从相似性度量公式的意义来讲，它们是一组度量时间序列相似性的函数，不是距离度量函数，无法与其真实距离进行比较，因此这种相似性度量方法不满足下界要求。

4.5 实验结果及分析

为了验证云模型相似性度量的优越性和可行性，首先，通过仿真实例分别对 ECM 和 MCM 进行数值实验，分析比较 ECM 算法、MCM 算法、SCM①(Similar Cloud Measurement)算法和 LICM②(Likeness comparing method based on Cloud Model)算法的实验结果和联系。其次，利用电影评价的真实数据集，通过协同过滤推荐算法分别对 ECM、MCM 和 LICM 三种算法进行实验并分析比较，进而验证 ECM 和 MCM 的可行性与有效性。为了进一步验证 ECM 和 MCM 的效率，利用这 4 种方法对高维时间序列数据进行分类实验，从算法实验结果的精度和程序运行速度两方面进行比较、分析，进而说明本章提出的两种算法的效率。

通过实验发现，ECM 云模型相似性度量方法要优于其他方法，因此，在时间序列数据挖掘中，先将时间序列进行分段云模型特征表示后，再用 ECM 进行相似性度量，并将其应用于时间序列数据挖掘中的聚类和分类。

---

① 张勇，赵东宁，李德毅. 相似云及其度量分析方法[J]. 信息与控制，2004，33(2)：130-132.

② 张光卫，李德毅，李鹏，等. 基于云模型协同过滤推荐算法[J]. 软件学报，2007，18(10)：2403-2411.

4.5.1　仿真实验

为了更好地说明本章提出的计算方法和 SCM 算法、LICM 算法之间的差异性，分别利用 SCM 和 LICM 两种方法所在文献中的示例数据进行数据实验，并且分析和比较它们的实验结果。

选取的两组云模型分别为 $G_1=[C_1,C_2]$ 和 $G_2=[C_2,C_3]$，其中 $C_1=(3,3.123,2.05)$、$C_2=(2,3,1)$ 和 $C_3=(1.585,3.556,1.358)$。SCM 算法的计算结果为 $\text{Distance}(G_1)=0.0428$ 和 $\text{Distance}(G_2)=0.029$，前者大于距离阈值 0.03，后者小于距离阈值0.03，故 C_1 与 C_2 不相似，C_2 与 C_3 相似。

利用 SCM 对 $[C_1,C_2,C_3]$ 进行 50 次云模型距离度量实验，取它们的平均值作为距离度量实验结果。同时，分别运用本章提出的 ECM 和 MCM 对它们进行相似度计算，实验结果如表 4.1 所示。

表 4.1　3 种方法度量云模型的相似性

	SCM(距离)			ECM			MCM		
	C_1	C_2	C_3	C_1	C_2	C_3	C_1	C_2	C_3
C_1	0.0000	**0.0373**	0.0386	1.0000	**0.8728**	0.8336	1.0000	**0.7821**	0.8983
C_2	0.0373	0.0000	**0.0094**	0.8728	1.0000	**0.9138**	0.7821	1.0000	**0.8800**
C_3	0.0386	0.0094	0.0000	0.8336	0.9138	1.0000	0.8983	0.8800	1.0000

可以发现，ECM 和 MCM 可以得出与 SCM 一样的结论，即 C_2 与 C_3 之间的相似性大于 C_1 与 C_2 之间的相似性，并且由于 SCM 随机选取云滴会引起最终相似度结果不稳定，而 ECM 和 MCM 是利用云模型期望曲线和最大边界曲线的度量方法，这两条固定的曲线决定了新算法计算结果的稳定性。然而，MCM 的实验结果还表明 C_1 和 C_3 最相似，这与 ECM 和 SCM 不一致，其主要原因是过分大的超熵 He 对正态云模型的最大边界曲线影响较大，进而影响云模型相似性计算。在一般情况下，超熵 He 的值会小于 1，不容易出现实验中超熵值过大的现象。

LICM 算法是一种把云模型数字特征看作向量元素，利用夹角余弦进行相似度求解的方法，该方法在协同过滤推荐领域中得到了较好的应用。对于 4 个云模型，C_1 =[1.5000，0.62666，0.3390]、C_2 =[4.6000，0.60159，0.30862]、C_3 =[4.4000，0.75199，0.27676]和 C_4 =[1.6000，0.60159，0.30862]。分别利用 LICM、ECM 和 MCM 进行计算，其结果如表 4.2 所示。可以发现，其结论与 LICM 一致，即 C_1 和 C_4 为一类，C_2 和 C_3 为一类，并且 ECM 和 MCM 更能体现不同类中云模型之间的差异性。例如，针对不同类的 C_1 与 C_2，利用 LICM 计算它们的相似度为 0.96，而 ECM 和 MCM 计算它们的相似度分别为 0.01 和 0.33。显然，提出的两种算法更能体现不同类别中云模型的差异性。

表 4.2　3 种方法计算云模型的相似性

	LICM				**ECM**				**MCM**			
	C_1	C_2	C_3	C_4	C_1	C_2	C_3	C_4	C_1	C_2	C_3	C_4
C_1	1.00	0.96	0.97	**0.99**	1.00	0.01	0.04	**0.94**	1.00	0.33	0.37	**0.96**
C_2	0.96	1.00	**0.99**	0.97	0.01	1.00	**0.86**	0.01	0.33	1.00	**0.95**	0.38
C_3	0.97	**0.99**	1.00	0.98	0.04	**0.86**	1.00	0.04	0.37	**0.95**	1.00	0.37
C_4	**0.99**	0.97	0.98	1.00	**0.94**	0.01	0.04	1.00	**0.96**	0.33	0.37	1.00

4.5.2　协同过滤推荐实验

为了验证 ECM 和 MCM 的可行性与有效性，使用 MoiveLens 站点提供的数据集，选取 1997 年 9 月 19 日到 1998 年 5 月 22 日的数据集进行电影评价协同推荐。该数据集共有 100000 条记录，每条记录包括 4 个属性，分别是用户标识、电影标识、用户对电影的评价和时间标识。该数据集记录了 943 个用户对 1682 个影片的评价记录，且分为训练集（80000 个记录）和测试集（20000 个记录），张光卫等人已经证实 LICM 相似性度量方法在协同过滤推荐算法中要优于余弦相似性、修正余弦相似性和 BP_CF（Back Propaga-

tion-Collaborative Filtering)，因此，本次实验只进行 LICM、ECM 和 MCM 之间的比较、分析。

同样，利用平均绝对偏差(MAE)来说明预测的准确性，即 MAE 越大，预测越不准确，推荐质量就越差。通过实验计算得到 3 种基于云模型的相似度计算方法对协同过滤推荐算法的结果，如图 4.10 所示。

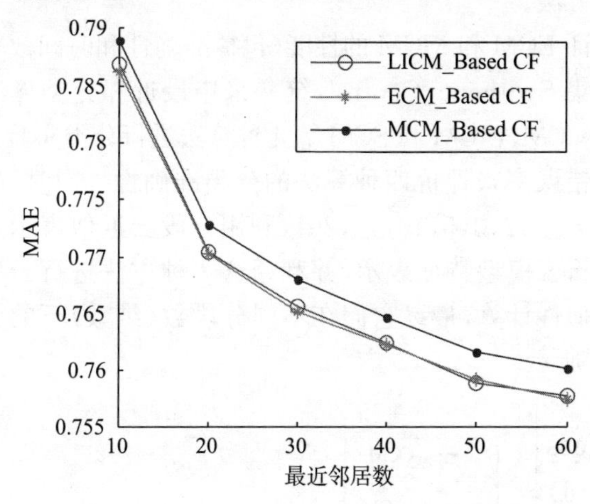

图 4.10　3 种方法的 MAE 随最近邻居数的变化

容易发现，基于 ECM 的协同过滤推荐质量大体与 LICM 保持一致，甚至在有些最近邻居数中，ECM 的 MAE 要小于 LICM。因此可以说，基于 ECM 的协同过滤推荐质量总体上要略优于 LICM。另外，虽然 MCM 的 MAE 大于前两者，但差值在 0.01 以下，趋势与前两者保持一致。同时，通过实验比较，MCM 的 MAE 都会小于余弦相似性、修正余弦相似性及 BP_CF，并且总体趋势与 LICM 保持一致。因此，该实验结果验证了 ECM 和 MCM 的可行性与有效性。

4.5.3 时间序列分类分析

由于时间序列数据具有高维性,能够很好地检验分类算法的可行性和分类结果的准确度。然而,分类结果的准确度除了依靠算法本身的分类能力外,还取决于分类算法运行过程中所使用的相似性度量方法。

为了验证 ECM 和 MCM 的性能(包括准确性和时间效率),同样利用数据集 Synthetic_Control,统一采用最近邻分类算法分别利用 ECM、MCM、LICM 和 SCM 等 4 种算法进行分类实验。最终通过分类的错误率来评价四种算法的分类准确性。同时,根据降维后的维数 $w=\{2,3,5,10,15,20\}$,利用分段云近似表示方法对时间序列进行云模型特征表示,并利用这 4 种方法进行云模型特征序列的相似性计算,最终它们在不同分段数(维数)下的分类结果如图 4.11 所示。

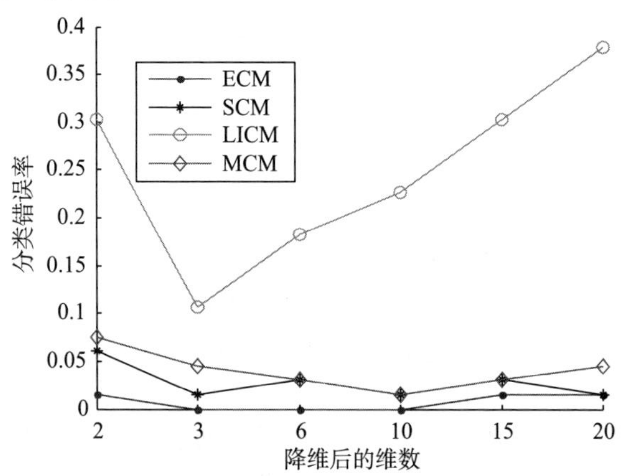

图 4.11　4 种相似度计算方法在不同维度下的分类错误率

由图 4.11 可以看出,ECM 的分类错误率明显低于 LICM,甚至分类错误率接近 0。虽然 SCM 的分类错误率低于 LICM,但仍高于 ECM。MCM 的分类错误率介于 SCM 和 LICM 之间,但更趋

近于 SCM，甚至在有些维度下，MCM 与 SCM 有相同的分类精度。事实上，由于 LICM 算法将云模型数字特征看成特征向量，运用夹角余弦将会因期望值相对于熵和超熵过大而造成期望数字特征过于显著，容易忽视其他两个数字特征的作用。另外，ECM 和 MCM 随着降维数的变化能够保持稳定的分类精度，说明这两种算法具有很好的伸缩性和鲁棒性。

在分类准确性方面，虽然 SCM 比较接近 ECM，甚至当维度为 20 时，出现两者分类准确度相同的结果。但从时间复杂度的角度出发，如图 4.12 所示，除 SCM 之外，其余 3 种云模型相似性度量算法所消耗的单位时间相差不大，它们的时间复杂度相同。然而，SCM 算法的时间复杂度最大，不利于时间序列的分类，其原因在

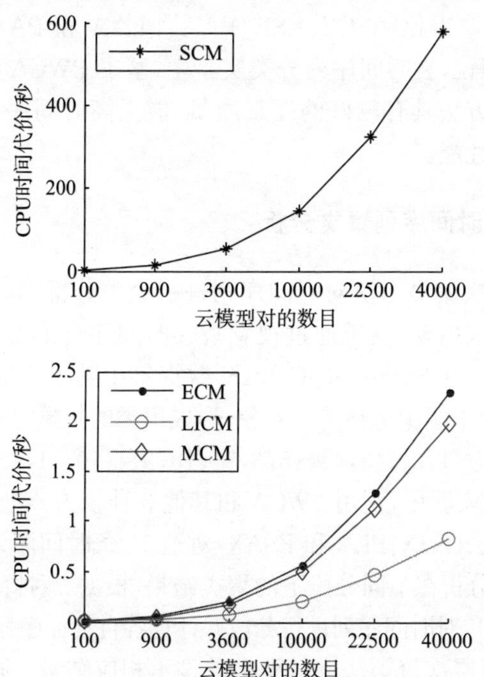

图 4.12　4 种云模型相似度计算方法的 CPU 时间代价

于:在 SCM 算法过程中,为了较精确地度量云模型相似度,不仅需要正向正态云发生器产生足够多的云滴,而且还需要对这些云滴进行组合排序,这些操作都是消耗时间较多的过程。因此,SCM 算法不适用于诸如时间序列高维大规模数据的相似性比较。

通过以上实验可以知道,在 4 种算法中,ECM 不仅在时间序列分类结果的精度上具有优势,而且在时间复杂度上也几乎与 LICM 持平。因此,ECM 和 MCM 都是快速、有效的云模型相似度计算方法。

事实上,在本次时间序列分类实验中,基于 ECM 的分段时间序列相似性计算方法就是分段云近似方法 PWCA,即 ECM 在降维后维数 $w=\{2,3,5,10,15,20\}$ 下的分类实验是 PWCA 在这些维数下的分类实验。比较图 3.15 和图 4.11 的分类错误率易发现,PWCA 能够取得比 ASCC、LSF_PAA、PLAA 和 PAA 更好的结果,因此可以说,在时间序列分类实验中,基于 PWCA 的时间序列相似性度量方法具有较好的度量质量,能提高时间序列数据挖掘相关算法的性能。

4.5.4 时间序列聚类分析

利用层次聚类方法对时间序列进行聚类分析,其聚类结果以层次树的方式出现,便于通过视觉观察时间序列形态变化的差异性和相似性。从 Synthetic_Control 数据集中随机选取 15 条时间序列,且每类中至少选择一个对象,形成聚类的数据对象,它们的实际分类情况为{1,2}、{3,4}、{5,6,7}、{8,9}、{10,11,12}和{13,14,15}。在本次实验中,利用 PWCA 和其他 3 种较为典型的时间序列特征表示方法(SAX、PLA 和 ESAX)对这 15 条时间序列进行聚类。为了比较和分析在不同分段下的聚类结果,根据 3 种降维后的维数 $w=\{3,6,10\}$,对时间序列进行分段并计算各自特征序列之间的相似性,最终利用层次聚类法进行聚类并显示相应结果。同时,为了使 SAX 和 ESAX 具有较好的聚类效果,设定字符规模为 9,即 $h=9$。最终的层次聚类实验结果如图 4.13、图 4.14 和图4.15所示。

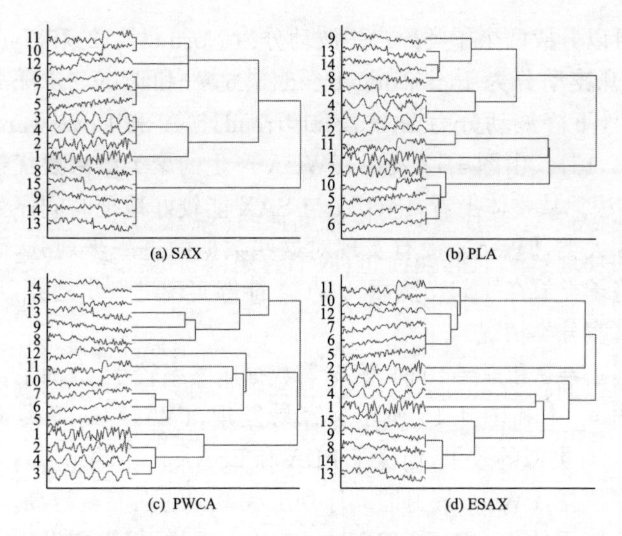

图 4.13　在 w=3 情况下的聚类结果

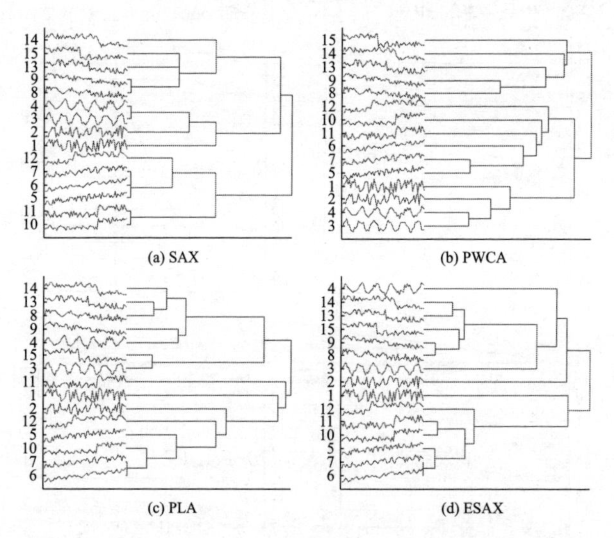

图 4.14　在 w=6 情况下的聚类结果

该组数据分为 3 大类，即水平波动、上升波动和下降波动，每类又可以分成两个子类。水平波动分为 Normal{1,2}和 Cyclic{3,4},上升波动分为 Increasing trend{5,6,7}和 Upward shift{10,11,12},下降波动分为 Decreasing trend{8,9}和 Downward shift{13,14,15}。由图 4.13 发现,PWCA 产生的聚类结果要优于其他 3 种方法。从整体上看,PWCA 与 SAX 能较好地把时间序列数据分成 3 大类,但 SAX 没有实现对这些数据的进一步划分,而是粗糙地将子类放在一起。然而,PWCA 能够实现进一步划分,且结果符合真实分类情况。

当 $w=6$ 和 $w=10$ 时,意味着数据压缩率较小,此时的分类情况如图 4.14 和图 4.15 所示。容易发现,PWCA 的聚类情况与 SAX 具有类似的效果,但优于 PLA 和 ESAX 产生的结果。这说明压缩率越高,PWCA 提升时间序列层次聚类的性能就越高。同时,从用户使用的角度来看,PWCA 和 PLA 一样,仅需要设定 1 个参数,而 SAX 和 ESAX 却需要设定 2 个参数。

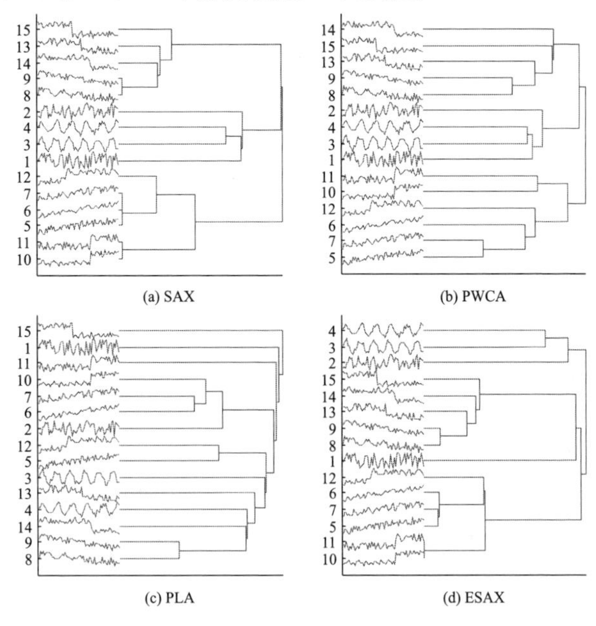

图 4.15　在 $w=10$ 情况下的聚类结果

4.6　本章小结

时间序列数据的出现过程和结果具有不确定性，为了在时间序列特征表示和相似性度量中考虑这种不确定性特征，本章提出了基于云模型的时间序列特征表示方法，并提出了特征序列相似性度量函数。本章根据分段聚合的基本思想，提出了两种时间序列云近似表示方法，即分段云近似 PWCA 和自适应分段云近似 APCX。前者是利用云模型对等长序列段进行特征表示的方法；后者则是通过云模型中熵的稳定性来自适应地分割序列，它能对具有明显形态漂移的数据具有较好的特征识别作用。同时，为了度量时间序列云模型特征序列的相似性，提出了 ECM 和 MCM 两种新的正态云模型相似度计算方法。ECM 是一种基于正态云模型期望曲线的相似度计算方法，它利用云模型的“骨架”并且结合查询标准正态分布表来快速计算正态云模型之间的相似度。MCM 是基于最大边界曲线的正态云模型相似度计算方法，它综合利用了云的 3 个数字特征，从最大边界这个局部视角来研究相似性的定量数值。特别是基于 ECM 的时间序列分段云模型相似性度量方法能较好地反映时间序列之间的差异性，并且在时间序列数据分类和聚类中取得了较好的效果。

从相似性度量函数的下界性来看，虽然本章提出的相似性度量方法不能满足真实距离的下界要求，运用于时间序列相似性搜索时可能会发生漏报情况，然而，从时间序列数据挖掘的实验结果来看，结合分段云模型表示方法，同时从局部和全局角度区分时间序列之间的数据分布差异，能有效地提高时间序列数据挖掘相关算法的性能。

第 5 章　不等长时间序列数据的弯曲距离度量

在现实世界中，根据长度大小可将时间序列分为等长和不等长时序数据。对于度量等长时间序列的相似性，常用的方法就是利用欧氏距离或结合特征表示方法对等长时间序列进行距离度量。对于不等长时间序列之间的相似性度量，通常先利用随机抽样或特征抽取方法获得相同数目的样本或特征，再使用基于等长特征序列的距离度量方法对其进行相似性比较。然而，这些方法或多或少会丢失部分信息，为了解决这个问题，动态时间弯曲方法 DTW 可以直接对不等长时间序列进行距离度量，是一种鲁棒性较强的时间序列相似性度量方法，被广泛应用于时间序列数据挖掘。但是该方法的计算时间复杂度为度量对象时间序列长度的平方阶，不利于大量较长时间序列之间的相似性比较。因此，本章分别从两个方面提高动态时间弯曲方法的度量性能，即度量质量和时间效率，使得新方法能更加快速、有效地对时间序列进行弯曲度量，进而提高它在时间序列数据挖掘中的应用性能。

5.1　分段线性近似的导数动态时间弯曲度量

为了提高弯曲距离的相似性度量质量和效率，可以利用分段线性近似方法 PLA 对时间序列进行关键点抽取，并结合弯曲距离方法进行相似性度量。然而，这种方法只能对具有明显特征的序列取得较好的效果，对特征不明显的时间序列效果一般。特别是针对方差较大且波动趋势较为平衡的数据来说，利用 PLA 进行特征表示的效果不佳。如图 5.1 所示，时间序列围绕某一均值稳定波

动，事实上它不存在关键点或会把所有点都归为关键点。另外，具有较高拟合质量的传统自顶向下分段线性近似表示方法的时间复杂度为$O(m^2)$，若利用它对较长时间序列进行分段线性表示，则对于整个弯曲度量性能来说，不能起到积极的效果。因此，利用传统PLA方法对时间序列进行特征表示具有一定的缺陷。

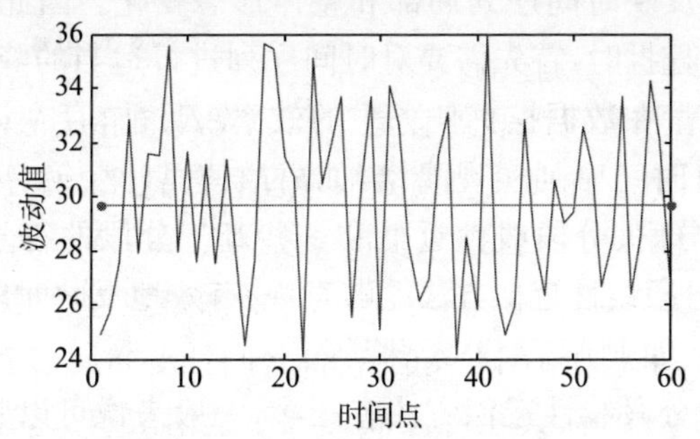

图5.1　波动稳定的时间序列数据

基于导数动态时间弯曲(Derivative Dynamic Time Warping，DDTW)是一种基于时间序列数据值导数的动态时间弯曲度量方法，它能较好地对时间序列的特征进行弯曲度量。对于大多数时间序列数据来说，与DTW相比，DDTW能取得较好的距离度量效果。DDTW的基本思想与DTW相同，主要区别在于对于分别来自两条时间序列中数据点之间的距离不是原始数据点之间的欧氏距离，而是数据点导数之间的欧氏距离。

针对上述情况，本节基于PLA和DDTW的时间序列相似性度量方法，给出一种快速自适应分段线性近似表示方法，实现时间序列数据的特征表示和数据降维。该方法通过近似于原时间序列形态波动的中间曲线来识别描述原时间序列的关键点信息，同时，使用较小的计算时间复杂度对中间曲线进行自适应线性分段，结合基于DDTW的相似性计算方法对其进行关键点序列的相似性度量。

5.1.1 自适应分段线性表示

由于时间序列随着时间延续所得到的序列长度逐渐增大，若直接对其进行相似性计算，则计算时间代价也会随之增加，而且度量结果很难反映时间序列局部和整体形态变化。因此，在研究时间序列数据挖掘时，首先需要对时间序列进行适当的降维，以便提高相似性度量在数据挖掘任务中的效率。目前，存在许多有效的方法可以对时间序列实现降维，如离散傅里叶变换、离散小波变换、奇异值分解、分段线性近似和一些基于分段的符号化表示方法。其中，分段线性近似方法能够直观、有效地反映时间序列的形态趋势变化，如上升、平稳或下降等。

传统的分段线性近似方法有很多，一般来说可以归纳为 3 种类型，分别为窗口滑动近似法，自底向上近似法和自顶向下近似法。前两种方法的时间复杂度与时间序列长度成正比，特别是窗口滑动近似法，可以实现在线近似表示。然而，自顶向下近似方法的时间复杂度为时间序列长度的平方阶，不利于较长时间序列数据的分段近似，但其分段近似质量要优于其他两种方法。

传统自顶向下近似方法的主要思想是从时间序列中找到最优的分界点，使得两边所得到的线段拟合原序列段误差小于用户给定的阈值。若存在某一条线段的拟合原序列段的误差大于这个阈值，则对该线段所近似表示的子序列再一次进行递归近似表示，直到所有的近似线段的拟合误差都小于该阈值为止。

为了追求精确的线段近似，传统方法需要在每次递归序列中寻找最佳分界点，使得分界点两边的近似效果最好，导致每次递归所需要的时间为 $O(m^2)$，最终完成近似的时间复杂度为 $O(wm^2)$，其中 w 为近似线段的数目。同时，在对同一数据集中的不同时间序列进行线段近似表示时，不同背景的用户难以对阈值进行很好的设定。因此，针对自顶向下近似方法的不足，我们提出一种新的自顶向下自适应时间序列分段线性近似方法，分为两个阶段来完成时间序列的分段线性近似表示，即自适应直接分段线性近似和基于中间曲线代表序列的近似。

1. 自适应直接分段线性近似

定义 1　时间序列 $Q=\{q_1,q_2,\cdots,q_m\}$，其长度为 m，存在 i 和 j，且满足 $1\leqslant i\leqslant j\leqslant m$，则称 $Q(i:j)$表示 Q 中时间点 t 从 i 到 j 之间的序列段，且近似表示该序列段的直线段记为 L_{ij}。

定义 2　若 q_t 为序列段 $Q(i:j)$中的一点，则 q_t 到线段 L_{ij} 的距离为

$$d_{ij}^t=\frac{|A_{ij}q_t+B_{ij}t+C_{ij}|}{\sqrt{A_{ij}^2+B_{ij}^2}},t\in[i,j] \tag{5.1}$$

其中，直线段方程记为 $L_{ij}=A_{ij}x+B_{ij}y+C_{ij}$，该方程的 3 个系数可由线段两端点 q_i 和 q_j 来确定。

定义 3　若序列段 $Q(i:j)$被分割成两部分且由两条直线段来近似拟合，即 L_{il} 和 L_{lj}，则 q_l 称为分界点。

传统方法在每次递归过程中，需要把递归序列段 $Q(i:j)$中的每个点 q_t 作为分界点并且判断分界点两边的近似线段是否为最佳时间序列近似。这样虽然可以得到比较好的线段近似，但花费大量时间进行最佳分界点的搜索，不利于大规模的时间序列数据挖掘的应用。因此，通过权衡消耗时间与拟合精度，针对每次递归，只需要从当前递归序列 $Q(i:j)$中查找与近似直线段 L_{ij} 最远的数据点作为满足条件的关键分界点。

定义 4　对于序列段 $Q(i:j)$，存在某点 q_{l_0} 与直线段 L_{ij} 的距离最小且记为 $d_{ij}^{l_0}$，即 $d_{ij}^{l_0}=\max\{D_{ij}^l\,|\,i\leqslant l\leqslant j$ 且 $D_{ij}^l>\varepsilon\}$，则称 q_{l_0} 为关键分界点。

若 q_l 为关键分界点，则 q_l 是时间序列分段线性近似表示中某个线段的一个端点。从另一个角度来说，之后的递归对象分别为序列段 $Q(i:l)$和序列段 $Q(l:j)$。由此，该算法不需要每次递归都在子序列中计算并查找最佳分界点，只需要找出关键分界点即可，故时间复杂度降为 $O(m)$。

算法 5.1：快速自顶向下直接分段线性近似方法。

输入：时间序列 Q 和阈值 ε。

输出：各近似直线段的端点信息集合 G。

步骤 1　计算时间序列的长度 $m=\text{length}(Q)$，并设置初始直线段的起始位置，即 $i=1$ 和 $j=m$。

步骤 2　数组 $P(i:j)$ 用来判断序列段 $Q(i:j)$ 中元素 q_t 是否为关键分界点；k 用来记录递归过程中临时形成的线段数目；L^k 表示第 k 个临时直线段的端点信息 $L^k=(q_i,q_j)$，其时间点分别为 (b,e)。设定初始距离值 $d=+\infty$、$P(i:j)=0$、$b=i$ 和 $e=j$。

步骤 3　根据直线段端点信息 L^k，建立直线方程 L_{ij}。

步骤 4　$b=b+1$，计算每个数据点 q_b 到直线段 L_{ij} 的距离 d_{ij}^b。

步骤 5　若 $d_{ij}^b>d$，则 $d=d_{ij}^b$ 且 $e=b$；否则，转步骤 3，直到 $b=j$ 为止。

步骤 6　若 $d>\varepsilon$，则 $P(e)=b$，同时把序列 $Q(i:j)$ 分割成子序列 $Q_1=Q(i:e)$ 和子序列 $Q_2=Q(e:j)$，再对子序列 Q_1 和 Q_2 分别从步骤 2 递归重新开始查找关键分界点。

步骤 7　递归完成后，把 $P(1:m)$ 中为 1 的元素依次赋值给端点信息集合 G 并输出结果。

上述算法中，阈值 ε 用来控制近似线段拟合序列段的精确程度，同时也可以限制近似线段的个数 w。通过快速自顶向下直接分段线性近似方法，不同的阈值会有不同的近似拟合情况，如图 5.2所示。

由于不同的阈值会产生不同的近似表示结果，对于用户来说，要选定一个合适的阈值是比较困难的，而且用同一阈值来限定不同的时间序列，显然不太合适。由于每个序列都有其自身的特征，例如形态变化趋势，若用同一标准（阈值）来衡量，则对于幅度变化较大的时间序列，则近似结果会很粗糙；相反，近似结果虽然较精确，但会增加近似线段的数量，不能起到数据降维的效果。解决该问题的方法就是根据每个序列的数据分布特征来给出这个阈值，

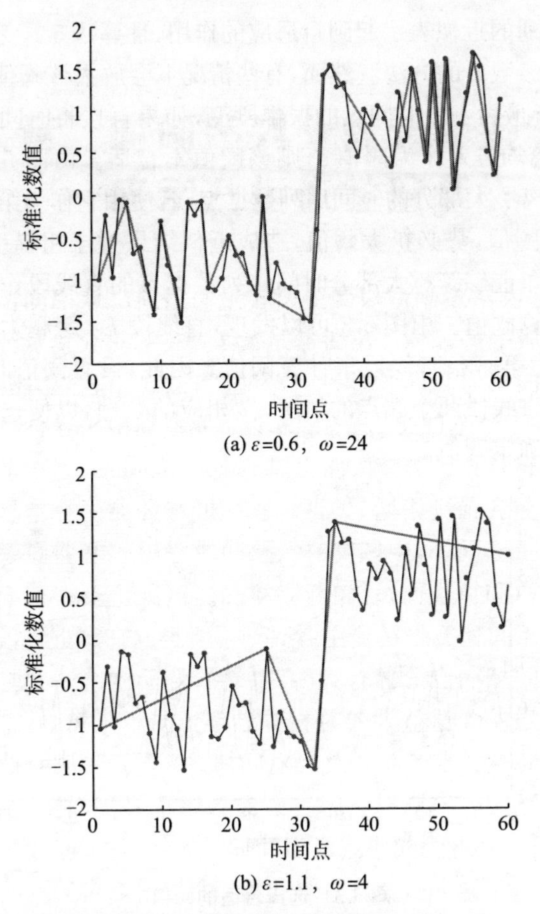

(a) ε=0.6，ω=24

(b) ε=1.1，ω=4

图 5.2　不同的阈值产生不同情况的近似线段

使得整个近似过程具有自适应性。

在算法 5.1 中，寻找直线段距离最大的点作为关键分界点，因此可以利用每个点到第一条直线段的距离均方差作为该阈值的设定值，即

$$\varepsilon=\sqrt{E\left(d_{1m}^{t}-E\left(d_{1m}^{t}\right)\right)^{2}} \tag{5.2}$$

通过式(5.2)来设定阈值，反映了不同的时间序列各自的特性，

对时间序列的近似表示起到自适应的作用,且算法 5.1 变成了无须人工设定参数 ε 的方法。然而,有些情况下会放大该阈值,如图5.3所示,由于最后一个时间点的振幅剧变,如果直接将时间序列点到 L_{1m} 的距离均方差作为阈值 ε,则该阈值不合适。由图 5.3 可以发现,L_1 偏离了大部分的时间序列数据点,若使用它作为第一条直线段来计算阈值,势必扩大阈值,造成近似结果过于粗糙。因此,需要选择一条能够跨越大部分时间序列数据点的直线段作为第一条直线来计算阈值。由图 5.3 可以发现,直线段 L_2 跨越大部分数据点,可作为第一条直线段来计算阈值。因此,设置阈值时,需要考虑第一条直线段两个端点的情况,做相应的处理,以便选择合适的直线段来确定阈值。

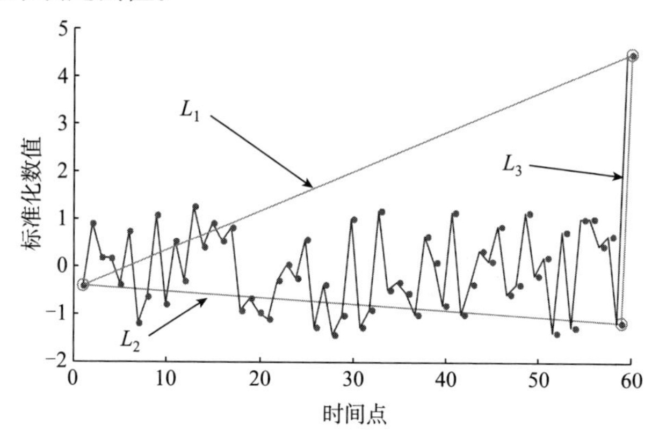

图 5.3　选择合适的阈值

2. 基于中间曲线代表序列的近似

通过自适应直接分段线性近似算法,可以根据时间序列自身的特征来进行分段线性近似,以达到降维的目的。但有些情况下,若直接对原始时间序列进行分段线性近似,则得到的线段个数会比较多,而且有些线段没能很好地近似表示相应的子序列,进而没有反映序列的局部和总体变化趋势。如图 5.4 所示,标记为“a”的区域内,直接连接了原始序列的两个端点,导致该线段所在区域内

的序列都出现在该线段的左下方，因此可以说这条线段没有很好地近似表示该子序列。同理，标记为“b”的区域内，使用了多条线段来描述该区域的时间序列，甚至有些线段直接连接了时间序列相邻的两个点，如此密集的线段势必会减小算法的降维能力。实际上，区域“b”内的数据分布在整体上看是平稳的，直接用少量平稳的直线段来近似表示较为直观。

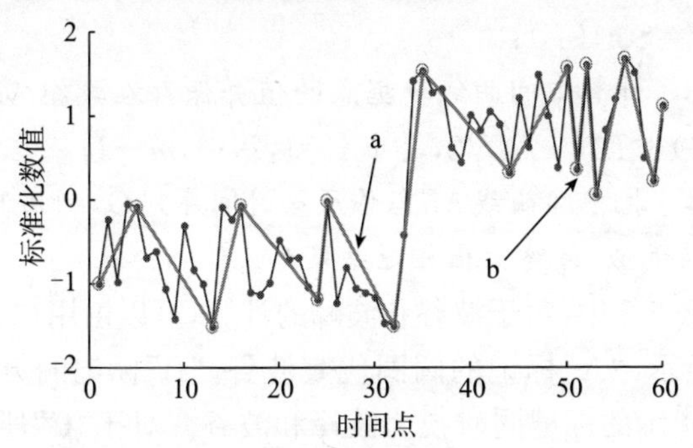

图 5.4　线段近似表示原时间序列的不良现象

为了解决上述问题，提出一种基于中间曲线代表序列的近似表示方法（Middle based Piecewise Linear Approximation，MPLA），其基本思想就是找到一条合适的曲线来代表原始曲线，以便利用自适应直接分段线性近似算法对该曲线进行分段线性近似，以达到较好的效果。在研究中间曲线时，把原始时间序列的数据点变化看成一条频繁弯曲且不规则的管子，时间序列的所有数据都被这根管子所包围，那么中间曲线就是该管子的中心点的连线，该曲线能较好地反映时间序列的变化趋势。使用这条中间曲线来代表原时间序列，可以减少近似表示陷入局部最优近似的概率。管子通过两条上下边界来模拟构成，且上下边界由时间序列的波峰和波谷来构成。

算法 5.2：基于中间曲线代表序列的近似方法（MPLA），也称为自适应分段线性表示方法。

输入：时间序列 Q。

输出：近似线段的端点信息集合 G。

步骤 1　对时间序列 Q，寻找波谷和波峰，分别存入数组 L 和数组 U 中，且时间序列的起始点和终点同时被视为波谷和波峰，并最先存入 L 和 U 中；

步骤 2　合并数组 L 和 U，$T=U\cup L$，且按时间顺序对 T 进行排序，即 $T=\mathrm{Sort}(T)$；

步骤 3　计算中间曲线数据点的值并保存在数组 M 中，即 $M(i)=(T(i)+T(i+1))/2$，其中 $i=1,2,\cdots,m-1$；

步骤 4　把中间曲线 M 当作原始时间序列 Q，利用算法 5.1 进行分段线性近似，最终输出相应结果 G。

在算法 5.2 中，对于波谷和波峰的计算，可以由用户自己定义。如图 5.5 所示，“A”标记的圆圈代表波谷，“B”标记的方块代表波峰，“C”所指示的标记同时视为波峰和波谷。对于“C”所标记的情况，主要是为了保留原时间序列的关键序列段，即该序列段具有较强的形态特征。在图 5.5 中，“C”所指向的序列段不但振幅最大，而且突然持续上升，因此该序列段将直接被保留为中间曲线的某个片段。

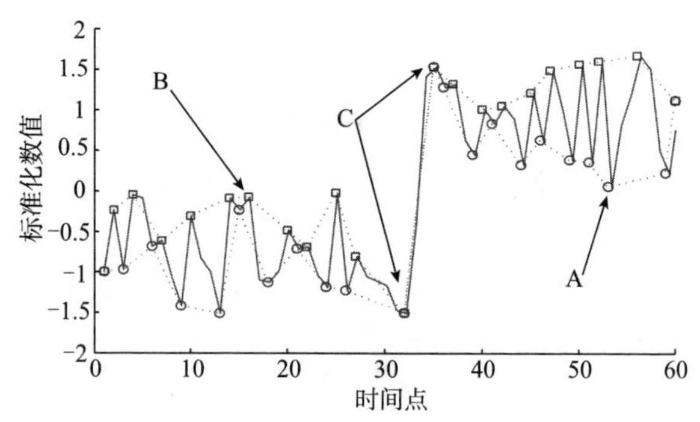

图 5.5　时间序列的上边界和下边界

得到时间序列的边界值后，通过算法 5.2 中的步骤 2 和步骤 3

可求得中间曲线的序列值，如图 5.6 所示。最后，利用算法5.1对中间曲线进行分段线性近似，其结果如图 5.7 所示，图5.7(d)即为基于中间曲线的近似表示原始时间序列的结果。容易发现，不但近似的线段个数较少，而且这些线段能更好地表达时间序列的局部趋势和全局趋势。

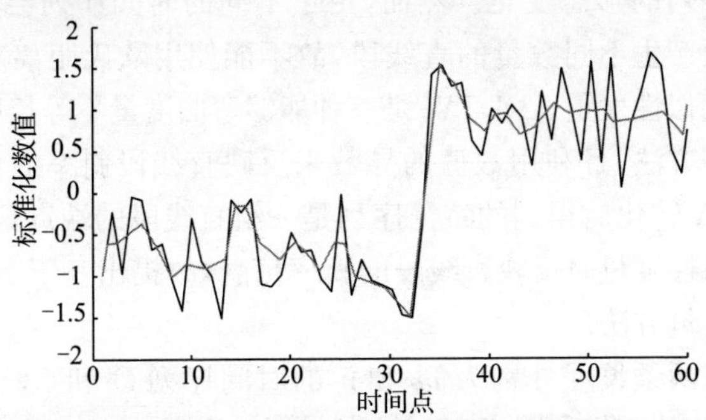

图 5.6　时间序列的中间曲线序列

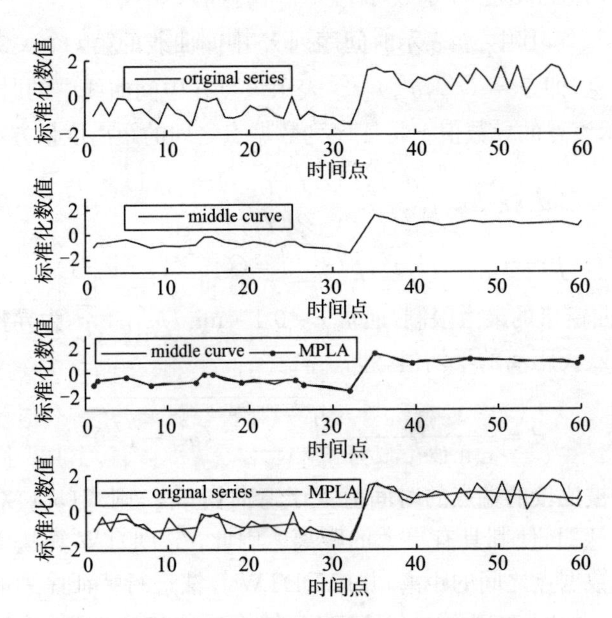

图 5.7　基于中间曲线的时间序列近似过程

5.1.2 特征弯曲度量

通过 MPLA 方法,原时间序列被转化成一组基于重要关键点的特征序列,通过连接这些关键点所形成的曲线能够较好地反映原时间序列的形态变化。然而,由于不同的时间序列会因阈值 ε 的不同而产生不同数量的直线段,故不能使用欧氏距离对特征序列进行相似性度量。DDTW 是一种能够弯曲度量不等长序列之间相似性的方法,且利用数值的导数来反映直线段斜率的信息。经过 MPLA 转化后得到的特征序列是一组直线段的端点集合,为了能在相似性度量时反映直线段的斜率信息,故提出基于 DDTW 的相似性度量方法。

若有两条长度分别为 m 和 n 的时间序列 Q 和 C,分别经过 MPLA 方法转化后得到两组关键点信息,并按 DDTW 方法进行导数变换,得到相应的导数序列 $\vec{q}=\{\vec{q}_1,\vec{q}_2,\cdots,\vec{q}_{w1}\}$ 和 $\vec{c}=\{\vec{c}_1,\vec{c}_2,\cdots,\vec{c}_{w2}\}$,其中 $\vec{x}_i$ 表示时间序列 X 中间曲线的第 i 个关键点的导数信息,即 $\vec{x}_i=(t'_i,q'_i)$,t'_i 表示该点在中间曲线中的时间值,q'_i 表示该点的导数值。特征序列数据点之间的距离度量方法为

$$d'(i,j)=\begin{cases}d(i,j),if\,|\vec{q}_i(1)-\vec{c}_j(1)|<r\\ d(i,j)+p(i,j),其他\end{cases}\tag{5.3}$$

式中,$d(i,j)=(q'_i-c'_j)^2$,$p(i,j)=((|\vec{q}_i(1)-\vec{c}_j(1)|-r)\bar{d})^2$,$r$ 为弯曲窗口的最大限制,通常 $r=0.1\times\min\{m,n\}$,$\bar{d}$ 为导数序列段之间欧氏距离的平均值,即

$$\bar{d}=\frac{1}{\min\{w_1,w_2\}}\sqrt{\sum_{i=1}^{\min\{w_1,w_2\}}(q'_i-c'_i)^2}\tag{5.4}$$

若被比较的端点的时间值大于弯曲窗口 r,则式(5.4)对其进行距离惩罚,使其具有更大的距离。因此,在 DDTW 算法中使用 d'计算数据点之间的距离,并按 DDTW 算法进行特征序列的相似性计算。如图 5.8 所示,经 MPLA 转换后的特征序列,通过利用

式(5.3)计算特征序列数据点之间的相似性,并结合 DDTW 进行弯曲计算,便可得到反映原时间序列形态变化的相似性度量结果。

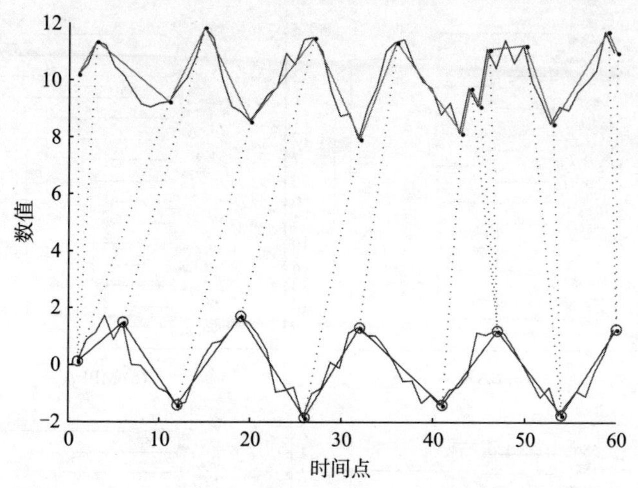

图 5.8　基于 MPLA 和 DDTW 的时间序列相似性弯曲度量

5.1.3　数值实验

1. 时间序列聚类

本实验通过层次聚类分别对 UCI 数据集 Synthetic_Control 中的 14 条等长时间序列和从沪深 300 指数成分股中随机选取 9 只股票从 2010 年 1 月 4 日到 2010 年 7 月 30 日的收盘价(不等长时间序列)进行聚类结果比较,进而验证基于 MPLA 度量方法的有效性和可行性。随机选取的 9 只股票分别为 1-TCL 集团(237)、2-爱建股份(222)、3-鞍钢股份(247)、4-安阳钢铁(250)、5-白云机场(251)、6-百联股份(251)、7-包钢股份(250)、8-包钢稀土(248)和 9-保利地产(250),括号内的数字表示收盘价时间序列的长度。

对于等长时间序列的聚类实验,用基于 SAX 的距离度量、DTW、DDTW 和基于 MPLA 的距离度量等 4 种方法进行层次聚类。聚类结果如图 5.9 所示,其中 SAX 的聚类结果是通过多次调试参数(即分段数 w 和字符数 h)得到的最好聚类情况。

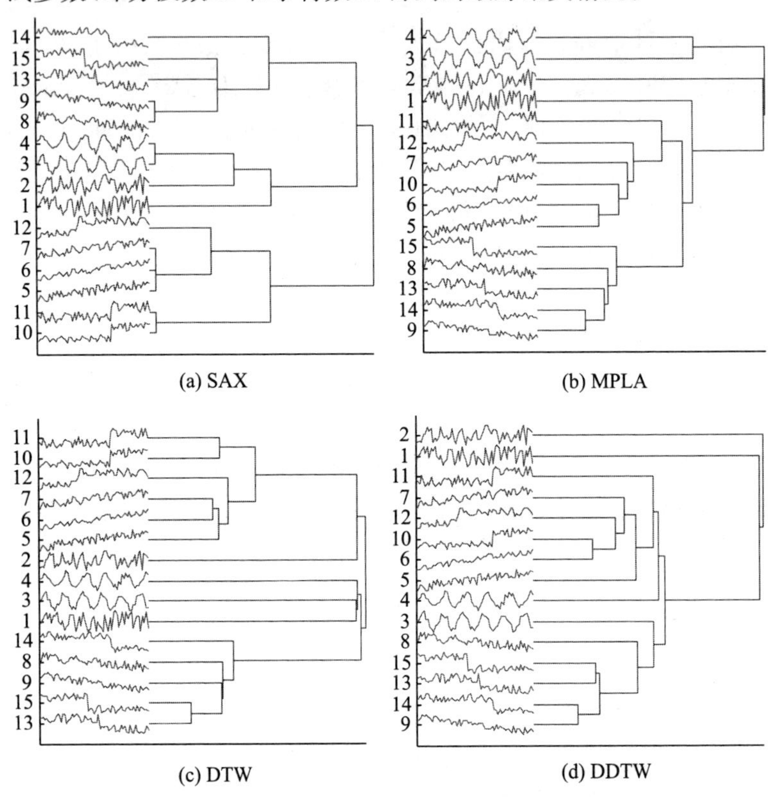

图 5.9　4 种方法对等长时间序列的聚类结果

从聚类结果中时间序列之间的形态变化来看,MPLA 的聚类结果接近 SAX。例如,对于时间序列 3 和 4,SAX 和 MPLA 可以事先将它们聚成一类,而 DTW 和 DDTW 却没能够事先将它们归为同类。虽然在本实验中 SAX 的聚类效果要优于 MPLA,但它的聚类效果依赖于两个参数的设置,如 4.5.4 小节的实验可以发现,不同的参数设置对 SAX 的性能影响较大。然而,MPLA 方法与 DTW 和 DDTW 一样,不需要设置任何参数,且可以得到较好的聚

类结果。

对于股票收盘价序列，分别利用 DTW、DDTW 和 MPLA 3 种度量不等长股票时间序列相似性的方法进行层次聚类，其聚类结果如图 5.10 所示。从股票的形态波动来看，{1-TCL 集团、5-白云机场、6-百联股份}、{3-鞍钢股份、9-保利地产}、{4-安阳钢铁、7-包钢股份}分别具有较为相似的波动情况，而 2-爱建股份和 8-包钢稀土的波动形态与其他股票不太一样。除{4-安阳钢铁、7-包钢股份}外，MPLA 方法的聚类情况与其他两种方法一样，能够区分这些股票的波动差异性。

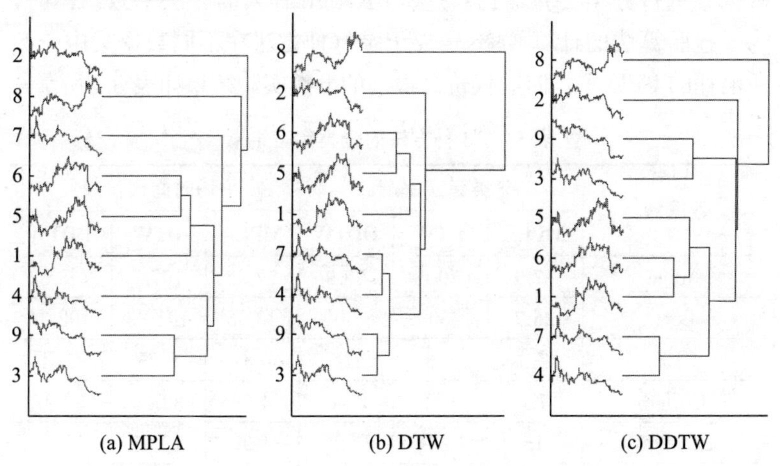

图 5.10　3 种方法对不等长股票时间序列的聚类结果

由上面两个实验可以发现，MPLA 对时间序列特征表示和度量函数的性能取决于数据本身的特点。例如，对于 Synthetic_Control 时间序列数据，MPLA 可以得到较好的聚类结果，但对于股票数据来说，MPLA 的聚类效果稍差一些。然而，从时间性能角度来说，基于 MPLA 的聚类时间消耗量要远低于 DTW 和 DDTW。例如，股票收盘价时间序列聚类实验在 Intel（R） Core（TM） i5-2520M CPU@2.50GHz，内存为 4G 的 32 位 Windows 操作系统平台上运行，MPLA 完成这 9 只股票的聚类所用的时间为 1.9188

秒，而 DTW 和 DDTW 所消耗的时间代价分别为 12.1837 秒和 12.3553秒。因此，虽然在股票数据中，基于 MPLA 的聚类结果略差于 DTW 和 DDTW，但综合聚类质量和计算效率，基于 MPLA 的时间序列弯曲度量性能要优于其他两种弯曲度量方法。

2. 时间序列分类

为了进一步说明基于 MPLA 的弯曲度量方法的性能，通过分类实验来比较它与 DTW 和 DDTW 在时间序列分类数据挖掘方面的效率。采用最近邻分类算法，利用这 3 种方法对 12 个时间序列数据集进行分类实验，实验方法与 Keogh 等人的方法一致。同时，为了检验算法的计算效率，需要记录每种方法在不同数据集中分类所消耗的 CPU 平均时间代价。最终的分类实验结果如表 5.1 所示。

表 5.1　3 种方法的分类实验结果

数据集	分类错误率/%			平均时间代价/秒		
	MPLA	**DTW**	**DDTW**	**MPLA**	**DTW**	**DDTW**
Adiac	**37.9**	39.6	39.9	22.22	167.7	168.83
Beef	**26.7**	50	30	13.65	101.88	102.34
CBF	2.2	0.3	37.7	0.87	6.95	7.01
Coffee	**7.1**	17.9	7.1	4.23	32.86	32.97
ECG200	**15**	23	19	1.97	13.05	13.78
FISH	12	16.7	10.9	76.23	562.55	564.64
FaceAll	**14.7**	19.2	14.7	17.35	134.4	135.13
Gun Point	**2**	9.3	2	2.41	15.88	15.97
Lighting7	32.9	27.4	41.1	15.22	102.36	103.06
OliveOil	**6.67**	13.3	6.67	23.89	152.42	153.32
Two_Pattern	3.7	0	0.2	34.11	229.52	231.72
Synthetic_Control	15.3	0.7	29.3	2.17	15.24	15.68

分类结果表明，3 种方法针对不同的时间序列数据集的分类效果不一样，即基于 3 种方法的分类质量会因数据集的变化而改变。

然而，基于MPLA的分类所消耗的时间代价却最低，而分类质量在某些数据中表现较为出色，因此，基于MPLA的特征表示和相似性度量方法能有效地提高时间序列数据挖掘方法的性能。

5.2　高效动态时间弯曲相似性搜索方法

虽然DTW在进行时间序列相似性度量时需要平方阶的时间代价，但是它具有能对时间序列进行弯曲度量以及对不等长时间序列的相似性比较等优势，使其常被应用于时间序列相似性搜索。大部分基于DTW的相似性搜索方法是通过减小DTW寻找最优弯曲路径的区域或利用满足下界要求的近似距离度量方法来排除不相似的时间序列，进而提高DTW在时间序列相似性搜索中的性能。有人通过在计算寻找最优弯曲路径时缩小搜索范围，进而提高寻找最优弯曲路径的速度。快速时间弯曲方法①(Fast Time Warping，FTW)首先对时间序列进行分段表示，同时利用最大值和最小值来分别表示每个序列段的特征，最终利用满足下界要求的近似弯曲距离进行时间序列相似性搜索。FastDTW② 也是一种经典动态时间弯曲的近似度量方法，在影响因子较小的情况下，它的时间和空间复杂度线性于时间序列的长度。与经典DTW相比，这些方法都具有较快的计算速度，但它们最终得到的结果都是经典DTW距离度量的近似值，精度不稳定并且取决于预先设置的参数。参数值越大，这些方法搜索到最优弯曲路径的可能性越大，其结果越精确，但同时也扩大了最优弯曲路径搜索范围，增加了计算

---

① Sakurai Y, Yoshikawa M, Faloutsos C. FTW: fast similarity search under the time warping distance[C]. Proceedings of the 24th ACM SIGMOD-SIGART Symposium on Principles of Database Systems, 2005: 326-339.

② Salvador S, Chan P. FastDTW: toward accurate dynamic time warping in linear time and space[J]. Intelligent Data Analysis, 2007, 11(5): 561-580.

代价。特别地，若参数值过大，这些方法将会退化成经典 DTW 算法。

针对上述问题，提出了一种基于高效动态时间弯曲的时间序列相似性搜索方法。它在不需要人工设定参数的情况下，不仅可以得到与经典 DTW 同样精度的相似性度量结果，而且基于缩小搜索区域和利用较小参数值能提前停止计算相似性比较的思想来提高时间序列相似性搜索的计算性能。时间序列数据实验结果也表明，新方法不但具有与经典 DTW 相同的精度，而且其计算性能有明显提高。

5.2.1 高效动态时间弯曲

由经典 DTW 算法易知，最优弯曲路径是通过从时间序列始端到末端的前向搜索策略获得。同时，最优弯曲路径中的元素随着时间戳的增大而增大，最终取得最小距离度量值 $v=\mathrm{DTW}(Q,C)=R(m,n)$。

相反，高效动态时间弯曲方法（Efficient Dynamic Time Warping，EDTW）寻找最优弯曲路径的方法为末端到始端的后向搜索策略。同样，存在很多从末端到始端满足边界性、连续性和单调性的弯曲路径 $P'=\{p'_1,p'_2,\cdots,p'_K\}$，但只需要找到其中一条最优弯曲路径来计算最小距离度量值 $v=\mathrm{EDTW}(Q,C)$，并且使得该最优弯曲路径对应的弯曲代价最大，即

$$\mathrm{EDTW}(Q,C)=\max_{P'}\sum_{k=1}^{K}d(p'_k)$$

同样，运用动态规划来构造 EDTW 的代价矩阵 $\boldsymbol{R}'$，即

$$\boldsymbol{R}'(i,j)=\max\{\boldsymbol{R}'(i,j+1),\ \boldsymbol{R}'(i+1,j+1),\boldsymbol{R}'(i+1,j)\}-d(i,j)$$

式中，$i=m,m-1,\cdots,1$；$j=n,n-1,\cdots,1$；$\boldsymbol{R}'(m+1,n+1)=0$；$\boldsymbol{R}'(i,n+1)=\boldsymbol{R}'(m+1,j)=-\infty$。EDTW 的搜索策略与 DTW 相反，且 EDTW 度量时间序列 Q 和 C 的最小距离度量值为 $\mathrm{EDTW}(Q,C)=\boldsymbol{R}'(m+1,n+1)-\boldsymbol{R}'(1,1)$。如图 5.11 所示，

EDTW 从时间序列末端到始端得到与 DTW 一样的最优弯曲路径，而且最小距离度量值 EDTW(Q,C)也为 1，即

$$
\begin{aligned}
v &= \mathrm{EDTW}(Q,C) \\
&= \boldsymbol{R}'(m+1,n+1) - \boldsymbol{R}'(1,1) \\
&= \boldsymbol{R}'(6,5) - \boldsymbol{R}'(1,1) \\
&= 1
\end{aligned}
$$

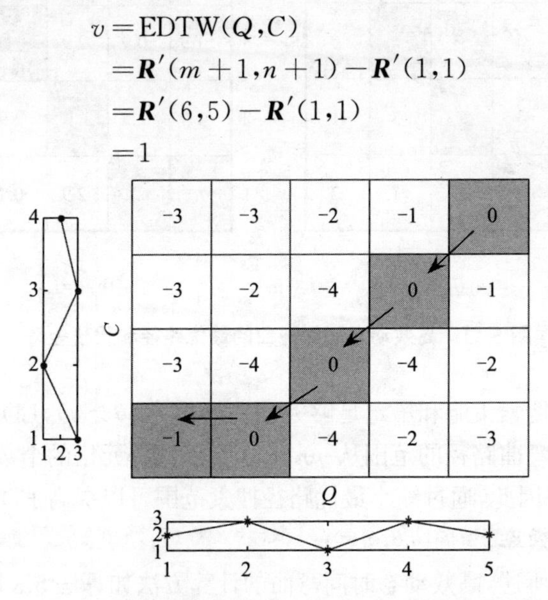

图 5.11　高效动态时间弯曲的最优路径和代价矩阵

由图 5.11 可以发现，当 $\boldsymbol{R}'(m+1,n+1)\leqslant 0$ 时，代价矩阵 $\boldsymbol{R}'$ 中的所有元素都会小于 0；相反，当 $\boldsymbol{R}'(m+1,n+1)\geqslant 0$ 时，代价矩阵 $\boldsymbol{R}'$ 中的部分元素会大于 0，且部分大于 0 的元素将会是最优弯曲路径的元素。因此，当 $\boldsymbol{R}'(m+1,n+1)$ 增大到某个阈值 θ，即 $\boldsymbol{R}'(m+1,n+1)=\theta>\mathrm{DTW}(Q,C)$时，最优弯曲路径中的元素全部为正数，并且该路径在代价矩阵中被一组正数单元格包围。如图 5.12所示，当 $\theta=1$ 时，最优弯曲路径的大部分元素被一组正数单元格包围；当 $\theta=1.1$ 时，最优弯曲路径的所有元素都被正数单元格包围。

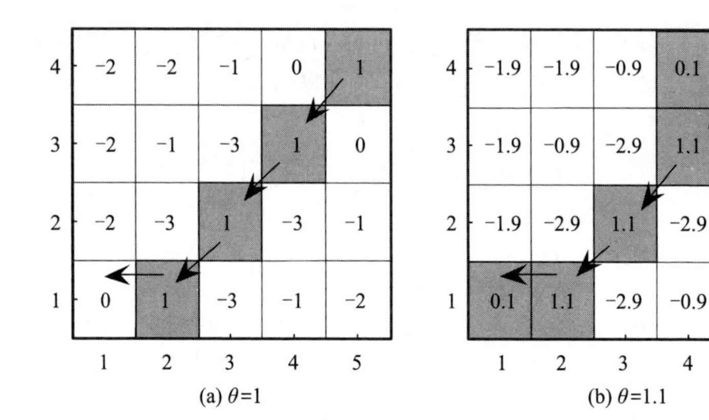

(a) $\theta=1$　　(b) $\theta=1.1$

图 5.12　高效动态时间弯曲的最优路径和代价矩阵

通过后向搜索策略和给定足够大的初始值 θ ($\theta>v$)，EDTW 算法搜索最优弯曲路径的范围从 mn 缩小到正数单元格的个数 N，其中 $N \ll mn$。因此，通过缩小最优路径搜索范围可以提高 EDTW 的时间和空间效率。

综上所述，高效动态时间弯曲的计算方法如算法 5.3 所示。

算法 5.3：高效动态时间弯曲 EDTW。

输入：时间序列 Q、C 和初始值 θ。

输出：最小距离值 v 和最优弯曲路径 Path。

步骤 1　计算时间序列长度 $m=\text{length}(Q)$ 和 $n=\text{length}(C)$，初始化 $\boldsymbol{R}'(m+1,n+1)=\theta$，$\boldsymbol{R}'(i,n+1)=\boldsymbol{R}'(m+1,j)=-\infty$，其中 $i=m,m-1,\cdots,1$ 和 $j=n,n-1,\cdots,1$。同时，记录每一列中正数单元格的起始位置 $b(1:n)=m$。

步骤 2　从 $i=m$ 到 $i=1$，执行以下步骤。

(2.1)令 $ii=1$、$count=0$、$last=0$ 且从 $j=b(i)$ 到 $j=1$，执行以下步骤。

(2.1.1)计算与单元格(i,j)右上角相邻单元格的最大值 V 及位置 I，即$[V,I]=\max\{\boldsymbol{R}'(i+1,j+1),\boldsymbol{R}'(i+1,j),\boldsymbol{R}'(i,j+1)\}$。

(2.1.2)计算当前单元格的代价值并记录构建当前单元格代价

的后向单元格位置，即 $\boldsymbol{R}'(i,j)=V-(q_i-c_j)^2$ 和 $P\{i,j\}=I$。

(2.1.3)若 $\boldsymbol{R}'(i,j)>0$，$ii=1$ 且 $i>1$，则 $b(i-1)=j$，$ii=0$。若 $\boldsymbol{R}'(i,j)\leqslant 0$，则 $\boldsymbol{R}'(i,j)=0$；否则若 $\boldsymbol{R}'(i,j)\leqslant 0$，$i=1$ 且 $j=1$，则 $\text{last}=\boldsymbol{R}'(i,j)$。若 $V\leqslant 0$ 且 $e(i+1)\geqslant j$，则 $e(i)=j$ 且跳出该循环，执行步骤(2.2)。

(2.1.4)若 $\text{count}=b(i)-j+1$，则跳出该循环，执行步骤(2.2)；否则，$j=j-1$ 且返回步骤(2.1.1)。

(2.2) $i=i-1$ 且返回步骤(2.1)。

步骤3　若 $i=j$，$i=1$ 且 $\text{last}\geqslant 0$，则 $v=\theta-\boldsymbol{R}'(i,j)$ 且从(1,1)开始根据 P 前向输出最优弯曲路径 Path；否则，$v=-1$，Path=NULL。

步骤4　返回 v 和 Path。

在算法5.3中，其结果根据 θ 的取值情况而输出不同的最小距离值和最优搜索路径。当 $\theta\geqslant v=\text{DTW}(Q,C)$ 时，EDTW 算法既可以返回最小距离值，又可得到最优搜索路径；否则，若 $\theta<v=\text{DTW}(Q,C)$，则 EDTW 没找到最优路径就停止，且输出的最小距离值强制设置为−1和最优弯曲路径为空。前者可用于快速、精确地度量时间序列相似性，如时间序列聚类、分类等应用领域中的相似性比较，后者则适用于时间序列的相似性搜索。

5.2.2 相似性搜索方法

通常情况下，时间序列相似性搜索伴随着近似距离度量函数，以便快速计算、分析出两条时间序列之间的关系，并且该近似距离度量方法满足下界要求，避免发生漏报。近似度量函数在时间序列相似性搜索中的功能是尽可能快地排除不相似的时间序列，保留少数较相似的序列集。然后，利用时间复杂度较高但计算结果精确的距离度量函数（例如 DTW）来计算得到最为相似的序列。然而，这些近似距离度量方法通常建立在数据变换的基础之上，不直接对原时间序列进行相似性比较，而且人工干预因子占主导地位，因此，具有一定的局限性。

针对这些问题，提出一种基于 EDTW 的时间序列相似性搜索方法（EDTW based Search，EDTW_Search），该方法不仅不需要对时间序列进行数据变换，可以直接对时间序列进行操作，而且在相似性搜索中使用的距离度量方法是快速、精确的度量函数 EDTW，同时不需要对参数 θ 进行人工干预，具有较强的自适应性。

由 5.2.1 节分析可知，EDTW 的时间和空间消耗取决于代价矩阵中正数单元格的个数 N，而正数单元格的个数 N 又直接取决于初始值 θ，因此，EDTW 的时间和空间性能随着 θ 值的变化而改变。由于时间消耗和空间消耗都线性于正数单元格个数 N，时间代价可以反映空间代价，因此本节只讨论算法的时间效率。

最优弯曲路径被正数单元格包围的条件是 $\theta > v = \mathrm{DTW}(Q, C)$，这说明只有当 θ 大于最小距离值 v 时，EDTW 才能找出最优弯曲路径和计算出最小距离值。在满足 $\theta > v$ 的条件下，θ 值越靠近 v 则产生的正数单元格越少，进而使得 EDTW 的计算速度越快。事实上，当 $\theta = v$ 时，只有最优弯曲路径的最后一个元素（1，1）为非正数且为 0 值。

为了在正数单元格中快速找到最优弯曲路径，EDTW 的主要目的就是计算出尽可能少的单元格。若 $\theta < v$，则 EDTW 不能产生足够多的单元格来包围最优弯曲路径，没等计算到单元格（1，1）时程序便被中止。如图 5.13 所示，当 $\theta = 0.5$ 时，EDTW 只产生了 4 个正数单元格，并且程序运行到单元格（2，1）时就被强行停止。利用这种思想，可以在时间序列相似性搜索中快速排除不相似的序列。

假设给定某一个查询时间序列 Q，在被查询时间序列数据集 $S = \{S_1, S_2, \cdots, S_M\}$ 中查找相似序列。若 $S_j(j \in [1, M])$ 与 Q 最相似且把它们的最小距离值赋给 θ，即 $\theta = \mathrm{DTW}(S_j, Q)$，那么在数据集 S 中，其他时间序列 $S_i(i \neq j)$ 与 Q 利用 EDTW 进行比较时，都会因 $\theta < \mathrm{DTW}(S_i, Q)$ 而提前终止 S_i 与 Q 的相似性计算，这说明

S_i 与 Q 真实距离要大于 θ，进而快速排除 S_i。

	1	2	3	4	5
4	−2.5	−2.5	−1.5	−0.5	0.5
3	−2.5	−1.5	−3.5	0.5	−0.5
2	−2.5	−3.5	0.5	−3.5	−1.5
1	−0.5	0.5	−3.5	−1.5	−2.5

图 5.13　在 $\theta=0.5$ 情况下 EDTW 产生的正数单元格

在算法 5.3 中，若 $\theta \geqslant \mathrm{DTW}(Q,C)$，算法计算正数单元格并找到最优弯曲路径，其结果返回最小距离值和最优弯曲路径。然而，若 $\theta < \mathrm{DTW}(Q,C)$，同样只计算正数单元格，直到没有正数单元格再出现，算法中止，其最小距离结果返回 -1。因此，在相似性搜索时，若当前使用的 θ 值小于等于当前比较的两个时间序列 S_i 和 Q 的最小距离值，即 $\theta \leqslant \mathrm{DTW}(S_i,Q)$，则 EDTW 在计算它们的相似性时不需要完成整个最优弯曲路径的搜索，可以提前中止算法并排除 S_i，表示它与查询序列 Q 不相似。

时间序列 Q 在时间序列数据集 $S=\{S_1,S_2,\cdots,S_M\}$ 中查找相似性序列的方法可以利用上述思想来提高相似性搜索的性能，具体过程如算法 5.4 所示。

算法 5.4：基于 EDTW 的相似性搜索（EDTW_Search）。

输入：查询序列 Q 和数据集 $S=\{S_1,S_2,\cdots,S_M\}$。

输出：相似性序列 Q_0。

步骤 1　$\theta=\mathrm{DTW}(S_1,Q)$，$S_0=S_1$。

步骤 2　从 $i=2$ 开始直到 $i=M$，执行步骤（2.1）～（2.2）。

（2.1）利用 EDTW 算法计算 S_i 和 Q 的最小距离值 v，即 $v=\mathrm{EDTW}(S_i,Q,\theta)$。

(2.2)若 $v=-1$，则 $i=i+1$，返回(2.1)；否则，若 $v<\theta$，则 $\theta=v$ 且 $S_0=S_i$，返回步骤(2.1)。

步骤3　输出最相似时间序列 S_0。

通过输入查询序列 Q 和数据集 S 可以搜索出与查询序列 Q 最为相似的时间序列 S_0。与传统方法相比，EDTW_Search 是无须人工设定参数值的相似性搜索方法，具有较强的自适应性。

5.2.3　数值实验

对不同时间序列数据集进行相似性搜索实验，其目的是验证新方法 EDTW_Search 是否对所有数据集都具有较高的搜索性能。取20组不同的 UCR 数据集，每组数据集分别由训练集和测试集组成，且每组数据集的大小和时间序列长度都不相同。把测试集当作查询数据集，而把训练集当作被查询数据集，分别利用 DTW_Search 和 EDTW_Search 对每组数据进行相似性搜索实验。

由于每组数据中的时间序列都具有类别标签，因此，若最终被查询到的相似性序列的类别标签与查询序列的类别标签相同，则认为查询到的相似序列是正确查询；否则认为是错误查询。每组实验分别记录了两种方法的查询结果和时间消耗，并取它们的平均值作为实验结果，如表5.2所示。

表5.2　两种方法在不同 UCR 数据集下的查询结果和时间代价

序号	名称	查询错误率(两种方法)/%	平均时间代价/秒	
			EDTW_Search	DTW_Search
1	Adiac	39.6	3.80	167.7
2	Beef	50	26.67	101.88
3	CBF	0.3	0.91	6.95
4	Coffee	17.9	3.97	32.86
5	ECG200	23	1.4	13.05

续表

序号	名称	查询错误率（两种方法）/%	平均时间代价/秒	
			EDTW_Search	DTW_Search
6	FISH	16.7	115.47	562.55
7	FaceAll	19.2	22.93	134.4
8	FaceFour	17	9.68	42.42
9	Gun Point	9.3	0.87	15.88
10	Lighting2	13.1	114.8	388.96
11	Lighting7	27.4	15.16	102.36
12	OSULeaf	40.9	102.26	543.27
13	OliveOil	13.3	36.496	152.42
14	Swedish Leaf	21	3.48	114.07
15	Trace	0	12.36	108.82
16	Two_Patterns	0	9.32	229.52
17	Synthetic_Control	0.7	1.98	15.24
18	Wafer	2	7.23	325.88
19	50Words	31	39.72	464.17
20	Yoga	16.4	135.79	807.22

由表 5.2 可知，DTW_Search 和 EDTW_Search 两种方法的查询结果都一样，这说明 EDTW 度量方法不是一个近似度量函数，它具有与经典 DTW 一样的精度。从时间消耗来看，DTW_Search 需要消耗较多的时间来完成搜索任务。若将这两种方法的时间进行标准化处理，如图 5.14 所示，容易发现 EDTW_Search 在每个 UCR 数据集下的相似性搜索速度显然要快于 DTW_Search。因此，基于高效动态时间弯曲的时间序列相似性搜索方法 EDTW_Search 不仅与基于经典 DTW 的搜索方法一样，算法过程不需要人工设定参数且计算结果精度相同，同时它还具有较高的计算性能。

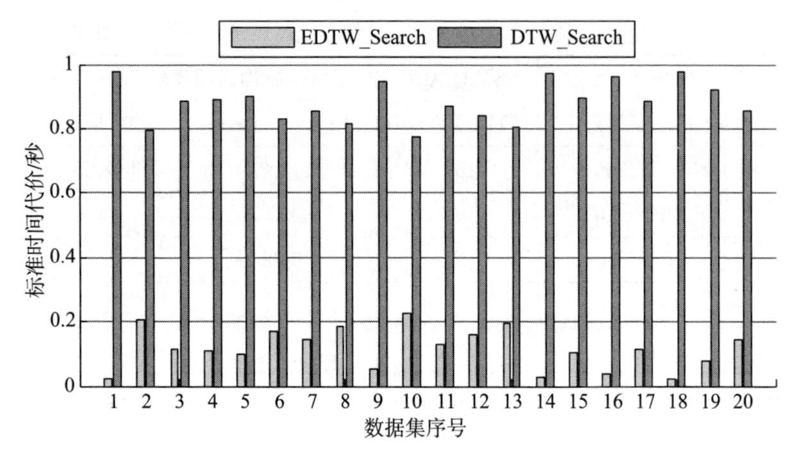

图 5.14　两种方法在不同 UCR 数据集下的标准时间代价

5.3　本章小结

本章首先提出基于 PLA 和 DDTW 的时间序列相似性度量方法，给出了一种快速、有效的自适应分段线性近似方法 MPLA，与传统的自顶向下分段线性近似方法相比，不仅时间复杂度大大降低，而且其近似结果体现了时间序列自身的特性，具有较强的鲁棒性和自适应性。同时，由于经过分段线性表示的特征序列为端点序列，在相似性度量时须考虑拟合序列段的直线斜率，进而提出一种基于 DDTW 的相似性度量方法，使得该方法能有效地对特征序列进行相似性度量，并且能综合考虑度量质量和计算效率。基于 MPLA 的弯曲度量性能要优于传统方法，能够在时间序列数据挖掘中取得良好的结果。

为解决 DTW 平方阶的时间复杂度带来的较大计算量的问题，提高它在时间序列相似性搜索中的应用效率，提出了高效的动态时间弯曲方法 EDTW。该方法仅计算代价矩阵中的正数单元格，缩小了最优弯曲路径的搜索范围，提高了获取最优弯曲路径的时

间效率。由于较小的初始值 θ 能提前终止计算最优弯曲路径，再次缩小了 EDTW 在代价矩阵中的计算范围，使得 EDTW 在时间序列相似性搜索中起到快速排除不相似时间序列的作用，进而提出了基于 EDTW 的时间序列相似性搜索算法 EDTW_Search。与其他传统方法相比，EDTW_Search 具有以下优势：①不需要人工设定参数，具有较强的自适应性；②不对时间序列做数据变换，直接对原始序列进行相似性比较，使得相似性度量过程完全反映时间序列的原始数据信息；③相似性搜索过程无须设定近似度量函数便可排除不相似序列，并且计算结果与高精度计算方法 DTW 的结果一致；④通过两次路径搜索缩小策略，提高了时间序列相似性搜索的计算性能。数值实验结果表明，新方法是一种较为高效、可行的时间序列相似性搜索方法。

第 6 章　时间序列数据的异步主成分分析

大数据时代，时间序列数据挖掘是经济、金融、电子信息、工业、工程等领域进行信息管理和知识发现的有效手段，统计学领域的主成分分析（Principle Component Analysis，PCA）方法成为解决数据高维性和进行特征表示的重要方法。PCA 方法属于基础理论并广泛应用于时间序列数据降维和特征表示，其通过方差来衡量主成分的信息保留量，并通过协方差来衡量两条时间序列的相关性。

（1）对具有不同长度时间序列进行主成分分析并实现数据降维，而现有的方法如 SVD、PCA 和 ICA 方法只能处理等长度时间序列。传统 PCA 方法通过线性和同步方法计算两条时间序列的协方差，当两条时间序列相似或在不同的时间点具有相关性时，传统 PCA 方法具有一定的局限性。

（2）基于 PCA 的方法对被研究的时间序列的长度要求相等，对于具有不等长变量构成的数据无法实现主成分分析，同时传统方法通常被用于多元时间序列数据集而非一元时间序列数据集的知识挖掘。

（3）现有方法需要更多地关注时间序列中的重要信息，其原因为时间序列中的重要信息点能够反映序列的关键形态趋势，进而反映序列之间的真实关系。本章提出的异步主成分分析（Asynchronism-based PCA，APCA）借助动态时间弯曲找出任意两个变量序列之间的相似形态匹配关系，实现了传统 PCA 在变量之间的异步相关性分析，拓展了传统统计学及相关领域中主成分分析 PCA 的理论基础和应用范围。

6.1　研究动机

时间序列是数据挖掘领域的重要研究对象之一,用于这种数据类型的技术被称为时间序列数据挖掘(Time Series Data Mining, TSDM)。然而,由于时间序列的高维度特性将导致标准数据挖掘方法效率低下,使得一些用于数据降维的方法被提出。目前有很多方法用于解决上述问题,主要分为两类:一类方法基于一元时间序列,如离散傅里叶变换、离散小波变换、多项式表示、分段线性近似和分段聚合近似等,主要应用于一元时间序列数据降维,聚焦于单一时间序列的转换,使其降维处理后的特征维度低于原始序列;另一类方法基于时间序列数据集,如奇异值分解(SVD)、主成分分析(PCA)和独立成分分析(ICA)。

SVD和PCA通常被视为同一类型方法用来获取一些主成分,进而表示整个数据集,ICA方法由主成分分析和因子分析发展而来。在时间序列数据挖掘领域,这些方法通常与相应的度量方法结合来挖掘数据集中的信息和知识。通过PCA方法构建主成分并选取前k个主成分表示多元时间序列,同时两条时间序列的相似度可通过其对应的主成分夹角余弦值来进行计算。Singhal和Seborg提出一种基于PCA的新方法Sdist来计算相似度,其度量效果优于之前的方法。Karamitopoulos和Evangelidis通过PCA方法对查询时间序列构建特征空间并将每条时间序列投影到特征空间中,计算两条重构时间序列的距离来度量查询时间序列与被查询时间序列的距离。SVD方法通常建立在PCA方法的基础上,通过KL分解法对时间序列进行降维。Li等提出两种方法选择特征向量并通过特征向量对时间序列进行分类;Weng等将传统SVD方法扩展为二维SVD方法(2dVD),对行方向和列方向提取主成分并计算其协方差矩阵。ICA方法的主要任务是特征提取,其广泛应用于时间序列数据分析。Wu等通过FastICA方法对多元时间序列进行独立成分提取,并结合相应的距离计算方法对其进行聚类;Baragona 等使用 ICA 方法提取异常成分进行异常检测。

PCA 方法属于基础理论并广泛应用于时间序列数据降维。它通过方差来衡量主成分的信息保留量,并通过协方差来衡量两条时间序列的相关性。然而,传统 PCA 通过线性和同步方法计算两条时间序列的协方差,当两条时间序列相似或在不同的时间点具有相关性时,传统 PCA 具有一定的局限性。也就是说,在不同时间点具有相同变化趋势的两条时间序列会被归为不相关或负相关,这就意味着在某些情况下 PCA 方法将失去原有效果。与此同时,PCA 方法要求时间序列数据的长度相等,该方法也通常被用于多元时间序列数据集而非一元时间序列数据集的知识挖掘。

本章研究工作的动机在于解决上述问题。首先,对具有不同长度的时间序列进行主成分分析并实现数据降维,意味着提出的方法可以处理不同长度的时间序列,而现有的方法如 SVD、PCA 和 ICA 方法只能处理等长度时间序列。其次,现有方法只考虑了两个变量或两条时间序列间的同步关系,忽略了其异步关系,因此新方法将异步关系纳入研究范围。最后,与现有方法相比,新方法更多地关注时间序列中的重要信息,其原因为时间序列中的某些点能够反映序列的关键形态趋势并能提供更重要的信息。

针对上述研究动机,本章的研究工作将包括异步相关系数度量、异步主成分方法(Asynchronism-based PCA, APCA)的设计、单变量时间序列的数据降维和特征表示。异步相关性来自两条时间序列中最优弯曲路径元素组成的一对插值时间序列相关系数,该最优路径可以通过动态时间弯曲方法计算得到。计算在不同时间点具有相同形态趋势的时间序列的相似度(或相关性)时,通过插值时间序列进行计算可以提高相关系数的有效性。异步主成分分析法通过异步相关性度量整个时间序列数据集,保留数据集尽可能多的重要信息的前几个主成分,以前几个主成分的元组表示

数据集，每一条降维后的时间序列均由一个短元组表示。与传统 PCA 方法相比，新方法(APCA)不仅可以像 PCA 一样度量同步相关性，也可以获得异步相关性。对不同时间点具有相似形态趋势的时间序列进行相似性度量时，新方法具有较好的效果。

6.2　主成分分析

主成分分析是用于数据集降维的统计学方法。数据集可表示为数据矩阵 $\boldsymbol{X}_{n\times m}$，意味着数据集为 n 个具有 m 维特征数(或变量数)的对象。相应地，$\boldsymbol{X}_{n\times m}$ 表示一个时间序列数据集，其具有 m 条长度为 n 的时间序列，每一列代表一条时间序列，每一行代表一组特定时间的观测值。

PCA 是一种正交线性变换，将数据集转换为新系统空间下的数据。由数据对象在新系统中投影得到的最大方差形成的第一个坐标轴称为第一主成分，第二大方差对应第二主成分，并依次类推。因此，PCA 方法将维度为 $n\times m$ 的矩阵 $\boldsymbol{X}$ 转换为降维后维度为 $n\times k$ 的矩阵 $\boldsymbol{Y}$，其中，$k<m$。

$\boldsymbol{Y}$ 为具有 k 个正交变量(或主成分)的降维后矩阵，$\boldsymbol{Y}_{n\times k}=\boldsymbol{X}_{n\times m}\boldsymbol{V}_{m\times k}$，其中 $\boldsymbol{V}_{m\times k}$ 由前 k 个主成分构成，$\boldsymbol{X}$ 为零均值矩阵。根据 SVD 方法，有 $\sum=\boldsymbol{V\Lambda V}^{-1}$，其中 $\sum$ 为 $\boldsymbol{X}$ 的协方差矩阵，$\sum=\boldsymbol{X}^{\mathrm{T}}\boldsymbol{X}$，$\boldsymbol{\Lambda}$ 为维度 $m\times m$ 的对角矩阵，对角线为 $\sum$ 的特征值是降序排列的非负实数，$\boldsymbol{V}$ 为 $\sum$ 的特征矩阵。根据每个特征值所保留的信息量，选取前 k 个包含信息总量不低于阈值 ε 的特征值对应特征向量作为主成分。*PCA* 算法具体描述如下：

算法 6.1：主成分分析 PCA。

输入：数据集 X，阈值 ε。

输出：降维后的数据集 Y。

步骤 1　构建数据集(或数据矩阵)，每一行表示具有 m 个变量的观测值，每一列表示一个变量。

步骤 2　计算经验均值并将数据矩阵进行零均值标准化处理。将原数据集替换为新数据集 $\boldsymbol{X}=\boldsymbol{X}-\boldsymbol{S}U$，其中 $U(1,i)=\frac{1}{n}\sum_{j=1}^{n}\boldsymbol{X}(j,i),i=1,2,\cdots,m$，$\boldsymbol{S}$ 为维度 $n\times 1$ 的列向量。

步骤 3　计算协方差矩阵 $\sum=\boldsymbol{X}^{\mathrm{T}}\boldsymbol{X}$ 的特征向量和特征值。根据 SVD 方法，$\sum=\boldsymbol{X}^{\mathrm{T}}\boldsymbol{X}$，$\boldsymbol{\Lambda}$ 为 $\sum$ 的特征值降序排列的对角矩阵，并将特征向量矩阵 $\boldsymbol{V}$ 按特征值降序顺序 $\lambda_1\leqslant\lambda_2\leqslant\cdots\leqslant\lambda_m$ 排列。

步骤 4　根据累积信息量选择特征向量子集作为基向量。如果累计信息量 $g_k=\sum_{i=1}^{k}\lambda_i$ 大于特定值 ε，则前 k 个特征向量即为基向量，即累计信息贡献率 $\eta=g_k/g_m$ 大于阈值 ε，则认为前 k 个特征向量为主成分。

步骤 5　将原始数据映射到新系统中，构成了具有较低维度的新数据集 $\boldsymbol{Y}$，即 $\boldsymbol{Y}_{n\times k}=\boldsymbol{X}_{n\times m}\boldsymbol{V}_{m\times k}$。由于 k 通常小于 m，即 $k<m$，PCA 有效实现数据降维目标。

在数据挖掘领域，通常采用 PCA 方法以及基于 PCA 的度量方法进行多元时间序列数据降维。最早提出的方法是获取前 k 个主成分并对获取主成分的所有组合进行角度度量，更好地度量了两条时间序列的相似性。也有相关研究是在已有方法的基础上进行修改，根据相应的方差对角度赋权重进行度量。Singhal 等人在上述方法中加入额外条件，以解决度量两个具有相同主成分但不同变量值的时间序列数据集相似度量问题。Yang 等人提出基于主成分锐角相似性度量 Eros 来替代先前的方法。Kvangelidis 和 Dervos 针对时间序列相似性搜索研究提出了一种不需要访问对象经过 PCA 表示便可进行距离计算的方法。然而，上述基于 PCA 的数据降维方法在时间序列距离度量过程中均采用欧式距离进行计算，两条时间序列的协方差计算仅考虑同步分析而忽略了其异步相关性。因此，有必要研究基于异步分析协方差的 PCA 改进方法。

6.3　异步主成分分析

PCA 在时间序列数据集降维过程中,要求数据集中所有时间序列长度必须相等,这意味着数据集中单变量时间序列的长度必须相等,才可以通过 PCA 方法计算两个变量(或两个单变量时间序列)之间的协方差。因此,序列长度相等是 PCA 方法的一个约束条件。

长度为 n 的两个变量 X 和 Y 之间的协方差的计算公式为

$$\mathrm{Cov}(X,Y)=E[(X-\overline{X})(Y-\overline{Y})] \tag{6.1}$$

式中,$\overline{X}$ 和 $\overline{Y}$ 分别是 X 和 Y 的平均值。对于零均值的数据矩阵 $\boldsymbol{X}'$ 和 $\boldsymbol{Y}'$,它们之间的协方差被转换为

$$\mathrm{Cov}(\overline{X},\overline{Y})=E(\boldsymbol{X}'\boldsymbol{Y}') \tag{6.2}$$

式(6.2)意味着协方差可由两个数据矩阵 $\boldsymbol{X}'$ 和 $\boldsymbol{Y}'$ 中每对数据点的乘积演算得到,因此,协方差依赖于同一时间点的每对数据点。按照上述方法,协方差只反映了两个变量在同一时间点的同步相关性。如图 6.1(a)所示,PCA 的协方差只反映了同步关系。然而,在大多数情况下,系统中的一个变量往往会对其他变量产生滞后影响,同步相关仅反映了同一时间点的两个变量之间的关系,忽略了能够反映不同时间点之间异步相关的异步关系。正如图 6.1(b)所示,应该将具有相同形态趋势的点(q_{35} 和 c_{39})互相映射,使得异步结果可以更好地反映两条时间序列之间的相关性。

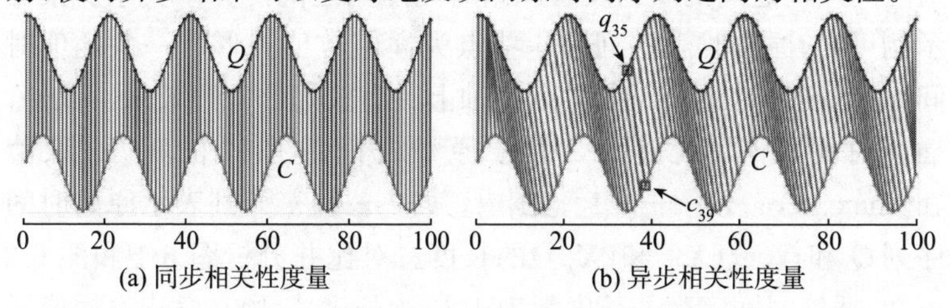

图 6.1　变量(或时间序列)Q 和 C 映射的同步和异步相关性度量

为使PCA能够反映两条时间序列之间的异步相关性，提出了异步主成分分析法(APCA)。通过分析协方差计算中异步性的重要性，设计了区别于传统协方差计算方法的时间序列异步协方差计算方法，通过该方法获得两个数据集中每对时间序列的异步协方差。

在异步方差设计过程中，DTW可以检索两条时间序列之间的最优弯曲路径，并进一步产生由最优弯曲路径元素组成的两条插值时间序列。原始时间序列之间的异步协方差可以通过插值时间序列之间的同步协方差结果反映出来。

假设存在一条需要通过APCA方法进行降维的时间序列数据矩阵 $\boldsymbol{X}=\{\boldsymbol{X}_1,\boldsymbol{X}_2,\cdots,\boldsymbol{X}_m\}$，其中 $\boldsymbol{X}_i=[x_{i1},x_{i2},\cdots,x_{in}]^{\mathrm{T}}$ 表示单变量时间序列，$\boldsymbol{X}$ 有 m 单变量时间序列。为得到反映原始时间序列 $\boldsymbol{X}_i$ 和 $\boldsymbol{X}_j$ 之间相关性的插值时间序列，对每个时间序列进行标准化预处理。通过每对标准化后的时间序列($\boldsymbol{X}'_i$ 和 $\boldsymbol{X}'_j$)计算最优弯曲路径 $p'_i=\{p_1,p_2,\cdots,p_k\}$，$p_k=(x'_{il},x'_{jh})$ 是最优弯曲路径的一个元素。插值时间序列 $\boldsymbol{X}''_i$ 和 $\boldsymbol{X}''_j$ 由最优弯曲路径的所有元素构建而形成，即 $\boldsymbol{X}''_i=\{p_1(1),p_2(1),\cdots,p_k(1)\}$，$\boldsymbol{X}''_j=\{p_1(2),p_2(2),\cdots,p_k(2)\}$，其中 $p_k(1)=\boldsymbol{X}'_{il}$，$p_k(2)=\boldsymbol{X}'_{jh}$。最后，利用式(6.3)计算两个时间序列之间的异步协方差：

$$A\mathrm{Cov}(\boldsymbol{X}_i,\boldsymbol{X}_j)=E(\boldsymbol{X}''_i,\boldsymbol{X}''_j) \tag{6.3}$$

如图6.2所示，通过最优弯曲路径可获得插值，且通过两条插值时间序列之间的映射反映原始时间序列之间的异步关系。根据示例可知，原始时间序列的一些点为插值数值并形成一条插值时间序列，插值时间序列在同一 x 轴上具有较好的匹配效果。此外，插值时间序列的长度 K 大于原始时间序列的长度，K 取值在$[\max(m,n),m+n-1]$范围内，其中 m 和 n 分别表示原始时间序列 Q 和 C(或($\boldsymbol{X}_i$)和($\boldsymbol{X}_j$))的长度。对比并分析图6.1和图6.2可知，插值时间序列的长度为104，原始长度为100，意味着插值时间序列的长度大于原来的长度。

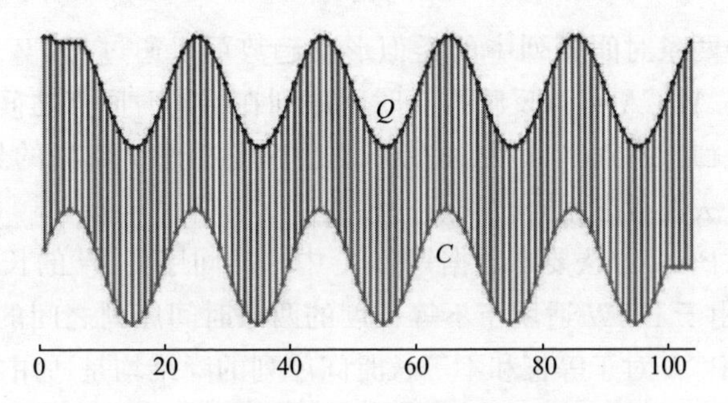

图 6.2　插值时间序列 Q'' 和 C'' 之间映射反映的原始时间序列 Q 和 C 之间的异步关系

根据 PCA 的算法，给出 APCA 算法。

算法 6.2：异步主成分分析 APCA。

输入：数据集 $\boldsymbol{X}$，阈值 ε。

输出：降维后的数据集 Y。

步骤 1　整理数据集(或数据矩阵)$\boldsymbol{X}_{n\times m}$。每行代表具有 m 个变量的观察值，每列代表一个变量或单变量时间序列。

步骤 2　对数据矩阵 $\boldsymbol{X}$ 中的每条时间序列进行标准化处理。通过 Z-score 方法对时间序列 $\boldsymbol{X}_i$ 进行标准化处理，使标准化序列 $\boldsymbol{X}'_i$ 具有零均值和 1 标准差，即 $x'_{ih}\sim N(0,1)$。

步骤 3　获取插值时间序列。使用 DTW 计算标准化时间序列 $\boldsymbol{X}'_i$ 和 $\boldsymbol{X}'_j$ 的最优弯曲路径 P_i^j，用最优弯曲路径的所有元素构建插值时间序列 $\boldsymbol{X}''_i=\{p_1(1),p_2(1),\cdots,p_k(1)\}$ 和 $\boldsymbol{X}''_j=\{p_1(2),p_2(2),\cdots,p_k(2)\}$。将所有标准化时间序列转换扩展为能够反映相应异步关系的序列。

步骤 4　令 $\boldsymbol{X}$ 重置为插值时间序列数据集 $\boldsymbol{X}''$，即 $\boldsymbol{X}=\boldsymbol{X}''$。

步骤 5　执行 PCA 的最后 3 个步骤来实现数据降维，即 $Y=\mathrm{PCA}(\boldsymbol{X},\ \varepsilon)$。

与 *PCA* 方法相比，除了由计算插值时间序列导致的额外时间成本，*APCA* 至少具有以下 3 个优点。

(1)两条时间序列中的类似形状趋势可以通过 *DTW* 进行映射,使得 *APCA* 可以反映两个时间序列在不同时间点之间的相关性。也就是说,*APCA* 方法在降维过程中考虑了数据的异步性,*PCA* 方法仅考虑相同时间点的相关性而忽略了异步性。

(2)*PCA* 方法要求数据矩阵 $\boldsymbol{X}$ 中的时间序列 $\boldsymbol{X}_i$ 的长度 $|\boldsymbol{X}_i|$ 相等。由于 DTW 适用于不等长度的两条时间序列之间的相关性度量,APCA 对于等长和不等长时间序列的降维均是适用的,即数据元胞 $\boldsymbol{X}$ 中任意长度的时间序列可以通过 APCA 方法处理,其中 $\boldsymbol{X}=\{\boldsymbol{X}_1,\boldsymbol{X}_2,\cdots,\boldsymbol{X}_m\}$,$|\boldsymbol{X}_1|\neq$(或$=$)$|\boldsymbol{X}_2|\neq$(或$=$)$\cdots\neq$(或$=$)$|\boldsymbol{X}_m|$。

(3)APCA 方法比 PCA 可用性更强。如果在距离矩阵中限制搜索范围寻找最佳弯曲路径,DTW 可以产生与原始时间序列相同的插值序列。在这种情况下,APCA 方法退化为 PCA 方法,或者说 PCA 方法是 APCA 方法的特例,相反,APCA 是 PCA 的扩展和升级版本。

执行 APCA 算法后,得到前 k 个主成分 $\boldsymbol{V}_{m\times k}$,单变量时间序列可以由 $\boldsymbol{V}$ 中对应的行向量表示,记为元组 $F_i=V(i,:)$,即 F_i 是数据集中第 i 个单变量时间序列的特征值向量,或者说,F_i 代表了 $\boldsymbol{X}$ 中第 i 个单变量时间序列。通过这种方式,以特征值代替原始时间序列可用于时间序列数据挖掘。此外,每条长度为 n 的时间序列均被转换为长度 k 的特征序列(或特征向量),其中 $k<n$ 且 $k<m$。

APCA 的时间复杂度主要取决于用于获得插值时间序列的 DTW。DTW 用于计算两条时间序列最优弯曲路径的最大时间复杂度为 $O(MN)$,最小时间复杂度为 $O(rN)$,其中 M 和 N 为两条时间序列的长度,r 为 Salvador 提出的一个小值因素。与此同时,两条插值时间序列的长度(M' 和 N')均大于源数据的长度,即 $\max(N,M)\leqslant M'$(或 N')$\leqslant M+N-1$,其中 $N'=M'$。因此,APCA 计算两条等长时间序列之间相关性的最小时间复杂度为 $O(rN)+O(M')$,但 PCA 计算两个等长时间序列之间相关性的时间复杂度

为 $O(N)$。因此,与 PCA 相比,APCA 需要额外计算代价。

6.4　实验评估

在时间序列数据挖掘领域,PCA 通常用于时间序列数据降维,从而降低数据的冗余性和相关性。为了测试 APCA 的有效性和优越性,本节将 APCA 时间序列数据挖掘实验结果与 PCA 实验结果进行对比和分析,包括模拟数据聚类、UCI 数据聚类和分类,以及股票时间序列数据聚类,旨在说明 APCA 的工作原理和应用效果。

6.4.1　模拟数据聚类

根据之前的讨论,APCA 可以处理数据集中时间序列之间具有异步相关性的情况,PCA 和 APCA 可以产生随机干扰的效果,并解决偏移的问题。本实验设置了 4 组仿真时间序列进行聚类,由下列公式产生。

$\boldsymbol{X}_1=\mathrm{mod}(2\pi t,1)$

$\boldsymbol{X}_2=\mathrm{sign}(\sin(t))$

$\boldsymbol{X}_3=\sin(\frac{\pi t}{10})$

$\boldsymbol{X}_4=2X_1+X_2+3X_3$

$\boldsymbol{X}_5=\mathrm{mod}(2\pi(t+10),1)+5+0.5\mathrm{rand}(1,50)$

$\boldsymbol{X}_6=\mathrm{sign}(\cos(t))+6+0.5\mathrm{rand}(1,50)$

$\boldsymbol{X}_7=\cos(\frac{\pi t}{10})+4+0.5\mathrm{rand}(1,50)$

$\boldsymbol{X}_8=X_4+3+0.5\mathrm{rand}(1,50)$

取 $t=1,2,\cdots,50$,用函数 rand(1,50)创造了 50 个服从 0-1 正态分布的随机值。

如图 6.3 所示(图中横轴表示时间点,纵轴表示标准化数值),8 条时间序列可以分为 4 个组。根据上述公式可知,同一组中的时间序列形状趋势是相似的，如（$\boldsymbol{X}_1$，$\boldsymbol{X}_5$），（$\boldsymbol{X}_2$，$\boldsymbol{X}_6$），（$\boldsymbol{X}_3$，$\boldsymbol{X}_7$）和（$\boldsymbol{X}_4$，$\boldsymbol{X}_8$）。

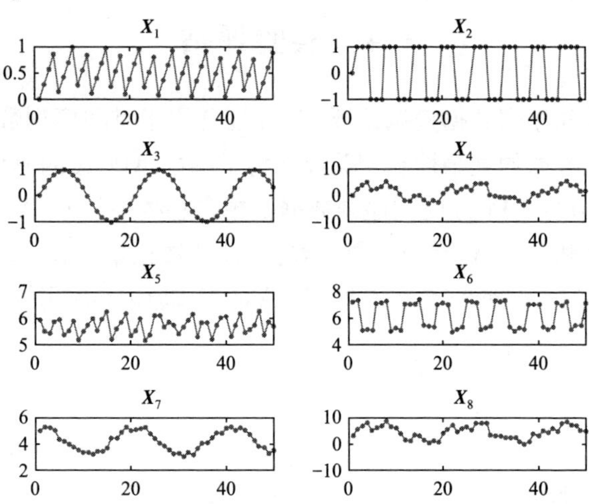

图 6.3　8 条模拟时间序列中每组序列有相似的形态趋势

假设 $\boldsymbol{X}_i$ 是长度为 50 的列向量，数据矩阵可以表示为 $\boldsymbol{X}_{50\times 8}=\{\boldsymbol{X}_1,\boldsymbol{X}_2,\cdots,\boldsymbol{X}_8\}$。利用 APCA 和 PCA 算法得到插值时间序列，两组不同的时间序列进行比较将产生不同的插值时间序列，其原因为两组不同时间序列之间的最佳弯曲路径会产生不同的插值。如图 6.4 所示（图中横轴表示时间点，纵轴表示标准化数值），两对时间序列（$\boldsymbol{X}_1$，$\boldsymbol{X}_2$）和（$\boldsymbol{X}_1$，$\boldsymbol{X}_3$）进行相似度关系计算，$\boldsymbol{X}_1$ 的两个内插时间序列分别表示 $\boldsymbol{X}_1''(\boldsymbol{X}_2)$和$\boldsymbol{X}_1''(\boldsymbol{X}_3)$，根据两组不同时间序列之间最佳弯曲路径计算得到的 $\boldsymbol{X}''$是不同的。与图 6.3 相比，插值时间序列 $\boldsymbol{X}_i''$保留了原始时间序列的所有信息，并得到可以更好描述异步关系的插值序列，$\boldsymbol{X}''_i$ 的长度通常比 $\boldsymbol{X}_i$ 大。最后，通过两种方法分别得到数据矩阵 $\boldsymbol{X}$ 的主成分，分别表示为 $\boldsymbol{V}_{\mathrm{APCA}}$和 $\boldsymbol{V}_{\mathrm{PCA}}$。

$$
\boldsymbol{V}_{\mathrm{APCA}}=\begin{pmatrix}
-0.0557 & -0.0710 & 0.0093 & -0.0132 & -0.4768 & 0.0639 & 0.8711 & -0.0362\\
-0.1875 & -0.6768 & -0.1319 & 0.0249 & -0.5212 & 0.2518 & 0.2151 & 0.3277\\
-0.1809 & 0.0683 & 0.4807 & 0.1654 & 0.1778 & -0.2959 & -0.0525 & 0.7631\\
-0.6566 & 0.2140 & -0.1807 & -0.6412 & -0.1185 & -0.2499 & 0.0513 & 0.0122\\
-0.0648 & -0.1019 & -0.0328 & 0.3397 & 0.4863 & 0.6915 & -0.3250 & 0.2205\\
-0.1897 & -0.6696 & 0.1166 & -0.0025 & 0.3939 & -0.4103 & -0.2671 & -0.3272\\
-0.1758 & 0.0235 & 0.8225 & -0.1135 & -0.2391 & 0.2895 & 0.0747 & -0.3641\\
-0.6533 & 0.1646 & -0.1663 & 0.6576 & 0.0805 & 0.2281 & -0.0834 & -0.1434
\end{pmatrix}
$$

$$
\boldsymbol{V}_{\mathrm{PCA}}=\begin{pmatrix}
-0.0208 & 0.0172 & 0.0097 & 0.0562 & 0.7122 & 0.4618 & -0.0941 & -0.5164\\
-0.1274 & 0.1236 & -0.9349 & 0.0470 & -0.1314 & -0.0878 & -0.0260 & -0.2582\\
-0.1746 & -0.0554 & 0.3151 & -0.0508 & -0.4104 & -0.2705 & -0.1517 & -0.7746\\
-0.6927 & -0.0083 & 0.0300 & 0.0069 & 0.0620 & 0.0244 & -0.6693 & 0.2582\\
0.0006 & -0.0952 & -0.0093 & 0.0371 & 0.5426 & -0.8334 & 0.0204 & 0.0000\\
0.0167 & -0.9809 & -0.1409 & -0.0916 & -0.0275 & 0.0914 & -0.0117 & -0.0000\\
-0.0024 & 0.0967 & -0.0472 & -0.9911 & 0.0783 & -0.0038 & -0.0039 & -0.0000\\
-0.6875 & -0.0253 & 0.0594 & -0.0032 & 0.0440 & 0.0479 & 0.7203 & 0.0000
\end{pmatrix}
$$

上述主成分被用于表示原始时间序列。如果需要保留 $k(k<m)$ 个主成分，则存储 $\boldsymbol{V}_{\mathrm{APCA}}$ 和 $\boldsymbol{V}_{\mathrm{PCA}}$ 的前 k 列向量，即前 k 个主成分用于表示原始时间序列的特征。本次实验中，保留 $2(k=2)$ 个主成分，存储前两列向量，分别为

$$
\boldsymbol{F}_{\mathrm{APCA}}=\begin{pmatrix}
-0.0557 & -0.0710\\
-0.1875 & -0.6768\\
-0.1809 & 0.0683\\
-0.6566 & 0.2140\\
-0.0648 & -0.1019\\
-0.1897 & -0.6696\\
-0.1758 & 0.0235\\
-0.6533 & 0.1646
\end{pmatrix}
\qquad
\boldsymbol{F}_{\mathrm{PCA}}=\begin{pmatrix}
-0.0208 & 0.0172\\
-0.1274 & 0.1236\\
-0.1746 & -0.0554\\
-0.6927 & -0.0083\\
0.0006 & -0.0952\\
0.0167 & -0.9809\\
-0.0024 & 0.0967\\
-0.6875 & -0.0253
\end{pmatrix}
$$

从特征表示的值可知，在 $\boldsymbol{F}_{\mathrm{APCA}}$ 中，具有相似形态趋势的时间序列间特征大小相近。例如第一行向量 $\boldsymbol{F}_{\mathrm{APCA}}(1,:)=(-0.0557,-0.0710)$ 与第五行向量 $\boldsymbol{F}_{\mathrm{APCA}}(5,:)=(-0.0648,-0.1019)$ 的值相近，第二行向量 $\boldsymbol{F}_{\mathrm{APCA}}(2,:)=(-0.1875,-0.6768)$ 与第六行向

量 $\boldsymbol{F}_{\mathrm{APCA}}(6,:)=(-0.1897,-0.6696)$的值相近；在 $\boldsymbol{F}_{\mathrm{PCA}}$中，具有相似形状趋势的时间序列的特征大小并不接近。$\boldsymbol{F}$ 中特征值的散点图如图 6.5 和图 6.6 所示，APCA 计算得到的特征值可以反映原始时间序列与类似形状趋势序列之间的真实相关性。

层次聚类是用于观察不同对象之间相似性的方法，且树形图可以直观地描述相似度水平。因此，通过层次聚类对 PCA 和 APCA方法产生的序列进行知识挖掘，同时，根据降维后的维数 k（主成分）和累积信息贡献率 η 等不同参数进行不同的实验，聚类结果如图 6.7 所示。

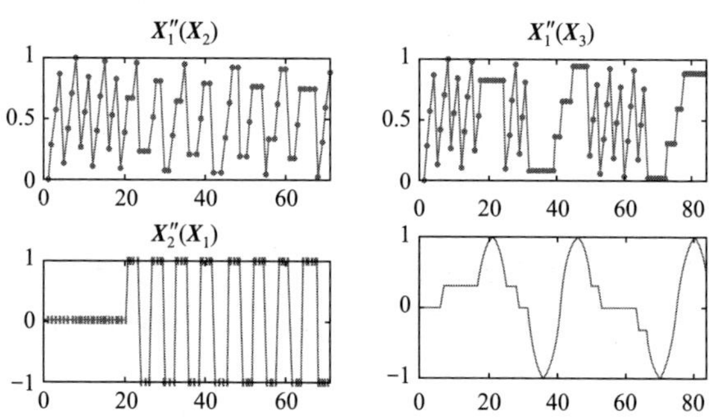

图 6.4　每组 8 个模拟时间序列具有相似的形状趋势图

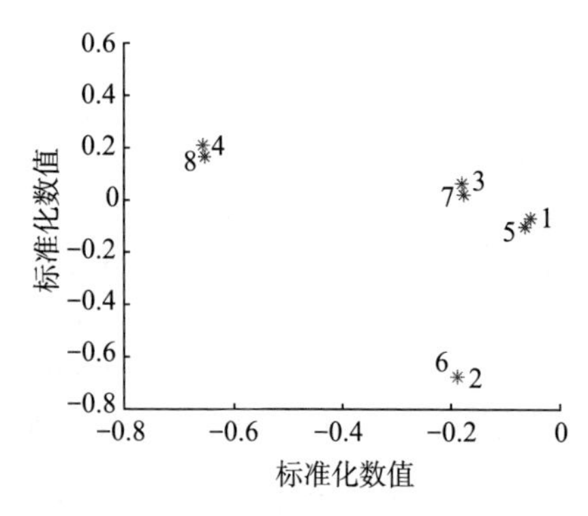

图 6.5　APCA 降维后的数据散点图

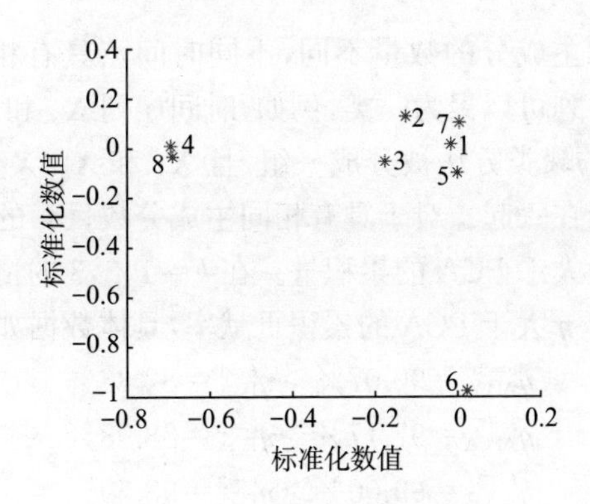

图 6.6　PCA 降维后的散点图

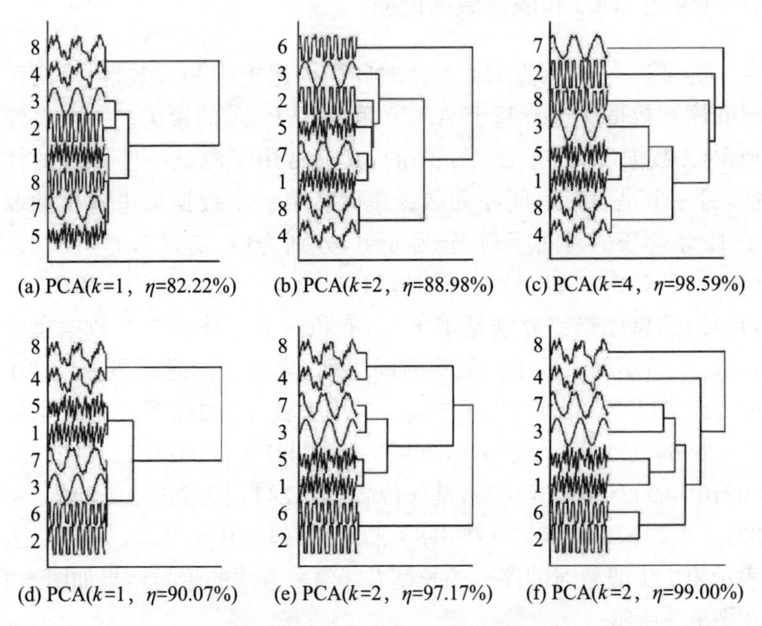

图 6.7　仿真时间序列数据降维后的聚类结果

选取相同的主成分数量，APCA 方法比 PCA 方法能够保留更多时间序列的重要信息。

由图 6.7 所示聚类结果可知，APCA 比 PCA 具有一定的优越性。根据提取主成分的数量不同，不同时间点具有相同形态趋势相似的时间序列可以聚为一类，例如，时间序列 $\boldsymbol{X}_3$ 和 $\boldsymbol{X}_7$ 可以通过基于 APCA 的聚类方法被分成一组，且 $\boldsymbol{X}_1$ 和 $\boldsymbol{X}_5$（$\boldsymbol{X}_2$ 和 $\boldsymbol{X}_6$）在最早阶段就被聚在一起。对于具有相同主成分数目 k 的实验，APCA 的累积信息量大于 PCA 的累积量。在 $k=1,2,3$ 的情况下，APCA 的累积贡献率 η 大于 PCA 的累积贡献率，具体数据如下：

$$\eta_{\text{APCA}}^{k=1}=90.07\%>\eta_{\text{PCA}}^{k=1}=82.88\%$$
$$\eta_{\text{APCA}}^{k=2}=97.17\%>\eta_{\text{PCA}}^{k=2}=88.98\%$$
$$\eta_{\text{APCA}}^{k=3}=99.00\%>\eta_{\text{PCA}}^{k=3}=98.59\%$$

6.4.2 UCI 和股票数据挖掘

为了进一步介绍 APCA 在时间序列聚类中的有效性，对两种时间序列数据集进行基于 APCA 和基于 PCA 的聚类。一个是经典 UCI 数据(Synthetic_Control)，其通常用于测试一些算法的性能，另一个是股票时间序列数据集。从第一个数据集里随机抽取了 12 条等长的时间序列，分为 6 组，分别为(1,2)，(3,4)，(5,6)，(7,8)，(9,10)，(11,12)。同时，(1,2,3,4)，(5,6,9,10)和(7,8,11,12)的总体趋势分别是水平、向上和向下。从第二个数据集中选取 10 条不等长的中国股票时间序列，均是相同时间段内(2010-03-01/2011-04-31)股票的收盘价。从 1 到 10 的股票代码分别是{002096，002097，002098，002099，002100，002101，002102，002103，002104，002105}，具体位置{1：241，2：239，3：240，4：234，5：237，6：240，7：236，8：237，9：240，10：239}，其中 $i:L$ 表示第 i 个股票时间序列的长度 L。两种方法的聚类结果如图 6.8 和图 6.9 所示。

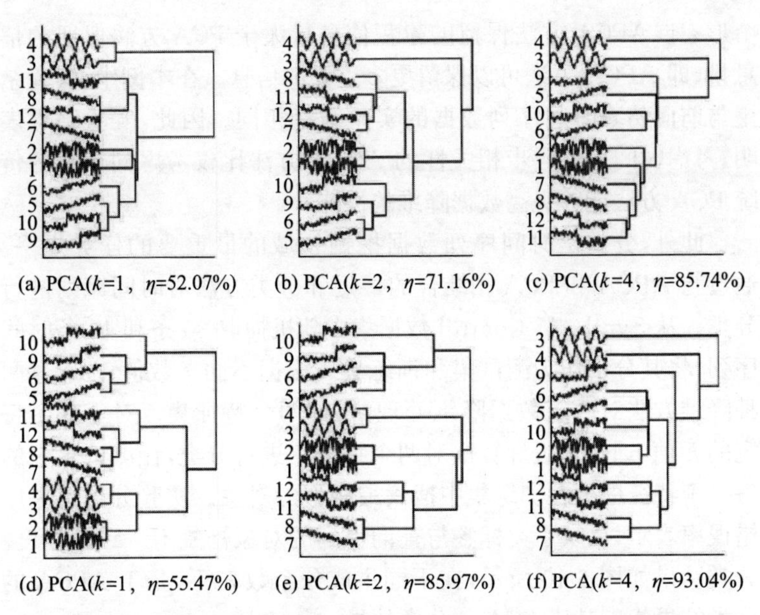

(a) PCA(k=1，η=52.07%)　(b) PCA(k=2，η=71.16%)　(c) PCA(k=4，η=85.74%)

(d) PCA(k=1，η=55.47%)　(e) PCA(k=2，η=85.97%)　(f) PCA(k=4，η=93.04%)

图 6.8　具有相同长度的 Synthetic_Control 时间序列聚类结果

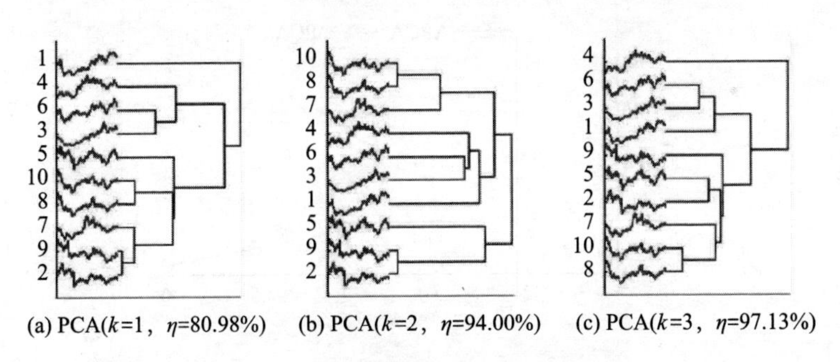

(a) PCA(k=1，η=80.98%)　(b) PCA(k=2，η=94.00%)　(c) PCA(k=3，η=97.13%)

图 6.9　不等长股票时间序列聚类结果

由图 6.8 可知，基于 APCA 的聚类结果比 PCA 的聚类结果更好。结果表明，APCA 可以在 $k=1$ 和 $k=2$ 等较低维度上将数据分为 6 组，与数据真实划分是一致的。APCA 方法也可以识别出具有相似形态趋势的时间序列，例如当 $k=1$ 和 $k=2$ 时，时间序列(1,2,3,4)，(5,6,9,10)和(7,8,11,12)分别被分为水平、上、下三个形态。APCA 方法保留的累积信息量大于 PCA 方法保留的信息量，即 APCA 方法可以保留更多重要的信息。在本例中，实验结论与前面仿真时间序列数据的实验结论相同。因此，实验结果表明，考虑时间序列异步相关性的 APCA 方法比仅考虑同步性的传统 PCA 方法能够提高数据降维的性能。

此外，分类是时间序列数据挖掘领域的最重要的任务之一。通过与 APCA 和 PCA 相结合的最近邻分类方法对时间序列进行分类。从 Synthetic_Control 数据集中随机抽取 30 条和 10 条时间序列，将其分别作为测试集和训练集。根据不同参数值 k，通过两种降维方法对两组数据降维处理，得到两个特征集。对于一个特定的 k 值，通过最近邻算法对两个特征集进行分类，让测试集中的每一个特征序列在训练集中搜索最相似的对象。实验分类结果用错误率表示，反映了类标签与查询得到的对象标签不一致的程度。分类结果如图 6.10 所示，在不同主成分个数 k 下，基于 APCA 的分类结果优于基于 PCA 的分类效果。

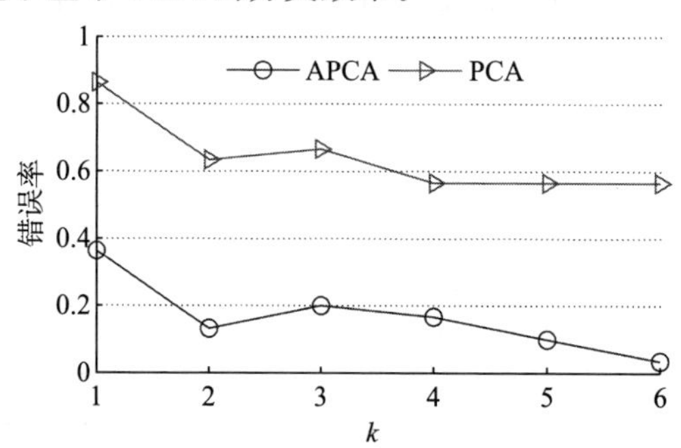

图 6.10　不同维数 k 下两种方法对 Synthetic_Control 时间序列分类结果

在多数情况下，时间序列数据挖掘领域中存在长度不等的时间序列，但是 PCA 无法处理这种时间序列，因为式(6.3)不能计算两条不等长时间序列之间的协方差。为解决上述问题，源于不等长原始时间序列的插值序列可以通过式(6.3)计算协方差，且插值序列可以反映原始时间序列的异步相关性。

图6.9中股票时间序列聚类的结果表明，APCA不仅可以对不等长的时间序列进行降维，并且可以最先将具有相似形态趋势的股票时间序列分为同一组。例如，股票8和股票10两条序列一直被聚在一个分组，其形态趋势是最相似的。如图6.11所示，股票8和股票10的趋势相似，虽然两个时间序列的长度(237和239)不同，但APCA方法可以度量两者具有相似关系而PCA却不能。在某些情况下，为了获得较大的利润和降低风险，投资者最好从不同的聚类簇中购买股票。因为进入股票市场，根据投资组合原理，应该将资金分开购买具有不同成长类型的股票，而不是把钱投入同一类型或同一支股票，即不要把鸡蛋放在同一个篮子里。因此，首要任务是通过APCA方法找到不同的聚类簇，使得不等长的股票能够进行划分。

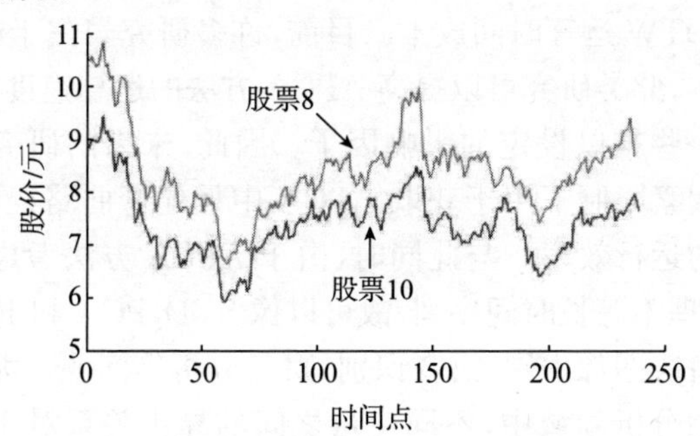

图6.11　股票8和股票10两序列的形态对比图

6.5　本章小结

根据时间序列之间的异步相关性，提出了用于数据降维的异步主成分分析(APCA)方法。现有数据降维方法，如SVD，PCA和ICA，其中SVD和PCA方法具有相似的原理并且都是基于主成分，ICA是主成分分析和因子分析法的改进。上述方法广泛应用于包括时间序列数据挖掘在内的不同领域，但是这些方法仅考虑两条时间序列(或两个变量)之间的同步关系,忽略了异步关系。本章提出的 APCA 方法在计算过程中考虑了异步协方差,属于 PCA 方法的改进版本。由于协方差通常用于度量两个等长变量之间的相关性,对于不等长时间序列不可行。为更好度量具有相似形态趋势之间的协方差,通过 DTW 方法找到最佳弯曲路径,并获取反映原时间序列在不同时间点相似形状趋势的插值时间序列,插值时间序列的长度可以延伸至相等。通过该 APCA 思想,传统 PCA 可用于度量具有相同长度的插值时间序列。

改进传统 PCA 方法使其可以处理不等长时间序列和考虑异步相关关系,并反映时间序列中重要和重复信息是本章的研究贡献,克服了 PCA 方法的缺陷,拓展了主成分原理的应用。虽然 APCA 对时间序列数据挖掘有效,但在 APCA 的运算过程中,增加了额外的 DTW 运算时间成本。目前,许多研究聚焦于减少 DTW 的时间成本,此类研究可以提高 APCA 方法的运算速度,但这些方法依赖于一些难以设定的影响因子。因此,未来的研究可以提出一种没有因素限制下用于获取 APCA 中最佳弯曲路径的方法,以提高算法的运行效率。与此同时,由于 APCA 方法考虑了异步关系,可以处理不等长时间序列,故可以像 SVD,PCA 和 ICA 等方法一样用于解决图像识别、语音识别、财务分析等问题。尤其是在多元股票数据分析领域中,不同变量之间的异步关系对于波动分析非常重要。因此,股票市场波动分析与联动性分析的应用也是另一个重要的研究方向。

第 7 章　共现时间序列聚类的主题网络分析

对于主题的研究，除了对其发展趋势的研究外，主题间的相互关系更为重要。对主题之间关系的研究大多是从某一用户角度通过聚类或分类的手段进行主题再划分，被划分到一起的主题间往往存在着某种特殊的联系。这样做能更进一步地了解主题及相关主题之间的关系。然而，仅仅做简单的划分其实是不够的，虽然能发现哪些主题之间存在联系，但并不能知道它们之间存在怎样的关系，以及关系强度的差别。主题之间通常是平行结构，而主题网络结构图具有一定的层次和从属关系。主题通常按照用户的兴趣进行标注，知识标签的标注比较随意，标签之间没有明确的从属关系，不具有严格的知识体系结构。主题网络结构图是按照一定的知识处理步骤，有着一定的知识管理规范的约束，最终内部会形成一定的层次关系。通过主题的共现分析，结合时间序列数据形式，可以构建主题网络并实现分析研究。

7.1　研究思路

研究的主要思路如下。

(1)主题间的关系定义，即将主题与主题之间的关系进行数值转化，进而建立主题共现序列。例如，相对于主题 B，主题 A 在 2005—2019 年的主题共现序列是长度为 15 的序列，序列中每一个元素由相应年份的主题 A 和主题 B 共现频次除以主题 A 的出现频词得到，这样计算得到的序列既考虑了时间因素，又通过两个主题的共现关系将两个主题的关系呈现出来，具有较强的实际意义。

(2)主题网络构建。通过度量各个主题共现序列之间的相似性,可以发现两两主题间的关系强度。传统时间序列相似性大多采用的是欧式距离和DTW两种度量方法,这两种度量方法都是从数值上完全去衡量时间序列之间的相似性,对于数值相似的要求较高。然而在实际应用中,很多相似的主题共现序列在所有的位置不可能是完全一致,都会有一些数值上的差异,这样的差异在使用这两种度量方法时会被放大,导致后面主题间的关系度量误差。为解决这一问题,提出通过子序列片段的相似性来度量主题间的相似性,对于每一个主题的主题共现序列,对其进行划分得到所有子序列片段,并逐一与所有其他主题共现序列做相似性比较。如果找到与之对应的最相似的子序列片段所在主题,对应的这两个主题之间的相似性加1。其基本思想就是具有越多相似子序列的主题,它们之间就越相似,进而通过相似性来构建主题在网络中节点之间的边权关系。

(3)社区划分与主题网络分析。将构建的网络通过社区发现算法进行划分,以便能更清楚地看出哪些主题间具有直接和间接的紧密关系。

如图7.1所示,呈现了基于Matrix Profile和社区检测的时间序列聚类方法在主题网络结构分析中的具体实现过程。根据高频关键词聚类结果按簇分为若干个主题,计算所有主题的共现序列。通过将每条序列进行片段划分,以便计算主题之间的相似性。研究采用两种划分方法:第一,滑动窗口划分。当窗口长度为l时,每次分段按照往后挪动l个值的方式,前$l-1$个子序列元素与划分的前一条子序列的后$l-1$个子序列元素是相同的。第二,平均分段。前一条子序列与后一条子序列没有相同元素,且前一条子序列的最后一个元素与后一条子序列的第一个元素在原时间序列中是相邻数据点。将所有主题共现序列都划分成相应的子序列集合,通过余弦相似性度量方法求所有来自不同时间序列中的任意子序列片段之间的相似性,找出每一条子序列对应的最相似的子

序列,统计每两个主题序列之间的最相似子序列数,即为这两个主题之间的相似值,最后可以获得主题之间的相似矩阵。根据这个矩阵构建网络,即网络顶点由主题表示,网络中的边由顶点表示的两个主题之间的相似性度量,矩阵中的每一个元素为相应的两个主题之间边的权重。最后根据社区发现算法对网络进行划分,关系紧密的主题被分到一个社区,同一社区的主题强相关,不同社区的主题弱相关或不相关。

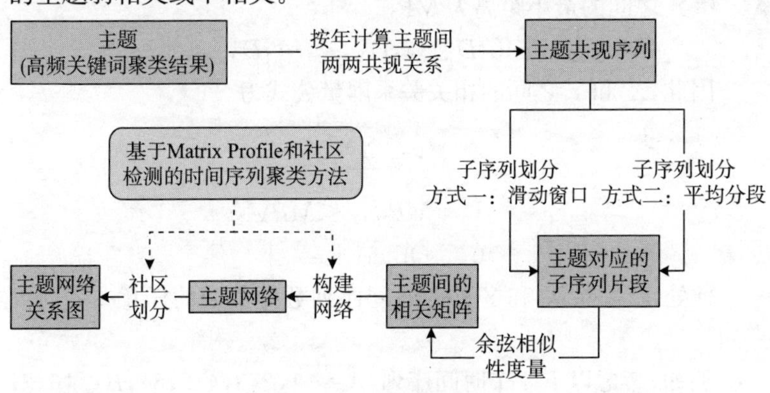

图 7.1　研究思路

7.2　基于 Matrix Profile 和社区检测的时间序列聚类方法

该研究提出的方法思想简单,将数据库中的每条时间序列用一个顶点表示,利用 Matrix Profile 计算时间序列之间的相关关系,并将最相关的时间序列连接起来。相关的时间序列往往相互连接成群落,序列越相关,连接越强。因此,可以应用社区检测 Louvain 算法来检测时间序列集群。

7.2.1 相关性度量

假设有两条时间序列，$X=\{x_1,x_2,\cdots,x_m\}$和$Y=\{y_1,y_2,\cdots,y_m\}$，滑动窗口的长度为 l，由此得到关于时间序列 X 和 Y 的两个子序列集 $X'=\{X'_1,X'_2,\cdots,X'_{m-l+1}\}$ 和 $Y'=\{Y'_1,Y'_2\cdots,Y'_{m-l+1}\}$，$X'_i$ 和 Y'之间的距离是一个长度为 $m-l+1$ 的向量，且 X'_i 和 Y'之间的最小距离为 $\mathrm{MP}_{X'_iY'}$：

$$\mathrm{MP}_{X'_iY'}=\min\{D_{X'_iy'_1},D_{X'_iy'_2},\cdots,D_{X'_iy'_{m-l+1}}\}$$

因此，X 和 Y 之间的相关关系度量公式为

$$S_{X,Y}=\sum_{i}^{m-l+1}N$$

$$N=\begin{cases}1, & MP_{X'_iY'}<MP_{X'_iE'}\\0, & \text{Otherwise}\end{cases}$$

此处，E 是除 X 和 Y 外的时间序列数据集中的任意一条时间序列。

例如，考虑以下 4 个时间序列：$A=\{1,2,3,4,5,6\}$，$B=\{6,2,3,4,5,6\}$，$C=\{1,1,6,5,4,3\}$和 $D=\{6,1,6,5,4,3\}$。根据传统的时间序列相似性度量方法（欧氏距离），$S_{A,B}=S_{B,A}=-5$，$S_{A,C}=S_{C,A}=-\sqrt{21}$，$S_{A,D}=S_{D,A}=-\sqrt{46}$，$S_{B,C}=S_{C,B}=-\sqrt{46}$，$S_{B,D}=S_{D,B}=-\sqrt{21}$，$S_{C,D}=S_{D,C}=-\sqrt{25}=-5$。最相似的是$(A,C)$和$(B,D)$。事实上，$A$ 和 B 之间只有一个元素值不同，C 和 D 也是如此。然而，A 和C 的值序列和斜率是完全不同的，A 和 B 应该是最相似的序列，如图 7.2 所示。一个异常值对测量它们之间的距离有不成比例的影响，所以这种测量方法是不合适的。

考虑提出的方法，假设滑动窗口的大小为 3。A、B、C 和 D 的子序列集合如下：

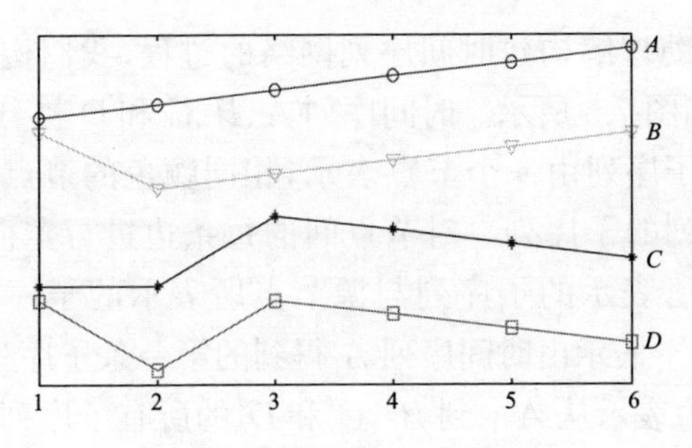

图 7.2　时间序列 *A*、*B*、*C* 和 *D*

$$A'=\{A'_1,A'_2,A'_3,A'_4\}=\{\{1,2,3\},\{2,3,4\},\{3,4,5\},\{4,5,6\}\}$$
$$B'=\{B'_1,B'_2,B'_3,B'_4\}=\{\{6,2,3\},\{2,3,4\},\{3,4,5\},\{4,5,6\}\}$$
$$C'=\{C'_1,C'_2,C'_3,C'_4\}=\{\{6,1,6\},\{1,6,5\},\{6,5,4\},\{5,4,3\}\}$$
$$D'=\{D'_1,D'_2,D'_3,D'_4\}=\{\{6,1,6\},\{1,6,5\},\{6,5,4\},\{5,4,3\}\}$$

对于每条时间序列的每条子序列，计算它与另一条时间序列的所有子序列之间的距离，找出距离最小的时间序列，并将两个时间序列之间的相似度加 1。对于子序列集 A' 的第一条子序列 A'_1，在 B'，C'和 D'中搜索，找到序列 B'_2 与之具有最小距离，距离值为$-\sqrt{3}$，由此 A 和 B 的相似度增加 1。遍历 A' 中所有的元素，得到 A 与 B 的相似度为 4；类似地，$S_{A,C}=0$，$S_{A,D}=0$。对 B、C 和 D 执行相同的操作。

7.2.2　网络构建

为了说明时间序列之间的关系，需要构造一个网络图：

$$G=(V,\ E,\ W)$$

其中，$V=\{v_1,v_2,\cdots,v_i,\cdots,v_n\}$为网络节点集，$v_i$ 为数据集的第 i 个序列，n 为数据集的大小。$E=\{e_{1,2},\ e_{1,3},\cdots,\ e_{i,j},\ \cdots,e_{n,n-1}\}$ 是网络的有向边的集合，其中 $e_{i,j}=(v_i,\ v_j)$。$W=\{w_{1,2},\ w_{1,3},\ \cdots,\ w_{i,j},\ \cdots,\ w_{n,n-1}\}$为边权值集合，$w_{i,j}=S_{T_i,T_j}$，$T_i$ 和 T_j 分别为由 v_i 和 v_j 表示的序列。

为了帮助理解构建时间序列网络的过程，我们构建了一个子序列网络，如图7.3所示。时间序列 A、B、C 和 D 被分成4个子序列集。每条子序列由一个节点表示，相同颜色的节点表示来自同一条时间序列的子序列。对节点间的每条边进行定向，表示该边的目标节点所表示的子序列与源节点所表示的子序列的距离最小。例如，A'_1 表示由时间序列 A 得到的第一条子序列，从 A'_1 到 B'_2 的有向边表示从 A'_1 到 B'，C' 和 D' 的所有子序列的最小距离就是从 A'_1 到 B'_2 的距离，根据网络构建公式便可得到时间序列之间的权值网络，如图7.4所示。更相似的时间序列对用更高的边权值表示，图中用粗线表示。实际上，任意两个时间序列之间的相似性是由它们的最相似子序列之间的相似性来度量的。

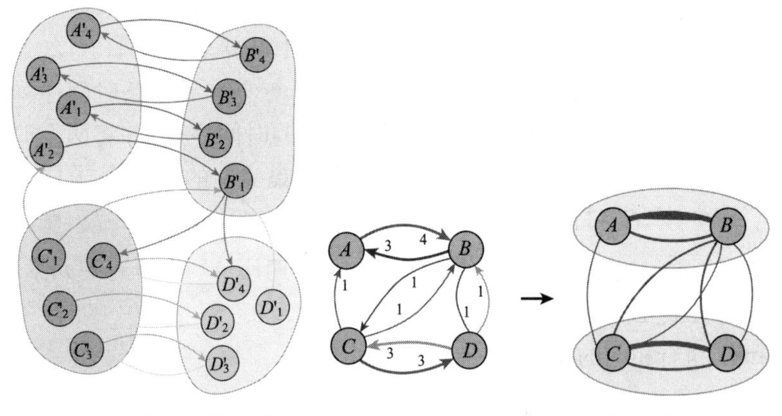

图7.3　A'、B'、C'和D'之间的网络连接图

图7.4　A、B、C 和 D 之间的网络连接图以及聚类结果

7.2.3　社区检测

根据图7.4，利用Louvain社区检测算法，将这4条序列聚集为两个类：A 和 B，C 和 D。传统的时间序列测量方法对异常数据非常敏感。相比之下，提出的新方法可以避免异常数据的干扰，更准确地度量时间序列之间的相似性。

算法 7.1：基于 Matrix Profile 和社区检测的时间序列聚类算法(TCMS)。

输入：一个数据集 Data$=\{T_1,T_2,\cdots,T_n\}$，滑动窗口长度 l。

输出：时间序列的一种社区划分 C。

步骤 1　求时间序列数据集 Data 的大小和数据集 Data 中序列的长度，分别记为 n 和 m。

步骤 2　遍历数据集中的每条时间序列，利用滑动窗口将它们划分成长度为 l 的子序列，T'_i 表示时间序列 T_i 的子序列集合。

步骤 3　针对每条时间序列的每个子序列，计算该序列与其他所有时间序列的矩阵画像，第 i 条时间序列的第 h 个子序列与第 j 条时间序列的矩阵画像为 $D_{T_{i'h}T_j}$。

步骤 4　再根据矩阵画像利用相关关系度量公式计算每两条时间序列间的相似性 S_{T_i}，S_{T_j}。

步骤 5　利用式(3.3)将相似性 S_{T_i,T_j} 作为时间序列 i 和 j 的边权重构建网络 G。

步骤 6　对网络 G 进行社区划分，得到划分好的社区 C。

步骤 1 获得数据集的时间序列数量和时间序列的长度。在步骤 2～4 中，算法遍历数据中的每个时间序列，以便获得相应的子序列集合。在步骤 2 中，对于每条时间序列 T_i 被一个长度为 l 的滑动窗口分割为 $m-l+1$ 个子序列，得到子序列集合 T_i'。在步骤 3 和 4，遍历 T_i'中的每个子序列，计算它们与其他时间序列中的子序列之间的相关性，通过找出最相似子序列出现在各个时间序列中的情况，进而描述原时间序列之间的相关关系，并作为网络连边的权值。在步骤 5 中，构建一个网络，其中数据集中的序列被看作顶点，它们之间的关系被看作边，即 $V=\{v_1,v_2,\cdots,v_i,\cdots,v_n\}$，$v_i$ 代表 T_i，$E=\{e_{1,2},e_{1,3},\cdots,e_{i,j},e_{n,n-1}\}$，$e_{i,j}=\{v_i,v_j\}$。$W=\{w_{1,2},w_{1,3},\cdots,w_{i,j},\cdots,w_{n,n-1}\}$，$w_{i,j}=S_{T_i,T_j}$。在步骤 6 中，使用 Louvain 算法将网络划分为多个社区，得到了时间序列的簇。每个簇内时间序列间的相似性较大，而不同簇内时间序列间的相似性较小。

7.2.4 实例与过程

将包含 23 条长度为 82 的时间序列数据集 TwoLeadECG 分为两个簇。将所有的时间序列转换为相应的子序列集合,然后遍历所有子序列集合,得到与每个子序列最相似的序列,利用 Matrix Profile 计算序列之间的相关性。

图 7.5 左上角的蓝色时间序列是 TwoLeadECG 数据集中的第一个样本序列,我们称它为 T_1。T_1 下方的红色序列是通过滑动长度为 21 的窗口获得的。利用 MASS 算法①,针对 T_1 的每条子序列,都可以在其他时间序列中发现除它自身外的最相似子序列,并记录最相似子序列所在的时间序列,最后可以通过统计每对时间序列之间出现最相似子序列的次数来衡量这对时间序列之间的相关关系。

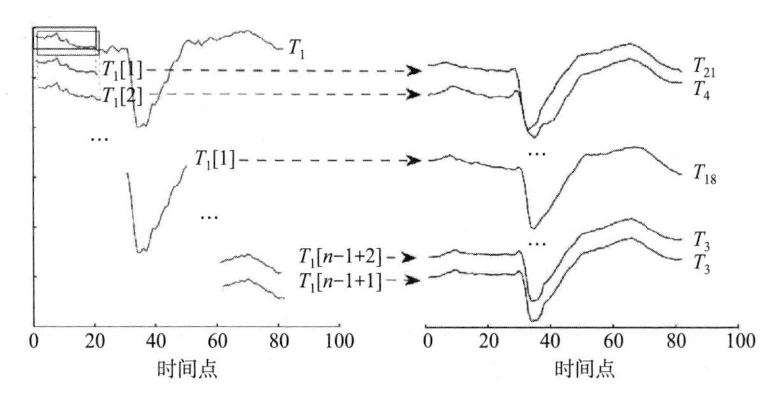

图 7.5 T_1 的所有子序列和相应的最相似子序列所在时间序列

① Zhu Y, Zimmerman Z, Senobari N S, et al. Matrix profile ii: Exploiting a novel algorithm and gpus to break the one hundred million barrier for time series motifs and joins[C]//2016 IEEE 16th International Conference on Data Mining (ICDM). IEEE, 2016: 739-748.

通过将数据集中的每条序列作为顶点来获得 23 个顶点，两条序列间的边权可由两条时间序列之间存在的最相似子序列的数量表示。图 7.6 显示了与序列 T_1 相关联的边，每条边的权值是两条序列之间存在的最相似子序列对的数目。边的粗细反映了子序列对的数目，即边连接起来的两顶点所代表的两条时间序列间的相关性强弱。将数据集中的 23 个顶点以相同的方式连接，得到如图 7.7所示的网络。

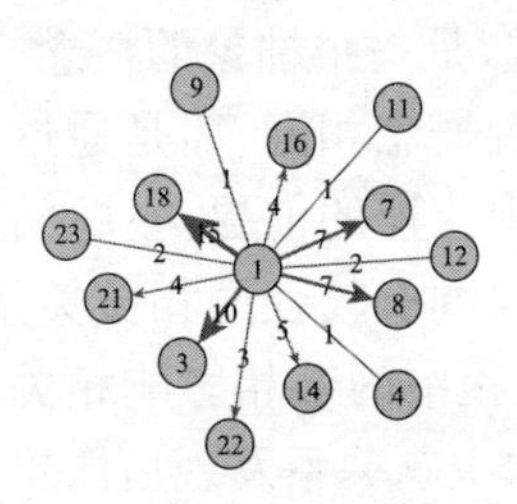

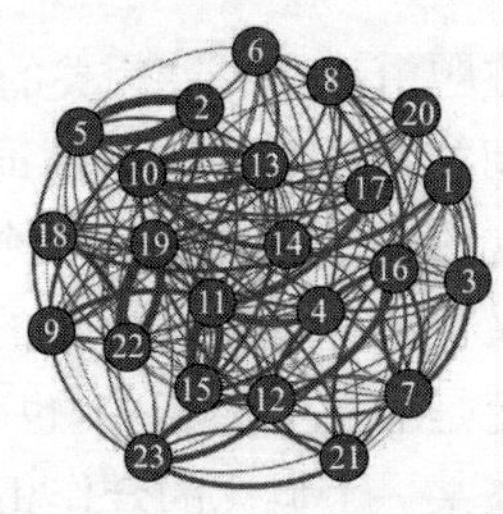

图 7.6　从 T_1 到其他顶点的边的网络　图 7.7　所有时间序列构建的网络图

网络构建完成后，使用 Louvain 社区检测算法来搜索密集连接的顶点群来形成社区。网络最终分为两个簇，在图 7.8 的左右两侧分别用粉红色和绿色表示。该方法正确地划分了数据集中的所有序列。

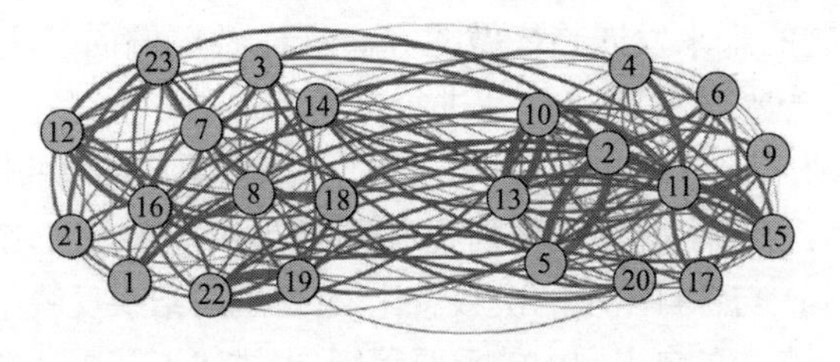

图 7.8　TwoLeadECG 数据集的 TCMS 聚类结果

7.3　基于同时段时序相似性的主题网络聚类

前一节主要讨论了时间序列子序列片段在不同时段之间的模

式相似性，进而构建主题网络，实现了主题时间序列数据聚类。本节希望通过对主题关系的定义，提出主题流行度的概念，使用对时间序列进行平均分段的方式划分子序列，再通过比较主题时间序列数据在同一时间窗口内的相似性来实现不同主题之间的关系，进而实现基于同时段时序相似性的主题网络聚类。

7.3.1 主题关系定义

主题由一些高度相关的关键词组成，是一个抽象的概念，主题间的相关关系不是简单的词组相同或者概念相近，而是通过主题所包含的词组共同描述一个内容。基于这样的前提，主题间的关系定义也较为抽象。相似的两个主题间具有较强的相关关系，但不一定是语义上的相关，也包含发展过程中的互相影响相关和共同描述某一个概念的合作相关。这样的主题关系发现后能更明确所研究主题的影响因素，以及主题间的相互关系，为所研究主题开展下一步工作提供一些决策建议与帮助。

流行度仅仅从热度方面反映了主题间的关系，具有相似发展经历的主题间可能存在某些互相影响，主要贡献在于通过流行度序列的构建较为细致地分析所研究主题的发展过程，能较好地对所研究主题的未来发展趋势做探究。这样做更偏向于主题趋势的发展研究，若要对主题间关系进行分析、研究，这样的主题间关系定义就会缺乏一定的实际意义。因此，根据实际问题的需要，结合时间因素，提出“主题共现序列”。按照主题出现的时间，统计两个主题的共现频次与各自出现的次数做比较，得到的结果反映了两个主题共现关系分别在各自主题中的重要程度，也描述了其中任意一个主题与另外一个主题的关系，且这样的关系是有向的。

根据时间顺序，统计每个主题簇中所有关键词在某一时间段内出现的次数之和除以该时间段内的文献数量作为该时间点相应主题的共现概率 $F_t^h(g)$，即

$$F_t^h(g)=\frac{\sum_{i=1}^{k}\sum_{j=1}^{s}\text{fre}_t^{h\&g}(i,j)}{\sum_{l=1}^{k}\text{fre}_t^h(l)} \tag{7.1}$$

式中，$F_t^h(g)$表示主题h对于主题g在第t段时间内的共现概率，k和s是主题h和g的关键词个数，$\text{fre}_t^{h\&g}(i,j)$表示主题h中第i个关键词和主题g中第j个关键词共同出现的次数，$\text{fre}_t^h(l)$表示主题h中第l个关键词出现的次数。主题h对于主题g的主题共现序列表示为

$$F^h(g)=\{F_1^h(g),F_2^h(g),\cdots,F_{\text{year}}^h(g)\} \tag{7.2}$$

式中，year为时间长度。

7.3.2　相关性度量

对于主题间的相关性度量，采用7.2.1节中提出的时间序列相关性度量方法，即先将每条共现序列进行子序列划分，分别使用两种方法划分子序列，第一种方法是滑动窗口。使用该方法的优势在于依次滑动窗口，避免硬性分段位置的选择对结果的影响，但是该方法的不足之处是滑动过程中一些重复的数据在重复度量时会对结果产生叠加影响。第二种方法是平均分段，该方法的优势是可以避免一些数据重复出现产生的多次影响，缺点是硬性划分，划分位置的选择会对结果有较大的影响。

对所有共现序列划分完成后，采用余弦相似性度量同一时间段内的子序列之间的相似性，对每一条子序列都找出与之相对应的最相似的子序列，然后对两条子序列所属的两条共现序列之间的相关性加1。依次遍历所有子序列，得到所有共现序列之间的相关性矩阵。采用余弦相似性度量是为了避免序列间的数值对相关性度量的影响，更多从序列间的形态和趋势方向上去度量主题间的相关性，而且使用该方法还有一个很大的优势是避免共现频次为0时，对度量结果产生的影响。

如图 7.9 所示,结合式(7.3)可以将 42 个主题转化得到 42×42 条共现序列。为了度量这 42 个主题间的相关性,先将这长度为 15 的 42×42 条序列划分为长度为 5 的子序列,即滑动窗口长度为 5。图 7.9 显示了第一个主题与其他所有主题的相关性计算过程,蓝色序列 $L(i,j)$表示第 i 个主题相对于第 j 个主题的共现序列,由式(7.1)和式(7.2)计算得到,红色序列表示相应年份的子序列。由第一个子图的计算结果可得到主题 1 和主题 2 在 2005—2009 年最相关,即第一个主题与第二个主题的相关性加 1;第二个子图,依次滑动窗口到 2006—2010 年,计算结果与第一个主题最相关的是第二个主题;第三个子图,滑动 6 次到 2010—2014 年,与第一个主题相关的主题是第 35 个主题,直到滑动到最末端;第四个子图,在 2015—2019 年,与第一个主题最相关的是第 39 个主题。由此可得到第一个主题与其余主题的相关关系。

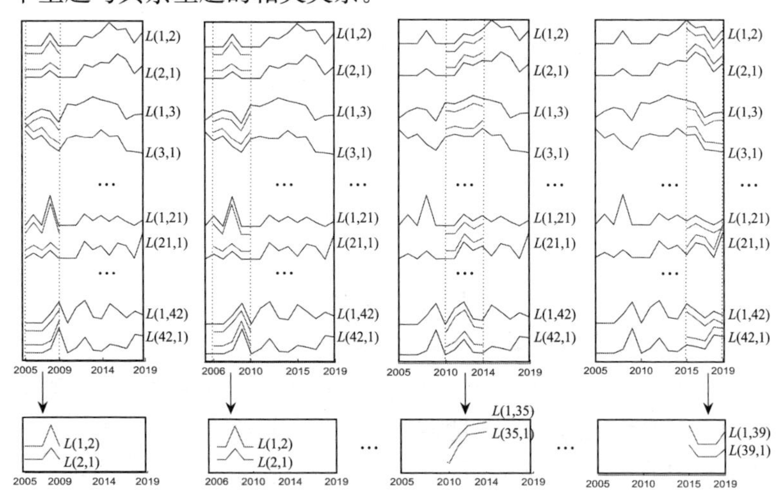

图 7.9 第一个主题与其余所有主题相关度量过程

7.3.3 网络构建与划分

得到主题间的相关性后,为了能够更直观地分析主题间的关系，将其关系通过图的方式反映出来，将主题看作网络图中的顶点，将主题间的关系看作边。图 7.10 所示为与“教学改革”主题相关的主题连接图，其中“美利坚合众国”与之最为相关，其次是“脆弱性”和“信息管理”。这只是从“教学改革”主题出发寻找到的相关主题，针对 42 个主题，可以找到所有主题所发出的边，由此可构建一个复杂网络图，如图 7.11 所示。最后用社区发现算法对其进行划分可得到主题聚类簇结构图。

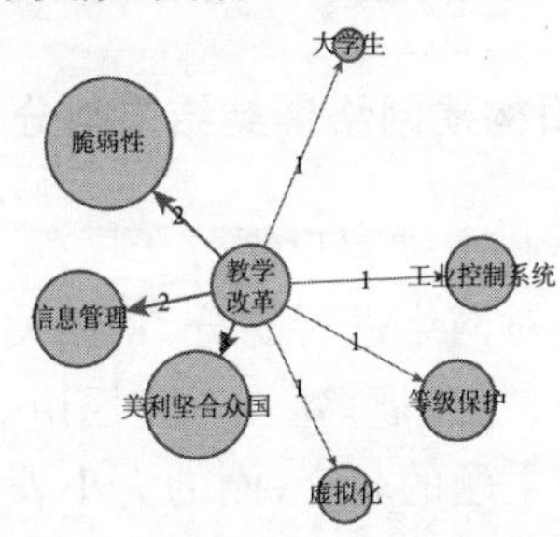

图7.10　与“教学改革”相关的主题连接图

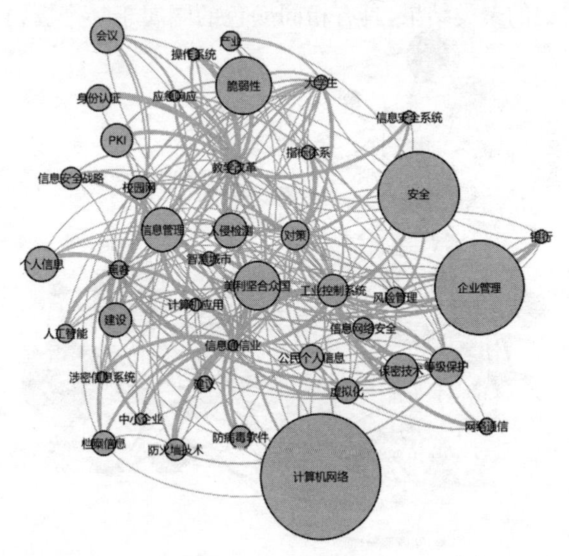

图 7.11　42 个主题构建的网络图

7.4 聚类结果与分析

鉴于使用不同的子序列片段划分方法及对应的序列片段相似性度量方法可以实现两种不同的主题网络聚类方法。通过比较聚类结果的差异,分析两种方法对主题聚类结果产生的影响,可以同时使用聚类结果可视化的方法进行比较、分析。

7.4.1 滑动窗口构建网络聚类结果与分析

图 7.12 所示是采用滑动窗口划分子序列的形式构建的网络,再利用社区发现算法对网络进行划分,将相关性较强的主题划分到一起。图中包含 42 个主题,每一个主题由一个圆圈表示,每个圆圈上的标识符为该主题的名字,圈的大小表示该主题在 2005—2019 年出现的频次,出现次数越多的圈越大,反之则越小。圈的颜色反映主题的聚类结果,具有相同颜色的圈属于一个簇,在同一个

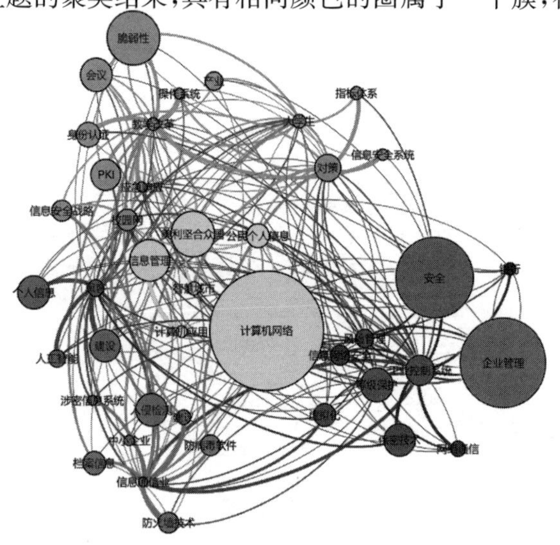

图 7.12 采用滑动窗口构建的主题网络

簇内的主题间的相关性越强。圈之间的边表示两主题间的相关性,越相关的两主题之间的边越粗。

图 7.12 是 42 个主题的划分结果,它们被分为 6 个簇,簇内和簇间主题都有连接,但簇内主题连接更为紧密。由图 7.12 可以看到每一个簇内都有一个相对较为中心的主题,分别是“教学改革”“黑客”“信息通信业”“工业控制系统”“美利坚合众国”和“对策”。这些主题都有一个共有的特点是含义很广泛,包含的内容较大,由此也可以看出越是含义广泛的主题越可能成为主题间的连接中枢。因此,可建议研究者在查找相关领域文献时,可通过感兴趣的主题关键词加广泛概念的关键词的形式去搜索,这样能够更加聚焦,查找结果也会更加符合所需。

还可以发现具有中枢连接关系的主题出现次数都不多,这是因为这些主题都具有一个广泛的概念,在实际文献的编撰过程中,含义越广泛的词越少被作为关键词用到,文献的内容一般都是比较聚焦的。然而,含义越广泛的主题越可能和不同主题一起出现,这也是它本身的特质所导致。

从内容角度来分析,例如“信息通讯业主题”簇还包含的主题有“防病毒软件”“防火墙技术”“中小企业”“档案信息”“涉密信息系统”“建议”和“入侵检测”。单从词义来看,“防病毒软件”“防火墙技术”和“入侵检测”三个主题在大致意思的联系上是较为相关的,但其他主题成员的词义就有较大差异。其原因是,聚类过程的相似性度量不仅仅有对词义的考虑,还包含了时间因素的影响和共现的关系。

从网络结构角度来分析,属于同一个簇的主题词,如果不考虑其中的连接结构,它们之间的关系是一样的,但其实不然。大多数簇中的结构是星形的,即一个中心关键词,其他簇成员与之紧密连接,也有少数簇是网络型,如“计算机网络”“美利坚合众国”“信息管理”“公民个人信息”“智慧城市”和“计算机应用”被划分到一个簇。由图 7.12 可以看出,“计算机网络”虽然出现的频次大,但它与簇中其他成员的关系并不是很紧密，“美利坚合众国”和“智慧城市”关系较为紧密，“信息管理”和“计算机应用”的关系较为紧密，“公民个人信息”“计算机网络”和“美利坚合众国”的关系相对紧密，由经验可以判断这些关系是合理的。同时，通过这个方法还能发现一些生活中比较难发现的关系。

由于图 7.12 中的词是进行聚类后得到的主题词，其实每一个词的含义仅从对该词的分析比较难理解，所以用图7.13对其进行了

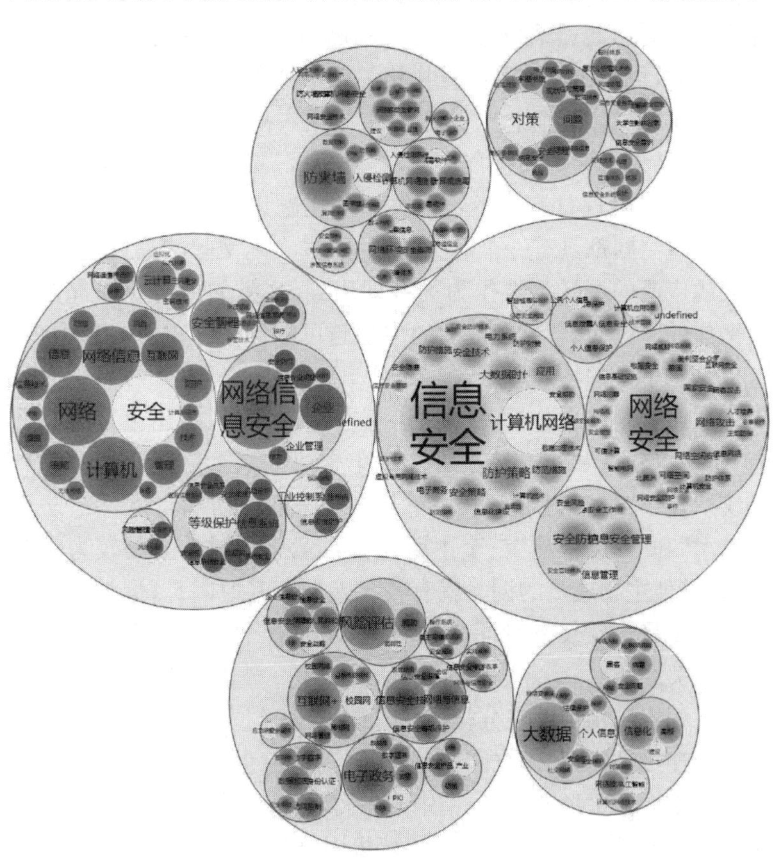

图 7.13　采用滑动窗口构建的主题网络的聚类结果

可视化，将主题词原本包含的簇成员表示出来，这样它们之间的关系就更容易理解。

7.4.2　平均分段构建网络聚类结果与分析

图 7.14 所示为采用平均分段的方式划分子序列所构建得到的网络，与子序列划分方式不同，但同样被分为 6 个类。为了便于比较两种方式的聚类结果的差别，图 7.14 中的所有主题位置与图 7.12中相同，由此可以看出其实两种划分方式最后得到的主题结果簇相差不大，只有几个主题被划分到的簇不同。

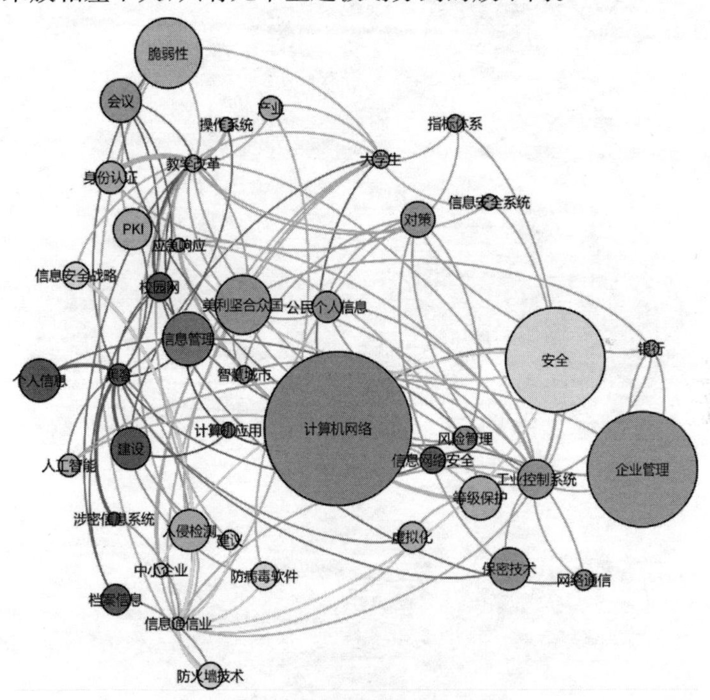

图 7.14　采用平均分段构建的主题网络

由图 7.14 与图 7.12 的对比可以看到，采用平均分段的方式划分的簇中，“信息管理”“计算机应用”“计算机网络”和“美利坚合众国”“智慧城市”“公民个人信息”被划分到两个簇中，而通过滑动分段得到的簇属于一个簇。虽然划分结果不同，但从两个图的结构分析可以看出，其紧密关系是差不多的。比较两种方法的聚类结果可以看出，两种主题网络的划分方式对结果的影响不大。为了更好地分析，图 7.15 将图 7.14 的结果更为详细地可视化，将主题词包含的簇成员也表示出来，便于读者更清晰、简明地分析聚类结果。

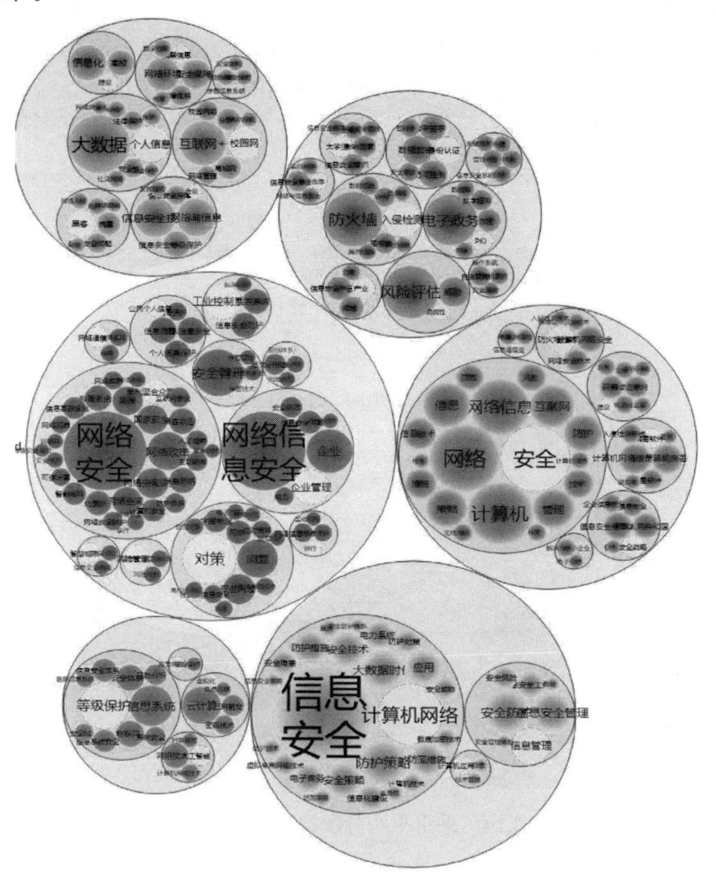

图 7.15　采用平均分段构建的主题网络的聚类结果

7.5　本章小结

以前的大多数研究都是从某一方面对主题进行分类研究，但主题类内和类间的关系并没有反映出来。为解决这一问题，本章采用网络结构图的形式将其关系呈现出来，并且加入主题共现和时间因素对主题间关系进行了数值转化，再结合基于 Matrix Profile和社区检测的时间序列聚类方法对主题进行了分区。

本章使用了“网络信息安全”领域数据得到的若干个主题，通过主题间的共现频次与主题出现的次数进行计算，结合时间因素，构建共现序列数据。分别使用滑动窗口和平均分段方法对这些序列进行子序列划分，将所有得到的子序列进行相似性比较，针对每一条子序列，将同一时间段内最相似的两条子序列所在共现序列表示的主题间的相关性加1，最后得到主题相关矩阵。利用网络构建将这些相关关系通过网络边权值的方式在图中呈现出来，每个网络顶点表示一个主题，得到一个反映时间序列数据之间关系的复杂网络。使用社区检测算法对这个主题进行划分，便可得到相应分区，属于同一分区的主题间关系紧密。最终，实现了基于共现时间序列数据聚类的主题分析与研究。

第 8 章　时间序列矩阵画像的金融数据预测分析

针对金融市场中机构交易对股票市场中的散户投资行为具有较强的误导性的现象，本章提出了一种基于机构交易行为影响的趋势预测方法。首先，利用时间序列的矩阵画像方法，以股票换手率数据为切入点，构建不同兴趣模式长度的基于机构交易行为影响的换手率波动知识库；其次，确定待预测股票在兴趣模式长度取何值时，预测结果精确度高；最后，根据该兴趣模式长度下的知识库，预测在机构交易行为影响下单只股票的波动趋势。为验证趋势预测新方法的可行性和准确性，将其与自回归滑动平均模型（ARMA 模型）和长短时记忆网络（LSTM 网络）预测方法进行对比及分析，运用均方根误差（RMSE）与平均绝对百分误差（MAPE）评价指标综合进行 70 只股票的趋势预测。

8.1　问题分析

机构投资使股市环境中的投资者结构变得多元化，对股市有一定的冲击，同时也可以帮助稳定金融市场。目前大部分股票交易都有机构投资者的参与，其行为对股价波动的影响较大，研究机构交易行为对股价波动的影响可以帮助散户进行股票投资。本章将从股票总体交易中找出机构交易行为，分析机构交易行为对个股价格波动的影响，预测个股股价波动趋势，识别机构投资者操纵股票的行为，进而降低散户投资风险和提高投资回报。

部分学者对机构投资者的交易行为对股价波动的影响进行了研究。何佳等对机构投资者能否稳定股市进行了实证研究，得出

以下结论:机构投资者对股价波动的影响并不是确定的。王咏梅和王亚平从机构投资者与市场信息效率的关系出发,对深市A股上市公司数据进行实证研究,得出以下结论:机构投资者的过度交易行为会损害信息效率,加剧股市的不稳定性,造成股价波动。刘京军和徐浩萍根据换手率特点将机构投资者分为长期投资者与短期机会主义者,经过实证分析得出以下结论:与长期机构投资者相比,短期机构投资者的交易行为加剧了股市的不稳定性,加剧了市场波动,长期机构投资者在稳定市场方面具有一定的作用。史永东和王瑾乐通过得分匹配模型验证了机构投资者的频繁交易会加剧市场的不稳定性,产生股价波动。因此,机构投资者的短期交易行为会加剧市场的不稳定性,进而导致股价波动。以机构投资者的短期交易行为为出发点,研究个股价格波动趋势是可行的。

在股票价格和趋势等预测方面,学者们也进行了大量研究,提出了各种有效的预测方法,例如自回归滑动平均模型(Auto-Regressive Moving Average Model,ARMA模型)、支持向量机和神经网络等。许多学者又在传统方法的基础上进行了改进,以取得更好的预测效果。张贵生和张信东在ARMA-GARCH(Auto-Regressive Moving Average-Generalized Auto-Regressive Conditional Heteroskedasticity)模型的基础上引入因变量滞后项的微分信息,提出了ARMAD-GARCH模型,可以取得比原模型更准确的预测结果。吴少聪通过对具有代表性的13只A股股票建立混合模型进行股票趋势预测,并据此建立了股票信息服务平台,且验证了其比长短时记忆网络(Long Short Term Memory,LSTM)模型和差分整合移动平均自回归模型(Auto-regressive Integrated Moving Average Model, ARIMA)的预测准确率高。宋刚等提出了基于自适应粒子群优化的LSTM股票价格预测模型,对LSTM模型进行了改进,提高了准确率且具有普适性。石浩通过建立基于递归神经网络的股票预测模型,并与传统的神经网络模型进行比较,突出其所建模型的价值。谢琪等建立了一种基于长短记忆神经网络集成学习的金融时间序列预测模型，并使用准确率、精确率、召回率、F1 值与曲线下面积(Area Under Curve，AUC)这 5 个评价分类算法的指标对传统神经网络模型与该模型的预测结果进行评价，从而验证该模型优于其他传统神经网络模型。Kei Nakagawa 等对股票价格波动模式进行了 k-medoids 聚类，并利用索引动态时间规整法提取了代表性波动模式作为预测的特征值，并据此对股价进行预测。

目前在机构交易行为对个股趋势的影响以及通过机构交易行为来预测股价波动等方面的研究甚少，学者们更多的是从股票市场的总体范围来研究机构投资行为对股市稳定性及股价波动的影响，在预测股价波动方面更多的是基于收盘价序列数据进行预测。相对而言，机构对股票的操纵行为通常是间断性的且时间持续性不长，使股票时间序列数据的局部性信息显得更为重要，然而，传统的时间序列预测方法是基于数据的整体信息考虑，缺乏对局部性数据的重视。鉴于传统模型和方法对数据具有研究假设前提的要求以及局部性时间片段的重要性，使用时间序列数据挖掘的相关技术和方法对其进行研究显得尤为重要，且矩阵画像算法在时间序列的局部性研究上具有一定的优越性。因此，借助时间序列矩阵画像算法对深市 A 股主要股票历史换手率数据建立基于机构交易行为的序列片段知识库 codeDB，利用知识库 codeDB 可从单只股票出发对个股价格波动趋势进行预测。与传统 ARMA 回归模型和 LSTM 网络等预测方法相比，新方法不仅从新的视角对股票时间序列数据进行预测，还对个股价格波动分析有较好的预测效果。

8.2　矩阵画像相关理论

矩阵画像[①](Matrix Profile,MP)是一种用于时间序列数据挖掘的数据结构,可用于主题发现、密度估计、异常检测、规则发现、分割和聚类等。

定义 1　时间序列数据是按时间顺序排列的实数值数据,用序列 T 表示,且 $T=t_1,t_2,t_3,\cdots,t_n$,其中 n 是 T 的长度。

定义 2　子序列表示在原始序列 T 中截取长度为 m 的一段序列,用 $T_{i,m}$ 表示,即是从 T 中第 i 个位置开始的长度为 m 的连续子集。形式上表示为 $T_{i,m}=t_i,t_{i+1},\cdots,t_{i+m-1}$,其中 $1\leqslant i\leqslant n-m+1$。

定义 3　距离画像 $\boldsymbol{D}$ 是时间序列 T 中不同的子序列间的距离矩阵。给定一个时间序列 T,子序列长度为 m,从 $T_{i,m}(i=1,2,3,\cdots)$开始计算其与其他子序列片段的距离,得到一个距离矩阵 $\boldsymbol{D}$,即 $\boldsymbol{D}_i$ 是给定查询子序列与时间序列中的每个子序列之间的距离向量。

形式上表现为$\boldsymbol{D}_i=[d_{i,1},d_{i,2},\cdots,d_{i,n-m+1}]$,其中 $d_{i,j}$ 是 $T_{i,m}$ 和 $T_{j,m}$之间的距离,计算子序列片段间的距离公式为

$$d_{i,j}=\sqrt{2m\left(1-\frac{\mathrm{QT}_{i,j}-m\mu_i\mu_j}{m\sigma_i\sigma_j}\right)} \tag{8.1}$$

式中,m 表示子序列长度,μ_i 表示子序列 $T_{i,m}$ 的均值,σ_i 表示子序列 $T_{i,m}$ 的标准差,$\mathrm{QT}_{i,j}$ 表示子序列 $T_{i,m}$ 与子序列 $T_{j,m}$ 的点积。特别地,当子序列数据经过 zscore 标准化后,即 $\mu=0,\sigma=1$ 时,公式(8.1)转变成

---

① Yeh C C M, Zhu Y, Ulanova L, et al. Matrix profile I: all pairs similarity joins for time series: a unifying view that includes motifs, discords and shapelets[C]//2016 IEEE 16th international conference on data mining (ICDM). IEEE, 2016: 1317-1322.

$$d_{i,j}=\sqrt{2m\left(1-\frac{\mathrm{QT}_{i,j}}{m}\right)} \tag{8.2}$$

即标准化后的序列在计算距离画像时，只要计算好子序列间的点积便可快速得到该序列的距离画像。

定义 4 时间序列数据 $A=[a_1,a_2,\cdots,a_n]$和 $B=[b_1,b_2,\cdots,b_n]$，则 A 与 B 之间的点积 QT 计算公式为

$$\mathrm{QT}=\sum_{i=1}^{n}a_i\times b_i \tag{8.3}$$

点积是实现矩阵画像算法的过程中会用到的重要公式，是计算矩阵画像中距离画像的重要公式。一个子序列与一条时间序列中所有子序列的点积计算时间复杂度可达到 $O(n\log n)$，与传统的计算过程相比，计算效率显著提高。

定义 5 矩阵画像 MP 是时间序列 T 中每个子序列 $T_{i,m}$ 与其最相似片段(即距离最小值)之间的距离值组成的向量。距离画像相当于每个子序列片段与其他所有子序列片段中的距离最小值。形式上，$\mathrm{MP}=[\min(\boldsymbol{D}_1),\min(\boldsymbol{D}_2),\cdots,\min(\boldsymbol{D}_{n-m+1})]$，其中 $\boldsymbol{D}_i$ $(1\leqslant i\leqslant n-m+1)$是由子序列 $T_{i,m}$ 与其他所有子序列片段之间的距离所构成的向量。

定义 6 兴趣模式是指一条或多条时间序列中最相似的子序列片段，即在每个子序列片段所对应的 MP 中寻找极小值。在寻找兴趣模式之前，需要先计算出要寻找模式的 MP 值，再从 MP 中获得极小值对应的模式，进而找到兴趣模式。

定义 7 矩阵画像索引是用来记录每个子序列片段的最近子序列片段所在位置的，记为 MPI，其为整数向量，即 $\mathrm{MPI}=[I_1,I_2,\cdots,I_{n-m+1}]$，$I_i=\arg\min\limits_{j}(\boldsymbol{D}_i(j))$，$\boldsymbol{D}_i(j)$表示距离向量 $\boldsymbol{D}_i$ 中的第 j 个距离元素。

当子序列片段的 MP 值相同时，通过 MPI 可以快速、简便地定位到 MP 相同的值，从而快速寻找序列的兴趣模式。计算矩阵画像的算法目前有 stamp、stomp 和 scrimp 等。本文使用的算法是

stomp，它与 stamp 最主要的区别在于子序列片段间点积的计算效率上。stomp 算法在点积处理上，降低了算法的时间复杂度，使算法更加高效。由于

$$\begin{cases} \mathrm{QT}_{i-1,j-1} = \sum_{k=0}^{m-1} T_{i-1+k} T_{j-1+k} \\ \mathrm{QT}_{i,j} = \sum_{k=0}^{m-1} T_{i+k} T_{j+k} \end{cases}$$

因此可得：

$$\mathrm{QT}_{i,j} = \mathrm{QT}_{i-1,j-1} - T_{i-1,j-1} + T_{i+m-1} T_{j+m-1} \tag{8.4}$$

使用公式(8.4)可在时间复杂度为 $O(n)$ 的情况下完成 QT 的更新，提高了算法的计算效率，使矩阵画像算法更加高效。

矩阵画像的演算过程如图 8.1 所示，该示意图体现了求解一条长度为 n 的时间序列 T 的 MP 值的过程。

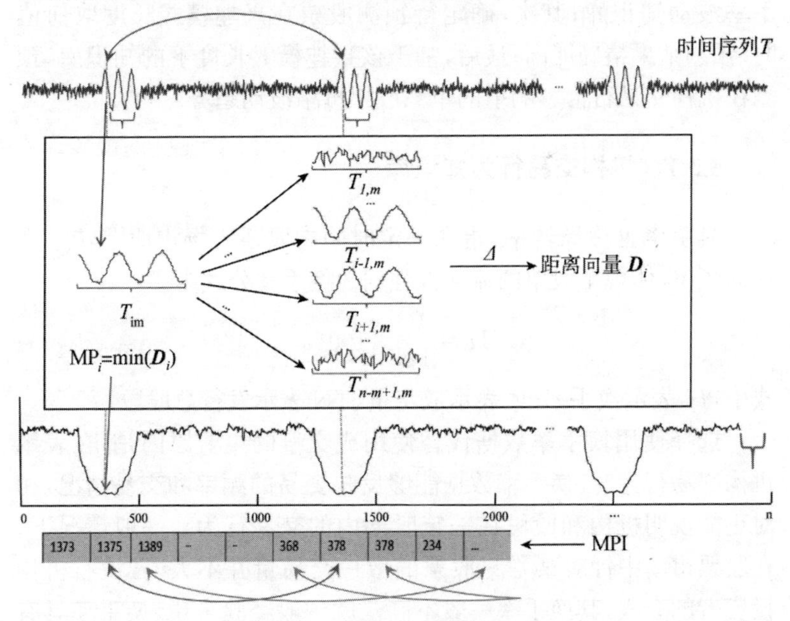

图 8.1　矩阵画像的演算过程

图 8.1 中，Δ 指的是计算子序列片段 $T_{i,m}$ 与时间序列中其他所有长度为 m 的子序列片段的距离向量 $\boldsymbol{D}_i$，接着对每个距离向量 $\boldsymbol{D}_i$ 求最小值，即 $\mathrm{MP}_i=\min(\boldsymbol{D}_i)$ 且 $\mathrm{MPI}_i=\arg\min\limits_j(\boldsymbol{D}_i(j))$，便可得到所有子序列片段的距离画像 $\mathrm{MP}=[\mathrm{MP}_1,\mathrm{MP}_2,\cdots,\mathrm{MP}_{n-m+1}]$。需要说明的是，由于相邻两条子序列片段重叠太多，会造成时间相近的序列片段互为最相似片段，不利于兴趣模式的发现。故在排除与 $T_{i,m}$ 重复长度超过 $m/2$ 的子序列的距离后，取距离向量 $\boldsymbol{D}_i$ 的最小值作为 $T_{i,m}$ 的 MP 值。

8.3 股票价格波动趋势预测方法

首先，使用矩阵画像方法，以金融股票的换手率数据为切入点，分别构建不同兴趣模式长度下的基于机构交易行为影响的换手率波动知识库；其次，确定待预测股票在兴趣模式长度取何值时，预测结果精确度高；最后，基于该兴趣模式长度下的知识库，预测在机构交易行为影响下的单只股票价格波动趋势。

8.3.1 机构交易行为知识库

换手率也称周转率，指在一定时间内股票市场中股票转手交易的频率，体现了股票的流通性强弱。换手率公式为

$$H=\frac{V}{\mathrm{TN}}\times 100\% \tag{8.5}$$

式中，H 表示换手率，V 表示成交量，TN 表示发行总股数。

选择使用换手率数据代替使用成交量的主要原因是，在表示机构交易行为时，换手率数据能够反映交易的频率和交易情况，相对更能说明机构和股民在一定时期内的交易行为。一般情况下，在股票市场中针对某一只股票的散户交易量并不大，若没有机构投资者的介入，其换手率一般不高。就一般经验来说，换手率具有以下特征：第一，$H<3\%$ 表示股票交易行为主要是散户参与；第

二，$H > 7\%$表示股票交易行为主要是机构投资者参与。因此，本小节主要根据换手率的高低来定义机构交易行为（Institutional Trading Behavior，ITB），且将存在换手率大于 8%的股票序列片段定义为存在机构交易行为。

1.构建知识库

根据交易数据，可以构建反映机构主要交易行为的知识库，其为包含了具有典型代表意义的机构交易行为的数据库，为散户提供有关机构交易行为的相关信息和知识，构建知识库的算法如下。

算法 8.1：BuildDB（TS，m）

输入：股票换手率序列集合 TS，兴趣模式长度 m。

输出：知识库 codeDB。

```
1  MPs=stomp(TS,m)
2  motifs=findmotif(MPs)
3  for i=1 to length(motifs)
4   if(motifs[i] include ITB)
5      Save motifs[i] into codeDB
6   end if
7  end for
8  return(codeDB)
```

算法 8.1 中，1～2 行是将处理好的股票数据用矩阵画像算法找出 motif，3～7 行是剔除不存在机构交易行为的 motif，并将剩余的 motif 前期片段、motif 片段与 motif 后续片段分别存入知识库中。

2.补充库

由于在预测过程中有可能会出现一些情况，即此时的股票数据序列是存在机构交易行为的，但其与知识库中的兴趣模式的匹配度并不高。若强行进行预测，预测结果有极大的概率会偏离实际结果，因此这种情况下是不进行预测的。然而，存在机构交易行为的片段是值得注意的，其处理方式是先将该片段暂存在其他数据库中，称该数据库为补充库(supDB)。补充库是将当前存在机构交易行为但与知识库中的兴趣模式匹配度不高的子序列片段进行保存，以备在完备知识库中使用，具体算法如下。

算法 8.2：BuildsupDB(QS，codeDB，ε)

输入：70 只股票中新出现且 codeDB 未包含的换手率序列集 QS、知识库 codeDB、匹配程度的阈值 ε。

输出：补充库 supDB

```
1   for i=1 to length(QS)
2    if QS[i] include ITB then
3        Dis=dist(QS[i],codeDB.motif)
         //计算 QS[i]与 codeDB 中所有 motif 序列的距离
4        best=which.min(Dis)    //选出匹配的片段
5        if Dis[best]/length(QS[i])>ε then
          //QS[i]与所有 motif 序列的匹配度都不高
6          Save QS[i] into supDB
7        end if
8    end if
9   end for
10  return(supDB)
```

算法 8.2 中，2～8 行表示将存在机构交易行为且其与知识库中所有 motif 序列的相似性程度都不高的序列片段存入补充库中。

3.完备知识库

补充库中的子序列片段即知识库的完备项。当能在补充库中找到兴趣模式时，说明该片段具有一定的代表性，则将该兴趣模式所对应的片段扩充到知识库中，具体算法如下。

算法 8.3：perfectDB(supDB，m)

输入：补充库 supDB、子序列长度 m。

输出：知识库 codeDB。

```
1   MPs=stomp(supDB,m)
2   motifs=findmotif(MPs)
```

```
3   Save motifs into codeDB
4   return(codeDB)
```

算法 8.3 中，1～2 行表示从 supDB 中的序列集合中寻找到兴趣模式，第 3 行便是将找到的兴趣模式存入知识库 codeDB 中。

8.3.2　最佳模式匹配

对某只股票进行预测时，兴趣模式的长度不同，拟合的效果也会不同。确定兴趣模式长度与预测天数两者满足何种关系时预测效果较好，这是提高预测效果的手段之一，即寻找兴趣模式长度与预测天数的最佳模式匹配。采取的方法主要是使用历史数据进行多次训练，找出已知预测天数下拟合效果好的兴趣模式长度。首先，提出已知预测天数和兴趣模式长度下的趋势预测算法，如算法 8.4 所示。

算法 8.4：PredictTrend(Q，TP，m，t，TS，ε)

输入：待预测片段 Q、对应的股票收盘价 TP、兴趣模式长度 m、预测天数 t、70 只股票换手率序列集合 TS、匹配程度的阈值 ε。

输出：预测出的价格趋势 PT。

```
1   codeDB=BuildDB(TS,m)   //具体见算法 8.1
2   if Q include ITB then        //Q 存在机构交易行为
3    Dis=dist(Q,codeDB.motif)
       //计算 Q 与 codeDB 中的所有 motif 序列的距离
4   best=which.min(Dis)       //选出与 Q 匹配的片段
5   if Dis[best]/length(Q)>ε then
      //当不相似程度大于 ε 时，即匹配度不够
6     Save Q into supDB
7   end if
8   else
9     PT=TP[(best+m):(best+m+t)]
10    return(PT)
11   end else
```

```
12 end if
13 else     //Q 不存在机构交易行为
14  Dis=dist(Q,codeDB.motifbefore)
15  best=which.min(Dis)  //选出与 Q 匹配的片段
16  if Dis[best]/length(Q)>ε then
     //当不相似程度大于 ε 时,即匹配度不够
17    print("无法预测")
18  end if
19  else
20   PT=TP[(best+m):(best+m+t)]
21   return(PT)
22  end else
23  end else
```

算法 8.4 中,第 1 行是构建知识库的过程,2～12 行表示待预测片段存在机构交易行为时的具体做法,第 2～4 行选取知识库中与待预测片段相似度最高的兴趣模式对应片段,第 5～7 行对两者是否有较高的相似度进行判断。若相似度高则获取未来股价波动趋势;反之,将待预测片段存入补充库中。第 13～23 行表示待预测片段不存在机构交易行为时的具体做法,第 14～15 行选取知识库中与待预测片段相似度最高的兴趣模式前序对应的片段。若相似度高,则获取未来股价波动趋势;反之,则不可预测。

其次,寻找兴趣模式长度与预测天数最佳模式匹配的算法,如算法 8.5 所示。

算法 8.5:DeterLen(T,TP,t,num,TS,ε)

输入:待预测片段所在股票的换手率序列 T、对应的股票收盘价 TP、预测天数 t、试验次数 num、70 只股票换手率序列集合 TS、匹配程度的阈值 ε。

输出:预测效果最佳的子序列片段长度 m。

```
1  for i =1 to num //表示进行 num 次不同待预测片段
2  for m =(t+10) to (12×t)
3   k=random.int(1,(length(T)-m+1))
```

```
      //产生在 length(T)内的随机整数
4     PT=PredictTrend(Tk,m,TP,m,t,TS,ε)
      //获取预测的趋势,见算法 8.4
5     R[m,i]=RMSE(real,PT)   //具体计算见公式(8.7)
6   end for
7   end for
8   Ave[m]=Mean(R[m,])
      //计算确定 m 长度下的各个测试片段的均值
9   return(which.min(Ave))
      //返回均值最小的子序列长度
```

算法 8.5 的目的是在已知预测天数的情况下获取基于历史数据训练下的最佳兴趣模式长度,其前提在于已知待预测片段及其所在的股票序列。第 2 行定义的是训练时兴趣模式的取值范围,使用实验验证的方法来确定最佳兴趣模式长度,故在训练实验中会尽量扩大长度的取值范围。第 3～5 行随机选取一定长度的待预测片段所在股票历史数据,进行预测训练,并计算 RMSE 值来判断预测拟合程度的好坏。第 8～9 行对之前做过的多次实验进行整理、计算,综合选出最优的兴趣模式长度与预测天数的匹配模式。

8.3.3　预测算法

本章主要研究的是在机构交易行为影响下的个股价格波动,但这并不意味着在没有存在机构交易行为的情况下,新方法就不能进行预测。由图 8.2 可看出,若待预测片段不具有机构行为,可以与知识库中保存的兴趣模式前期序列进行匹配。若匹配度高,则有很大概率认为待预测片段可能即将迎来机构交易行为;若匹配度不高时,则表示无法预测。若存在机构交易行为,则与知识库中的兴趣模式(motif)进行匹配,匹配度高则返回未来可能的股价波动,匹配度不高则将该预测片段存入补充库中。

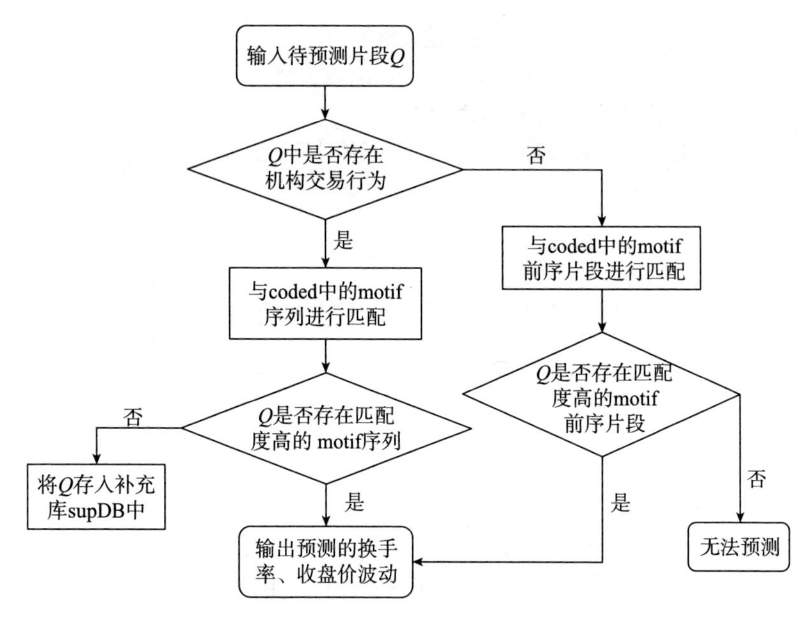

图 8.2　基于矩阵画像的预测过程

在机构交易行为的影响下对股价波动进行预测(MP based Prediction，MPP)的具体算法如下。

算法 8.6：MPP(Q, T, TP, t, TS, ε)

输入：待预测片段 Q、所在股票的换手率序列 T、对应的股票收盘价 TP、预测天数 t、70 只股票换手率序列集合 TS、匹配程度的阈值 ε。

输出：预测出的价格趋势 PT。

```
1  m=DeterLen(T,TP,t,200,TS,ε)        //见算法 8.5
2  PT=PredictTrend(Q,TP,m,t,TS,ε)   //见算法 8.4
3  return(PT)
```

算法 8.6 中，第 1 行对 Q 所在的股票序列的历史数据进行训练，找出预测效果最佳的兴趣模式长度。第 2 行在确定的兴趣模式长度下对 Q 的后续股价趋势进行预测。

8.4　实验分析

本次实验数据收集与处理过程选择了 70 只股票，使用均方误差和平均绝对百分误差来比较新方法与传统方法 ARMA、LSTM 在不同股票时间序列数据中的预测结果，同时也给出了具体的实例来说明本研究方法的可行性和有效性。

8.4.1　数据收集与处理

选取 2014—2018 年我国深市 A 股股票作为研究对象，并对这些数据进行整理：①已经停市的股票；②剔除 2014—2018 年连续 5 天停止交易的股票；③剔除 2014—2018 年每年交易日期不足 180 天的股票。整理得到 70 只股票样本数据，具体股票代码见表 8.1。

表 8.1　70 只深市 A 股股票

代码	名称	代码	名称	代码	名称
000001	平安银行	000572	海马汽车	000809	铁岭新城
000011	深物业 A	000573	粤宏远 A	000819	岳阳兴长
000014	沙河股份	000596	古井贡酒	000822	山东海化
000027	深圳能源	000598	兴蓉环境	000823	超声电子
000039	中集集团	000623	吉林敖东	000830	鲁西化工
000049	德赛电池	000631	顺发恒业	000848	承德露露
000059	华锦股份	000632	三木集团	000869	张裕 A
000088	盐田港	000637	茂化实华	000880	潍柴重机
000089	深圳机场	000652	泰达股份	000886	海南高速
000096	广聚能源	000680	山推股份	000888	峨眉山 A
000151	中成股份	000702	正虹科技	000895	双汇发展
000157	中联重科	000722	湖南发展	000898	鞍钢股份

续表

代码	名称	代码	名称	代码	名称
000338	潍柴动力	000725	京东方 A	000915	山大华特
000402	金融街	000726	鲁泰 A	000919	金陵药业
000419	通程控股	000729	燕京啤酒	000921	海信家电
000423	东阿阿胶	000731	四川美丰	000937	冀中能源
000528	柳工	000758	中色股份	000951	中国重汽
000532	华金资本	000759	中百集团	000965	天保基建
000548	湖南投资	000767	漳泽电力	000966	长源电力
000550	江铃汽车	000777	中核科技	000983	西山煤电
000554	泰山石油	000780	平庄能源	000985	大庆华科
000559	万向钱潮	000785	武汉中商	000988	华工科技
000561	烽火电子	000789	万年青		
000570	苏常柴 A	000800	一汽轿车		

实验的主要目的是将 70 只股票从 2014 年 1 月 2 日到 2018 年 2 月 1 日为止共 70 万条换手率数据用于创建知识库 codeDB，预测这 70 只股票 2018 年 4 月 10 日以后的股价趋势波动。在兴趣模式长度与预测天数的模式匹配中，模拟预测用到的训练数据均从对应待预测股票中随机选取。所使用的数据主要是股票的换手率数据与收盘价数据，实验之前要对股票的收盘价数据根据以下公式进行标准化处理：

$$TP_i = \frac{TP_i - \mu_{TP}}{\sigma_{TP}} \tag{8.6}$$

式中，TP_i 指的是第 i 个收盘价，μ_{TP} 指的是整条收盘价序列的均值，σ_{TP} 指的是整条收盘价序列的标准差。

8.4.2 预测结果评测标准

为了对不同方法的预测结果进行比较，引入了均方根误差与平均绝对百分比误差来对预测结果进行评估,从而比较不同预测方法之间的优劣性。

(1)均方根误差(Root-Mean-Square Error, RMSE)。

均方根误差用来衡量实际值与预测值之间的偏差,具体公式为

$$\mathrm{RMSE}=\sqrt{\frac{\sum_{i=1}^{n}\left(x_{\mathrm{real},i}-x_{\mathrm{predict},i}\right)^{2}}{n}} \tag{8.7}$$

式中,$x_{\mathrm{predict},i}$ 指的是第 i 个预测值,$x_{\mathrm{real},i}$ 指的是第 i 个真实值,n 指的是预测值或真实值的个数。RMSE 的值越小,说明预测效果越好,预测值与实际值之间的偏差越小。

(2)平均绝对百分误差(Mean Absolute Percentage Error, MAPE)。

平均绝对百分误差可以用来衡量一个模型预测结果的好坏,通过比较不同方法的 MAPE 值可知道对应模型和方法预测的准确性或者优劣性,MAPE 值越小,说明模型预测的准确性较高。具体公式为

$$\mathrm{MAPE}=\frac{1}{n}\sum_{i=1}^{n}\left|\frac{x_{\mathrm{real},i}-x_{\mathrm{predict},i}}{x_{\mathrm{real},i}}\right|\times 100\% \tag{8.8}$$

式中,$x_{\mathrm{predict},i}$ 指的是第 i 个预测值,$x_{\mathrm{real},i}$ 指的是第 i 个真实值,n 指的是预测值或真实值的个数。

8.4.3　实例分析

在使用 MPP 方法时,需要先确定兴趣模式 motif 的长度,即 m 值。由于不同的 m 值会造成不同的预测结果,其拟合效果差异性较大,故选择合适的 m 值有利于得出拟合效果好的预测结果。为了确定兴趣模式的长度,根据不同 motif 长度设定对待预测片段所在股票的历史数据进行训练,选择对应预测效果最佳的长度为兴趣模式的长度。如图 8.3 所示,不同 m 值下进行多次训练可得到

不同的 RMSE 值。

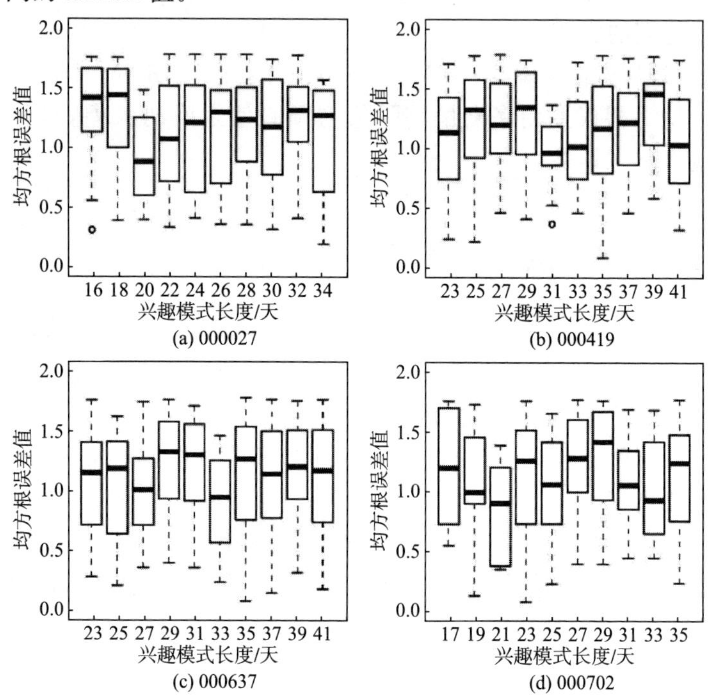

图 8.3　不同 m 值下的 RMSE 值比较

根据算法 8.5 来确定 motif 长度，以股票代码为 000027、000419、000637 和 000702 的换手率和收盘价数据为例，通过预测得到了图 8.3 所示的 RMSE 值分布，误差分析可以获得对应股票片段进行 MPP 预测时可选取的合适的兴趣模式长度。为验证提出方法 MPP 的性能，将 MPP 与 ARMA 模型和 LSTM 网络预测方法做对比，同时预测 70 只股票自 2018 年 4 月 10 日起未来 5 个交易日的股价趋势波动。根据代码为 000027、000419、000637 和 000702 的股票的换手率数据和收盘价数据，由图 8.3 中的中位数可选得 4 只股票较好的兴趣模式长度分别为 20、31、33 和 21。使用算法 8.4 预测自 2018 年 4 月 10 日起未来 5 个交易日的趋势波

动，预测所得的价格波动与实际价格波动的拟合情况如图 8.4 所示。

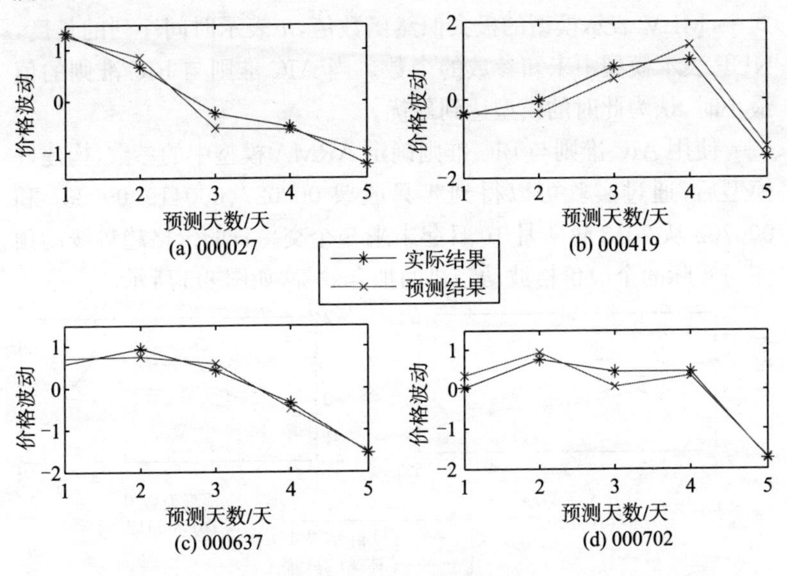

图 8.4　MPP 预测效果

图 8.4 中带＊的蓝折线表示实际的价格波动，带×的红折线表示预测的价格波动。由图 8.4 可以看出，这 4 只股票未来 5 个交易日的预测股价波动涨幅趋势与实际基本相同，且涨幅程度差异不大，预测的效果较好。

自回归滑动平均(Auto-Regressive Moving Average，ARMA)模型是研究时间序列的重要方法，是目前常用的用于拟合平稳序列的模型，可以细分为自回归模型(Auto-Regressive，AR)模型、移动平均模型(Moving Average，MA)模型和 ARMA 模型。使用 ARMA 模型对时间序列数据进行建模分析时，通常用 AIC 信息准则(Akaike Information Criterion)与 BIC 准则(Bayesian Information Criterion)对模型的优劣进行评估。AIC 准则与 BIC 准则的具体公式如下：

$$\mathrm{AIC}=-2\ln(\mathrm{MLV})+2\mathrm{NU}$$
$$\mathrm{BIC}=-2\ln(\mathrm{MLV})+\ln(n)\times\mathrm{NUP}$$

式中,MLV 表示模型的极大似然函数值,n 表示时间序列的长度,NUP 表示模型中未知参数的个数。当 AIC 准则与 BIC 准则的值最小时,认为此时的模型达到最优。

使用 AIC 准则与 BIC 准则确定 ARMA 模型中的参数,构建好模型后,通过实验可以得到 4 只股票 000027、000419、000637 和 000702 从 2018 年 4 月 10 日起未来 5 个交易日的价格趋势波动预测与实际的个股价格波动趋势的拟合效果,如图 8.5 所示。

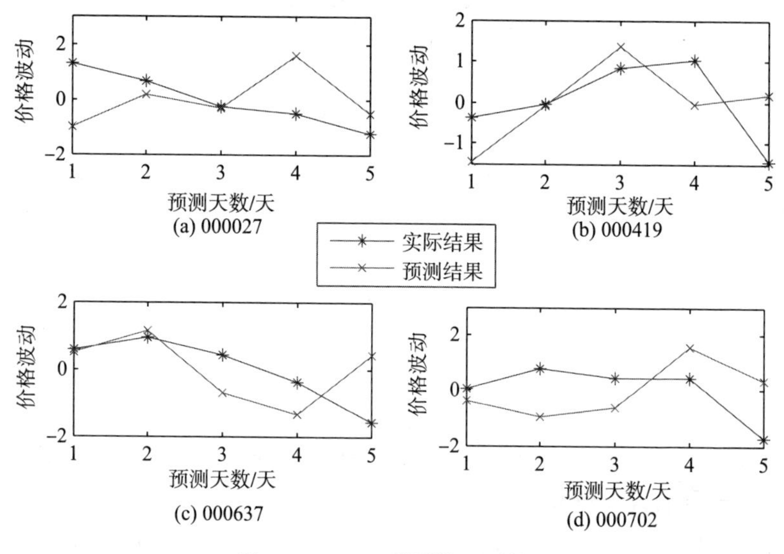

图 8.5　ARMA 模型的预测效果

图 8.5 中带 * 的蓝折线表示实际的价格波动,带×的红折线表示预测的价格波动,由图 8.5 可以看出 ARMA 模型的预测效果不太理想,预测结果的拟合效果并不好。

长短时记忆网络(Long Short Term Memory, LSTM)是一种特殊的循环网络(Recurrent Neural Network, RNN)类型,解决了 RNN 存在的长期依赖问题,对传统的 RNN 进行了隐层中结构上

的改进，具有长期记忆能力。LSTM 引入“门”的结构来去除或者增加信息到细胞状态的能力，LSTM 网络中有输入门、输出门和遗忘门。通过利用 LSTM 模型预测相同股票的价格趋势波动，其价格趋势波动预测与实际的个股价格波动趋势的拟合效果如图 8.6 所示。

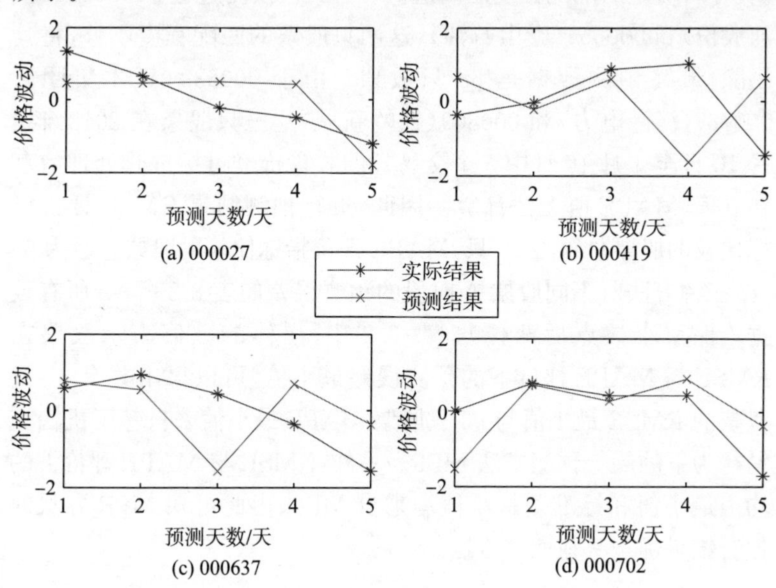

图 8.6　LSTM 模型的预测效果

图 8.6 中带 * 的蓝折线表示实际的价格波动，带×的红折线表示预测的价格波动。图 8.6 中，(a)、(b)和(c)的波动趋势的预测效果不太理想，(d)中预测的波动趋势与实际的波动趋势大致相同，只是涨跌程度差异较大。

8.4.4　实验评估

使用 ARMA 模型、LSTM 网络，以及基于机构交易行为的趋势预测 MPP 这三种方法对 70 只深市 A 股进行预测分析，即预测自 2018 年 4 月 10 日起未来 5 个交易日的股价趋势波动，且使用 RMSE 和 MAPE 这两种评价指标对三种方法的预测结果进行评价。

使用基于机构交易行为下的趋势预测方法 MPP 进行价格波动预测，所定的匹配程度的阈值 $\varepsilon = 1.2$，在预测过程中 000014（沙河股份）和 000554（泰山石油），这两只股票的匹配程度不够，将其剔除，最终预测数据是 68 只股票。由于 000632（三木集团）、000767（漳泽电力）和 000809（铁岭新城）这三只股票在 2018 年 4 月 10 日至 4 月 16 日中 5 个交易日的收盘价经过标准化处理后存在 0 值，MAPE 值无法计算。因此，进行预测结果 RMSE 评价指标比较的股票总数为 68 只，MAPE 评价指标比较的股票总数为 65 支，三种方法对不同股票 A 时段的预测误差如表 8.2 所示（所有数据均保留小数点后两位）。表 8.2 中，黑体的数值表示股票在 RMSE 与 MAPE 评价下的预测误差最小值，可以得出共有 62 只股票的 RMSE 最小值与 56 只股票 MAPE 最小值来自基于机构交易行为下的趋势预测方法 MPP。另外，RMSE 与 MAPE 评价下的均值最小值和标准差最小值均来自 MPP，由此可知 MPP 方法的拟合结果优于其他两种方法。

表 8.2　三种方法的预测误差

股票代码	RMSE			MAPE		
	ARMA	LSTM	MPP	ARMA	LSTM	MPP
000001	1.34	0.90	**0.50**	325.81	184.40	**163.08**
000011	1.67	1.38	**0.44**	218.61	190.21	**86.71**
000027	1.47	0.70	**0.19**	151.76	124.00	**36.62**
000039	1.34	1.20	**0.86**	951.06	638.14	**199.50**
000049	1.34	1.16	**0.49**	162.89	153.04	**77.65**
000059	1.44	1.46	**1.05**	130.67	157.73	**100.15**
000088	1.04	0.73	**0.25**	106.78	62.53	**36.65**

续表

股票代码	RMSE			MAPE		
	ARMA	LSTM	MPP	ARMA	LSTM	MPP
000089	0.79	1.68	**0.73**	**63.05**	162.87	70.92
000096	1.74	1.02	**0.91**	224.09	129.39	**124.46**
000151	1.30	0.69	**0.30**	128.37	71.40	**69.49**
000157	0.47	1.02	**0.40**	48.10	118.46	**41.63**
000338	1.29	1.21	**1.06**	1047.13	1089.70	**265.42**
000402	1.53	1.15	**0.53**	228.85	214.77	**116.45**
000419	1.01	1.60	**0.28**	**126.36**	253.18	199.00
000423	1.37	1.14	**0.85**	428.29	348.64	**307.60**
000528	1.53	1.28	**0.68**	299.35	738.07	**183.48**
000532	**0.49**	1.39	0.61	**209.53**	308.24	339.29
000548	1.57	1.50	**0.27**	373.99	229.84	**42.56**
000550	1.43	0.59	**0.45**	531.70	337.78	**190.67**
000559	1.71	1.42	**0.88**	218.62	189.05	**129.25**
000561	1.63	1.59	**1.05**	319.62	**179.04**	308.26
000570	1.02	1.27	**0.44**	106.93	177.36	**48.80**
000572	1.18	1.10	**0.26**	679.26	299.96	**100.74**
000573	1.11	1.29	**1.06**	188.27	257.38	**146.89**
000596	1.63	1.26	**0.91**	231.26	144.38	**94.77**
000598	0.73	1.47	**0.57**	76.47	115.16	**56.45**
000623	0.94	1.34	**0.49**	198.39	173.26	**98.89**
000631	1.53	1.72	**1.06**	201.58	255.85	**142.12**
000632	1.05	1.12	**0.53**	/	/	/
000637	1.12	1.17	**0.13**	140.98	183.66	**22.29**
000652	1.44	1.62	**0.91**	135.31	167.37	**112.91**
000680	1.34	0.94	**0.30**	160.19	109.36	**34.78**

续表

股票代码	RMSE			MAPE		
	ARMA	LSTM	MPP	ARMA	LSTM	MPP
000702	1.41	0.95	**0.23**	370.25	805.59	**168.29**
000722	0.47	0.92	**0.30**	47.63	115.05	**30.05**
000725	0.61	**0.32**	0.56	94.45	**70.97**	95.40
000726	1.25	1.40	**0.42**	506.04	368.97	**134.05**
000729	1.66	1.08	**0.66**	431.10	713.33	**296.20**
000731	1.64	0.71	**0.43**	241.75	126.32	**65.48**
000758	1.57	0.90	**0.39**	175.09	162.28	**54.49**
000759	1.45	1.63	**0.97**	346.47	204.87	**115.66**
000767	1.26	1.47	**0.62**	/	/	/
000777	1.17	1.47	**0.88**	188.89	154.82	**117.67**
000780	0.39	0.89	**0.32**	92.14	162.74	**75.11**
000785	0.86	1.36	**0.77**	150.11	255.93	**94.40**
000789	0.83	1.12	**0.77**	1172.88	785.29	**438.57**
000800	1.48	**0.59**	0.66	394.80	289.24	**89.59**
000809	1.50	1.39	**0.63**	/	/	/
000819	1.27	1.64	**0.95**	127.34	175.90	**78.21**
000822	1.21	1.66	**0.98**	94.66	136.28	**85.25**
000823	0.59	1.58	**0.58**	90.97	166.17	**54.63**
000830	1.74	1.12	**0.99**	181.87	129.81	**82.59**
000848	1.74	0.87	**0.40**	338.85	355.40	**181.45**
000869	0.76	1.67	**0.70**	127.95	218.37	**117.12**
000880	0.91	1.30	**0.78**	86.06	139.62	**68.44**
000886	0.96	1.61	**0.93**	238.55	244.64	**168.38**
000888	1.17	1.20	**0.42**	361.08	327.54	**198.10**
000895	1.03	0.82	**0.68**	247.78	**200.50**	251.69

续表

股票代码	RMSE			MAPE		
	ARMA	LSTM	MPP	ARMA	LSTM	MPP
000898	1.33	1.29	**0.59**	138.44	167.68	**84.55**
000915	0.63	1.62	**0.61**	161.90	136.88	**91.27**
000919	1.39	1.42	**0.65**	162.74	220.20	**118.16**
000921	1.67	1.23	**0.47**	197.27	158.23	**77.84**
000937	1.38	**0.57**	0.69	125.94	70.93	**69.52**
000951	0.55	1.58	**0.52**	**283.59**	285.33	367.56
000965	**0.18**	0.60	0.37	**409.38**	1259.03	578.53
000966	0.98	1.22	**0.40**	588.93	392.68	**297.43**
000983	1.23	1.43	**0.63**	304.30	271.71	**190.65**
000985	1.74	0.77	**0.52**	216.84	166.29	**100.87**
000988	**0.65**	0.74	0.67	96.33	**55.81**	97.98
均值	1.20	1.20	**0.61**	264.72	265.52	**139.72**
标准差	0.39	0.34	**0.25**	221.59	232.78	**105.48**

图 8.7 是将表 8.2 中的数据可视化后的结果，图 8.7(a)表示基于机构交易行为下的趋势预测方法 MPP 与 ARMA 模型的 RMSE 值比较，其中纵轴表示 ARMA 方法的 RMSE 值且记为 R_a，横轴表示 MPP 方法的 RMSE 值且记为 R_m。由散点图易知只有 3 个点在下三角区域，即 $R_a < R_m$，说明 ARMA 模型只有 3 只股票的预测结果优于 MPP。相反，MPP 方法在 65 只股票数据中取得比 ARMA 更好的预测结果。图 8.7(b)表示 MPP 与 ARMA 模型的 MAPE 值比较，由于 MAPE 值是百分值，为了使图像直观、好看且坐标轴不用设置太大，故将 MAPE 值均除以 100 后再将其可视化，其中纵轴表示 ARMA 方法的 MAPE 值且记为 M_a，横轴表示 MPP 方法的 MAPE 值且记为 M_m。图 8.7(b)中共有 8 个点在下三角区域，即 $M_a < M_m$，说明 ARMA 模型在 8 只股票数据中的

MAPE 指标优于 MPP,而 MPP 在 57 只股票中取得比 ARMA 更好的预测结果。图 8.7(c)和(d)分别表示 MPP 与 LSTM 网络 RMSE 值和 MAPE 值的比较。图 8.7(c)表示通过 RMSE 评价指标得出 MPP 的趋势预测方法共有 65 只股票的预测结果优于 LSTM 网络。图 8.7(d)表示通过 MAPE 评价指标得出 MPP 的趋势预测方法共有 59 只股票的预测结果优于 LSTM 网络。

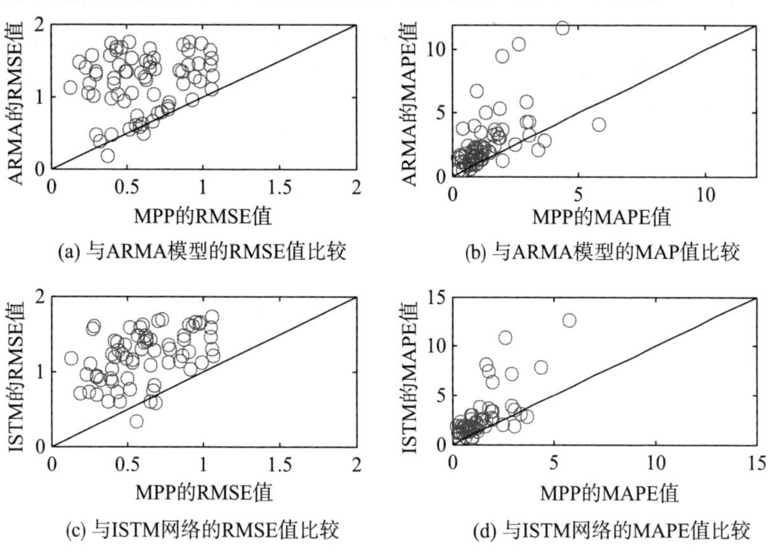

图 8.7　三种方法对 A 时段的预测结果比较

为保证上述比较时段不具有偶然性,另选取了 B 时段(预测自 2018 年 4 月 24 日起未来 5 个交易日的股价波动)进行相同的实验步骤,同样使用 RMSE 和 MAPE 这两种评价指标评价 MPP、ARMA、LSTM 这三种方法拟合结果,如图 8.8 所示。

由于在预测过程中 000014(沙河股份)、000151(中成股份)、000532(华金资本)、000789(万年青)、000819(岳阳兴长)、000830(鲁西化工)和 000886(海南高速)这 7 只股票的匹配程度不够导致不可以预测,故最终进行预测结果比较的总共是 63 只股票。图 8.8(a)表示通过 RMSE 评价指标得出基于 MPP 方法获得的预

测结果优于 ARMA 模型的股票共有 58 只;图 8.8(b)表示通过 MAPE 评价指标得出基于 MPP 方法获得的预测结果优于 ARMA 模型的共有 59 只。同理,图 8.8(c)中 MPP 的趋势预测方法共有 59 只股票的预测结果优于 LSTM 网络,图 8.8(d)中 MPP 的趋势预测方法共有 58 只股票的预测结果优于 LSTM 网络。

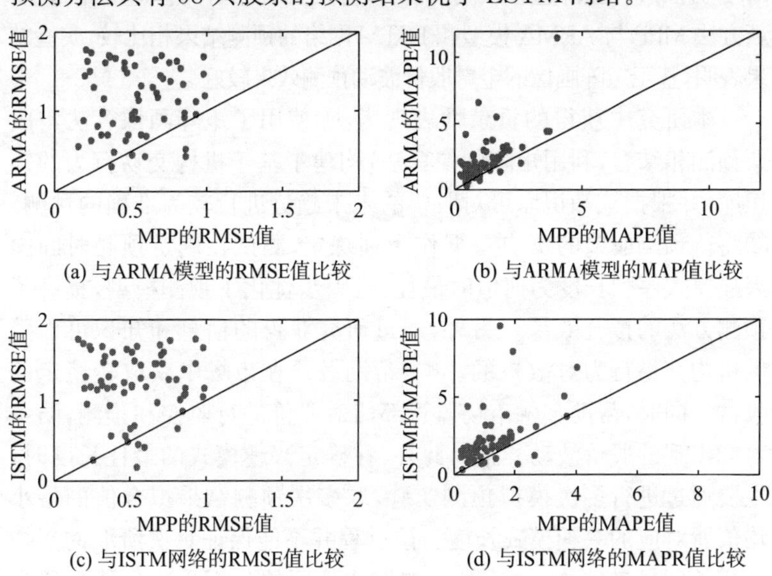

图 8.8　三种方法对 B 时段的预测结果比较

8.5　本章小结

根据深市 A 股股票的换手率数据,使用 stomp 算法获取具有机构交易行为的兴趣模式片段,构建完备知识库,进而提出基于知识库中兴趣模式的单只股票的金融股票价格趋势波动预测方法。针对某只股票,根据股票的历史换手率数据、收盘价数据及待预测天数,筛选出基于历史数据具有最佳预测效果的兴趣模式长度,从而进行未来几天的股价趋势预测。在时间效率方面,由于前期要对 70 只股票数据使用矩阵画像算法建立不同兴趣模式长度的知识库，数据量大，算法的时间复杂度也不低，且后期预测时需要进行多次的模拟训练，故耗费时间较长。在应用方面，在已构建好知识库的情况下，对在构建知识库的过程中应用到的所有股票都可使用 MPP 方法进行股价趋势预测，说明该方法具有相对的普遍应用价值。新方法 MPP 与 ARMA 模型和 LSTM 网络的预测结果相比较，实验结果表明，基于矩阵画像的金融股价波动预测效果较好。

本研究中获得的贡献性表现为：①使用了矩阵画像算法与股票预测相结合，利用矩阵画像算法，构建了基于机构交易行为的知识库，并根据该知识库可对股票的未来趋势进行较为准确的预测。②将待预测股票的历史数据作为训练集，测试在确定预测时间内兴趣模式序列长度为何值时最佳，进一步优化了预测模型，提高了预测方法的拟合效果。另外，通过研究获得的信息和知识可以降低机构交易行为对散户的影响，帮助散户在市场中获取较稳定的收益。同时，帮助金融市场监管部门对股价进行监控和预测，防范可能出现的股价波动异常。此外，在确定兴趣模式的最佳长度时，主要通过进行多次模拟预测实验，取多次预测结果拟合值的最小均值所对应的兴趣模式长度。该过程并不能保证每次所取的兴趣模式长度是最佳的，故针对兴趣模式长度的分析是未来值得研究的问题。

第9章　期刊文献时间序列数据分析

鉴于参考文献在期刊论文发表过程中的重要性以及引证文献对期刊论文的影响力，提出基于时间序列相似性度量的期刊参考文献与引证文献来对时间序列数据进行分析和研究。以图书情报类某重要核心期刊2010—2017年刊发的3500篇论文作为样本数据，从时间序列数据挖掘的角度来发现期刊参考文献与引证文献中存在的信息和知识。利用正则表达式对非结构化的样本数据进行结构化处理，将参考文献来源期刊和引证文献来源期刊的均篇引用转化为时间序列数据，结合时间序列数据聚类方法分别使用欧氏距离和动态时间弯曲从数值和趋势两个方面展开研究，探究期刊参考文献与引证文献两种来源期刊之间隐含的相关关系。研究发现：新方法可以从时间变化的角度对来源期刊实现聚类划分，自适应地找到中心来源期刊作为簇的特征对象，其获得的结论可为目标期刊的质量管理提供决策参考和理论依据。

9.1　研究动机

参考文献是论文写作中重要的部分，能够为科学研究和成果发表提供必要的研究综述、理论基础与技术支持。引证文献反映了期刊论文在发表后的学术影响力，高质量的学术论文通常能够被较好的引证文献来源期刊所引用，进而提升目标期刊论文的国内外学术影响力。

期刊论文参考文献与引证文献的搜集、整理和分析主要通过概率统计及文献计量等传统方法来显性地实现对这些数据的分析与研究，为文献的选择提供有限的管理和决策依据。余厚强通过采集 441 万多条数据，研究了独立用户数、在线参考文献平台阅读量与引文量之间的相关性系数。杨思洛等从文献计量学的角度出发，在学科层面研究我国学者对期刊文献引证的行为，并且根据时间变化反映学者们的引证行为变化特征。张金柱等根据传统文献和研究领域的学科交叉性使用的是参考文献的所属性学科领域，提出如何通过参考文献来研究科学成果的学科分类和交叉。杨波等通过比较、分析中国学者在中外期刊论文中的引用特征，论证了中国学者更倾向于将更优秀的研究成果投向国际期刊的假设，同时也证明科学文献的质量与科学软件/数据集质量之间存在显著的正向相关关系。谢娟等提出利用统计方法对论文下载量与被引用量关系进行了元分析，进一步明确引证文献量与目标期刊下载量两者之间的关系。Wakefield 以会计研究期刊网络的知识资本流动为研究对象，发现在被高度引用的期刊存在影响力较小的情况下，高价值的出版研究是提高期刊影响力的关键因素之一。

对于传统研究方法来说，缺少对于参考文献和引证文献等来源期刊之间的相关性研究。由于研究者的文献需求表达与现在数据库的检索接口、检索方式之间的匹配效果经常不是特别理想，导致有些文献的辨析相对难度较大的情况，对某些具有相似引用趋势的论文参考文献研究仍处于待完善的阶段。在大数据时代，运用数据挖掘及可视化方式对参考文献和引证文献进行分析，能够更加精准地挖掘参考文献与引证文献两种来源期刊网络中的关系趋势。刘佩佩与袁红梅通过融合多个数据，解决传统实证研究中难以获取数据资源的问题，并结合 Logistic 回归模型来分析包括引证专利文献数量和引证非专利文献在内的多个因素对专利树无效宣告结果的研究。Noel 通过关联挖掘的过程来计算距离，将重要的、频繁发生的项集连接在一起，用于可视化关联文档的集合以增强对信息检索系统返回的文档之间的关系的理解。张琳基于互引分析、聚类分析和可视化技术等方法，对科学的内在结构进行了量化解读，研究和展现了自然科学与人文社会科学的整体知识结构、

信息流动特征与规律。李海林等提出以控制与决策期刊为例，使用数据挖掘关联规则方法对参考文献中的作者相关性、主题及来源期刊的关联性进行了分析，进而发现参考文献来源期刊之间的相关关系。胡志刚等基于 *Journal of Informetrics* 期刊中的论文数据进行相关的实证分析，并提出一种新的加权的计算引文总被引次数的相关网络算法，可以更早地识别出最新发表的高被引论文，在科学预见和科学评价方面具有重要的应用价值和前景。马丙超设计了一种基于 MCL 算法进行引文网络的聚类并且通过 PageRank 算法对引文的被引次数排名的新的文献在线推荐系统，能够实现对较传统的学术更为精准的推荐。

目标期刊论文引用参考文献和被引证文献所引用等情况易受时间因素的影响，且针对期刊论文参考文献和引证文献的时间序列数据挖掘研究颇为少见。李信等通过扩展 RPYS 研究的年限范围，来探索国际引文分析领域的起源和演化过程，并对所研究学科领域的演化和发展轨迹进行了预测。然而，对于参考文献被引时间序列的研究仍然存在局限性，没有考虑参考文献被引时间序列之间的相关性研究，不能对其近年的趋势以及来源期刊之间的相似性进行深入分析。

鉴于参考文献和引证文献在科学研究及论文成果创作中的重要性，同时考虑时间变化对参考文献引用及论文发表后的影响，以动态时间弯曲为度量序列变化之间的相似性，运用时间序列数据聚类分析对图书情报类某重要核心期刊的参考文献和引证文献进行数据分析与挖掘，研究动态时间变化下这两种文献存在的信息与知识，进而反映该期刊刊发论文所关注的重要参考文献和这些论文的影响力等变化趋势。通过对期刊参考文献和引证文献的时间序列演化分析，研究过程和结果能为期刊论文分析提供动态演化环境下的文献分析方法，提高编辑、读者和创作者的文献管理质量和写作水平。

9.2 近邻传播聚类算法

近邻传播(Affinity Propagation，AP)聚类算法是一种根据数据对象之间的相似度矩阵 $\boldsymbol{S}$,将所有需要聚类的数据对象作为初始聚类中心,结合相似性矩阵将每个数据对所包含的信息进行自动迭代计算。其优点在于不需要像 K-Means 和 K-Medoids 等算法一样事先给出聚类的数目,但也存在计算量过于庞大、算法复杂度较高、在大数据量下运行时间较长的缺点。

AP 算法中,每个数据点存在两个重要的消息,即吸引度(Responsibility)和归属度(Availability)。$R(i,k)$描述了数据对象 k 适合作为数据对象 i 的聚类中心的程度,表示的是从 i 到 k 的消息;$A(i,k)$描述了数据对象 i 选择数据对象 k 作为其聚类中心的适合程度,表示从 k 到 i 的消息。$R(i,k)$与 $A(i,k)$越大,那么数据对象 k 就越有可能作为聚类的中心。

AP 算法通过不断迭代更新每一个数据对象的吸引度和归属度,以 $R(k,k)+A(k,k)\geqslant 0$ 作为聚类中心选择决策,产生数个高质量的聚类中心。当经过若干次迭代之后聚类中心不变,或者迭代次数超过既定的次数时,确定聚类中心,将其余数据对象分配到它们指向的聚类簇中。

阻尼系数(Damping Factor)是为防止数据振荡而引入的衰减系数,每个信息值等于前一次迭代更新的信息值的 λ 倍加上此轮更新值的 $1-\lambda$ 倍,其中 λ 为 0～1,默认为 0.5。阻尼系数在很大程度上影响聚类的好坏。

AP 聚类根据数据对象之间的相似性矩阵 $\boldsymbol{S}$,通过对每个数据点的吸引度和归属度进行迭代计算,最终将吸引度与归属度之和最大的数据点作为簇的中心点,其簇成员为指向该中心代表点的数据对象。吸引度迭代公式和归属度迭代公式分别见式(9.1)和式(9.2)。

吸引度迭代公式:

$$R_{t+1}(i,k)=(1-\lambda)\cdot R_{t+1}(i,k)+\lambda\cdot R_t(i,k) \tag{9.1}$$

$$R_{t+1}(i,k)=\begin{cases}\boldsymbol{S}(i,k)-\max\limits_{j\neq k}\{A_t(i,j)+R_t(i,j)\}\text{，若 } i\neq k\\ \boldsymbol{S}(i,k)-\max\limits_{j\neq k}\{S(i,j)\}\text{，若 } i=k\end{cases}$$

归属度迭代公式：

$$A_{t+1}(i,k)=(1-\lambda)\cdot A_{t+1}(i,k)+\lambda\cdot A_t(i,k) \tag{9.2}$$

$$A_{t+1}(i,k)=\begin{cases}\min\left\{0,R_{t+1}(k,k)+\sum\limits_{j\notin\{i,k\}}\max\{0,R_{t+1}(j,k)\}\right\}\text{，若 } i\neq k\\ \sum\limits_{j\notin k}\max\{0,R_{t+1}(j,k)\}\text{，若 } i=k\end{cases}$$

当 t 为 0 时，$A(i,k)$ 和 $R(i,k)$ 为 0。

9.3　数据来源与研究思路

从 CNKI 引文数据库的检索选项卡里选择某图书情报类重要核心刊物在 2010—2017 年发表的科研成果论文。在本研究中，将该图书情报类重要核心刊物称为目标期刊。按下载量排序，选取下载量靠前的 3500 篇论文作为数据资料导出。基于参考文献与引证文献两种来源期刊的时间序列数据挖掘过程如图 9.1 所示，通过正则表达式将数据资料的非结构化数据转化为结构化数据，统计各来源期刊年均被引频次，整理成参考文献来源期刊和引证文献来源期刊时间序列数据，再结合动态时间弯曲计算来源期刊时间序列数据之间的相似性，使用近邻传播 AP 聚类方法对目标期刊论文的参考文献和引证文献两种来源期刊，以及它们与目标期刊之间的关系进行研究。

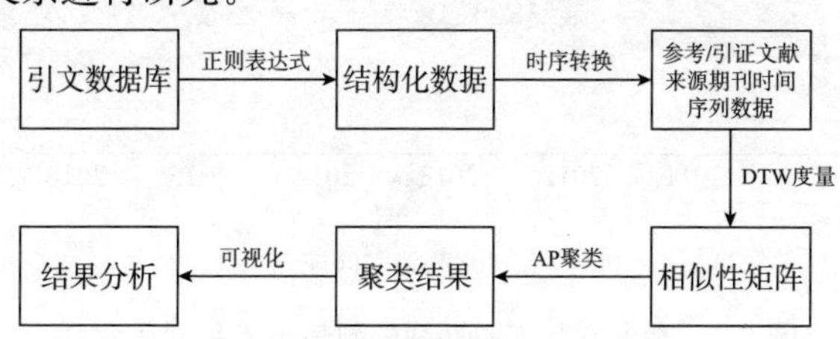

图 9.1　研究方法和思路

9.4　参考文献来源期刊分析

为了便于研究参考文献来源期刊被目标期刊引用时间序列数据中蕴含的信息、知识及结果的可视化，提取目标期刊中篇均总引用频数排名前 70 的参考文献来源期刊进行分析。通过对目标期刊参考文献来源期刊的数值和趋势两种时间序列数据分布形态进行研究，挖掘出目标期刊参考文献来源期刊随时间变化而呈现的相关关系。

图 9.2 显示了每年目标期刊参考文献来源期刊数值时间序列和趋势时间序列，描述了目标期刊单篇论文引用不同参考文献来源期刊随着年份的变化情况。

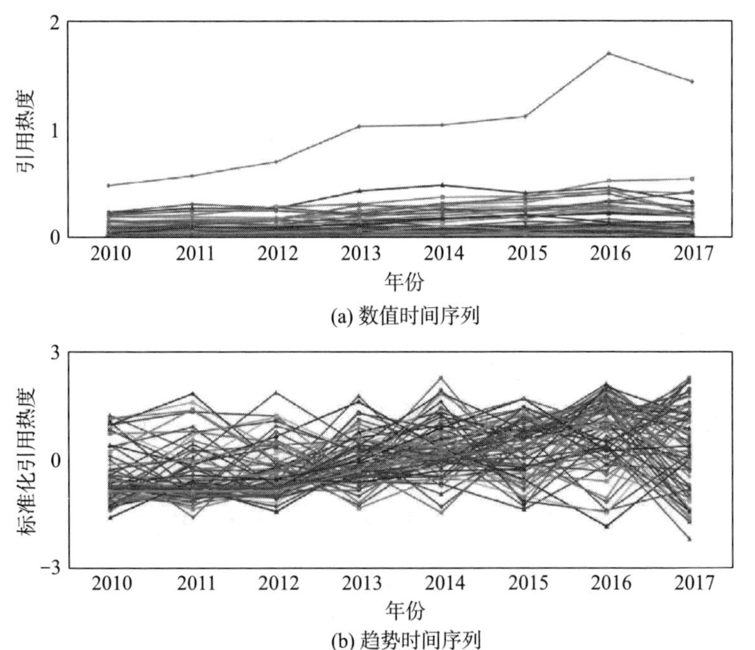

图 9.2　参考文献来源期刊的数值与趋势时间序列

数值时间序列 $X_t=[x_{2010},x_{2011},\cdots,x_{2017}]$ 直接反映了某一特定参考文献来源期刊每年被目标期刊单篇论文引用的次数，描述了参考文献来源期刊的被引用热度。趋势时间序列 $Y_t=[y_{2010},y_{2011},\cdots,y_{2017}]$直接反映了某一特定参考文献来源期刊每年被目标期刊单篇论文引用的趋势变化值，描述了参考文献来源期刊的被引用形态趋势，且

$$y_t=\frac{x_t-\overline{X}}{\sigma_X} \tag{9.3}$$

如图 9.2(a)所示，除了目标期刊本身篇均被引用数值逐年递增且 2013 年达到篇均引用频次在 1 以上，剩余参考文献来源期刊篇均引用频次都位于 0.5 以下。在数值上整体呈现一种逐年递增的趋势，波动总体上看较为相似，在一定程度上反映了论文的质量在逐年递增，但是在数值时间序列上波动性不明显。趋势时间序列如图 9.2(b)所示，其反映了趋势时间序列的变化情况，较明显地描述各参考文献来源期刊随时间变化被引趋势波动之间的相似性。通过聚类分析方法，结合时间序列数据的特性，可以用于研究参考文献来源期刊在数值和趋势两个角度来观察哪些参考文献来源期刊随着时间变化具有相似的变化情况，哪些对象近年来被引用呈现上升趋势，哪些对象被引用却呈现下降趋势，哪些对象具有相似的分布现象等。

9.4.1　参考文献来源期刊被引数值聚类分析

参考文献来源期刊被引数值聚类分析的目的是通过聚类观察和分析哪些被引期刊随时间变化存在近似被引数值的变化，进而得到具有不同引用热度变化的簇，有利于使用者对不同期刊进行区别对待。根据图 9.1 所示的研究方法和思路，以及动态时间弯曲 DTW 计算参考文献来源期刊被引用的数值时间序列数据之间的相似性，再采用近邻传播 AP 聚类方法对这些时间序列数据对象进行聚类分析，其聚类结果如图 9.3 所示。

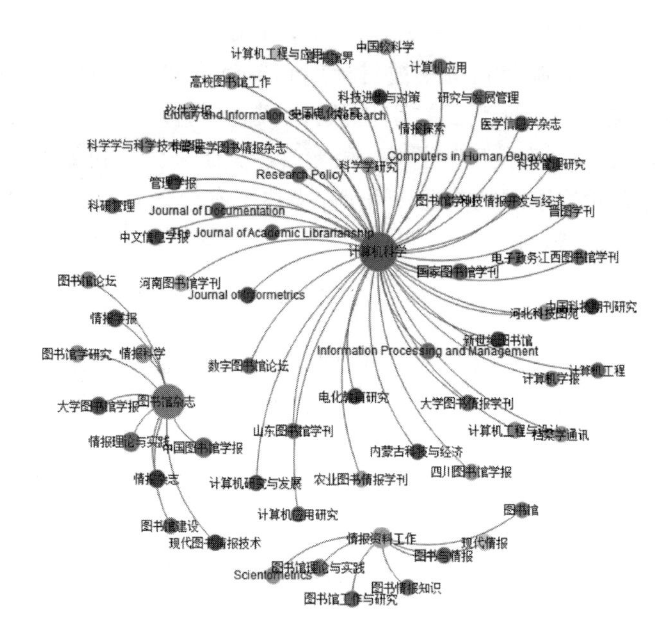

图 9.3　参考文献来源期刊的被引数值时间序列聚类结果

如图 9.3 所示，通过 AP 聚类算法得到了 3 个簇，分别将“图书馆杂志”“情报资料工作”和“计算机科学”3 个来源期刊作为簇的代表中心。例如，在以《情报资料工作》为代表中心的簇中，聚类结果显示《图书馆杂志》和《图书情报知识》等成员作为参考文献来源期刊具有较强的被引数值时间序列相关性，在一定程度上说明了同个簇里随着时间变化具有相同的被引热度情况。从另一个角度讲，当《情报资料工作》作为参考文献来源期刊时，会较大可能地引用《图书馆》和《图书情报知识》等同簇内其他成员作为同一论文的参考文献来源期刊。

为了进一步分析 AP 聚类所得到的同簇内参考文献来源期刊数值时间序列之间的变化关系，通过对图 9.3 中 3 个簇成员进行时间序列数据可视化来直观地反映同簇内来源期刊的相关共现性。

图 9.4 显示了每个簇成员的时间序列数值波动情况，同簇内对

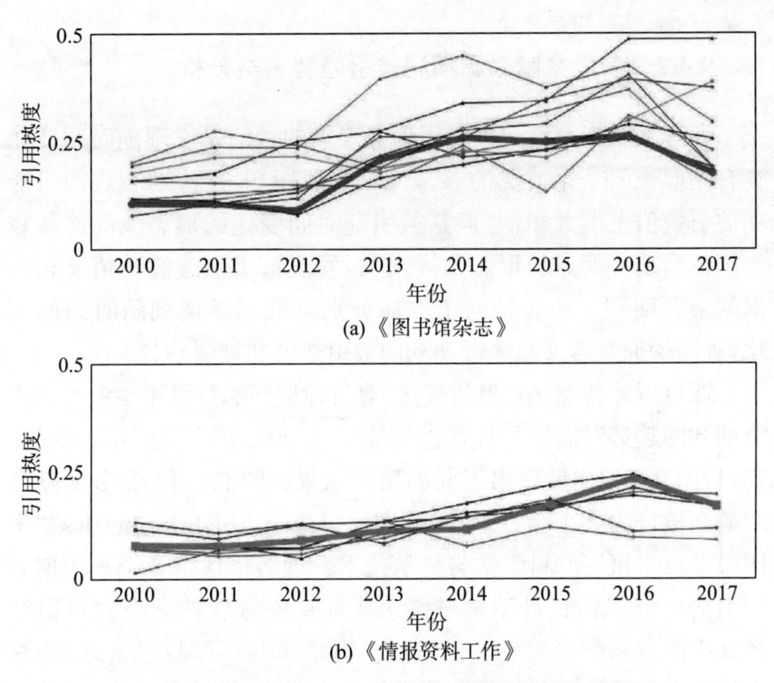

(a)《图书馆杂志》

(b)《情报资料工作》

图 9.4　两个簇中参考文献来源期刊热度变化情况

象随时间变化具有近似被引波动，说明这些参考文献来源期刊的引用热度较为近似。簇代表中心来源期刊被加粗显示，易知每个簇成员的整体热度变化情况与簇代表中心来源期刊时间序列相似，进而也说明簇中心可以较好地代表整个簇的数值变化。如图 9.4(a)所示，以《图书馆杂志》期刊为中心的簇，目标期刊引用参考文献的来源期刊时间序列于 2010—2017 年呈现逐年递增的现象，被引均数上涨幅度最大，引用热度最高。图 9.4 (b)中，以《情报资料工作》为中心的簇同样呈现逐年递增的趋势，但与图 9.4(a)相比，其被引均数上涨幅度较小。因此，基于 AP 聚类的参考文献来源期刊被引数值分析不仅能找到最合适的核心期刊代表相应的类别，也便于描述该类别被引热度的变化。

9.4.2 参考文献来源期刊被引趋势聚类分析

参考文献来源期刊被引用趋势聚类的目的是发现随时间变化具有相似被引变化情况的参考文献来源期刊，这些期刊之间可能在被引数值上不太相似，但是被引随时间变化的形态波动性却较为相似。趋势聚类从形态角度出发，发现被引形态波动情况相近似的来源期刊。两者从两个方面分别研究来源期刊随时间的变化，进而探究参考文献来源期刊的被引热度和被引趋势。

通过近邻传播 AP 聚类算法，对目标期刊的被引用参考文献来源期刊的趋势时间序列数据进行聚类，结果如图 9.5 所示，可以发现，与图 9.3 相比呈现出不同的聚类结果。图 9.5 中，参考文献来源期刊被分为 3 个簇，簇中心分别为“Journal of Informetrics”“中国图书馆学报”和“科学学与科学技术管理”，描述了 3 个来源期刊被引的趋势，例如《科学学与科学技术管理》《软件学报》《科研管理》《中国软科学》等为同组并选定《科学学与科学技术管理》为核心期刊来描述该簇的被引趋势变化。

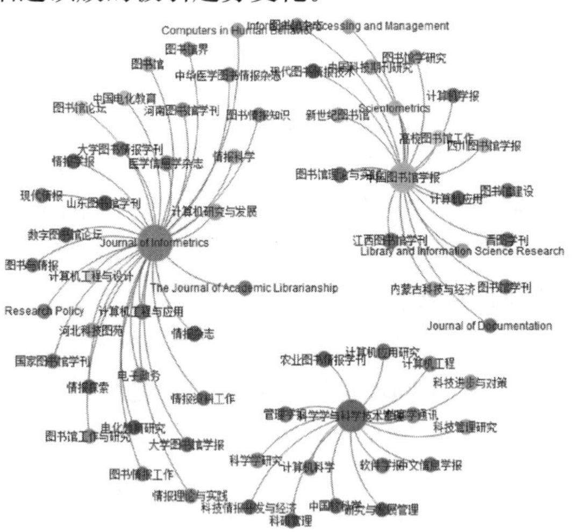

图 9.5　参考文献来源期刊趋势时间序列聚类结果

对每个趋势时间序列聚类簇的成员进行趋势序列可视化，如图 9.6 所示，呈现了两个簇中参考文献来源期刊的被引趋势波动情况。同簇内对象随时间变化具有近似被引波动，不同簇内波动有明显的不同，反映了随时间变化参考文献来源期刊被引趋势变化近似情况。将簇代表中心来源期刊时序加粗，可以看出整体波动趋势与簇代表中心来源期刊序列波动较吻合，簇中心可以比较好地代表整个簇。如图 9.6(a)所示，以《中国图书馆学报》为中心的簇，目标期刊的参考文献来源期刊被引时间序列整体趋势在 2010—2013 年呈现上升趋势，但在 2013 年之后呈平稳过渡趋势，后期上升趋势不明显。在图 9.6(b)中，以 *Journal of Informetrics* 为中心的簇，目标期刊的参考文献来源期刊被引时间序列形态变化呈现波动性上升趋势。

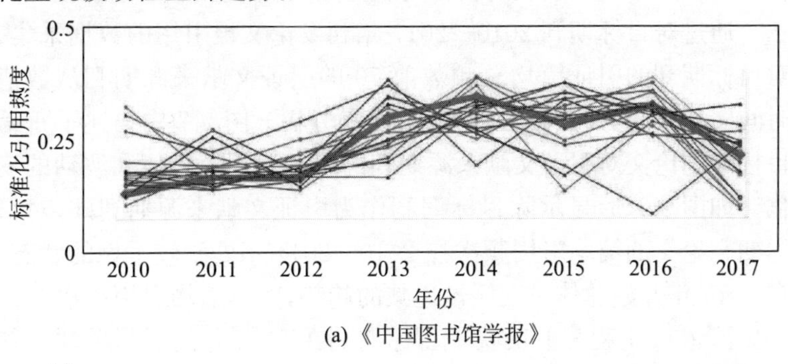

(a)《中国图书馆学报》

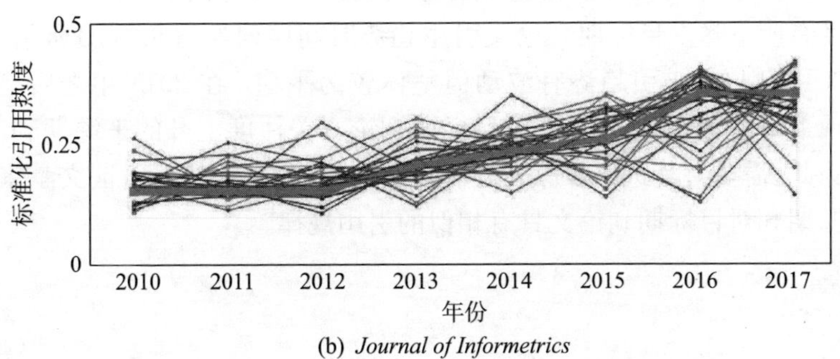

(b) *Journal of Informetrics*

图 9.6　两个簇中参考文献来源期刊趋势变化情况

通过聚类的结果可以发现,根据各参考文献来源期刊被引用的数值和趋势等变化情况,可以得到哪些参考文献来源期刊在目标期刊中容易被引用,哪些具有相似的被引用趋势和规律,便于为期刊编辑、论文读者与创作者进行科学研究和成果论文撰写提供决策参考及依据。

9.5 引证文献来源期刊分析

引证文献来源期刊分析旨在通过收集目标期刊论文被其他期刊引用的情况,进一步研究该目标期刊刊发的论文通常会被哪些期刊引用,以及引用情况随着时间变化会如何演化,同时也挖掘出哪些引证文献来源期刊对目标期刊论文具有相似的引用情况。

通过对目标期刊 2010—2017 年刊发论文被引用的数据采集,对目标期刊的引证篇均总频数前 70 的引证文献来源期刊从数值时间序列和趋势时间序列两个角度来分析。图 9.7 中描述了每篇目标期刊论文对引证文献来源期刊的逐年引用篇均值和波动的变化。如图 9.7(a)显示除目标期刊作为引证文献来源期刊外,对目标期刊论文的篇均引用频次在 2010—2014 年处于较平稳的状态。自 2014 年开始总体呈现缓慢递减的趋势,整体篇均引用频次在 0.5 以下,在一定程度上反映了目标期刊在 2014 年之后受关注的热度有所下降。目标期刊论文引用趋势时间序列如图 9.7(b)所示,2015 年以前被引趋势有波动但整体较为平稳,在 2015 年之后呈现下降趋势,但仍然存在对目标期刊论文关注度上升的来源期刊。为此,需要对其进一步深入分析和研究,以便发现哪些引证文献来源期刊对目标期刊论文具有相似的引用规律。

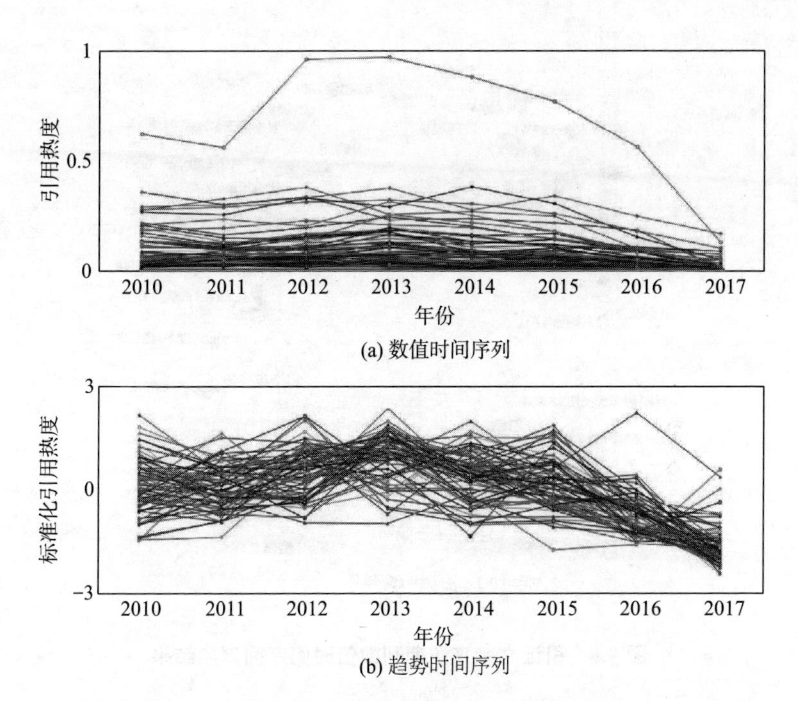

(a) 数值时间序列

(b) 趋势时间序列

图 9.7　引证文献来源期刊的数值与趋势时间序列

9.5.1　引证文献来源期刊被引数值聚类分析

引证文献来源期刊引用数值时间序列数据聚类的目的是通过聚类结果观察和分析哪些期刊随时间变化对目标期刊存在近似的引用数值变化，进而得到对目标期刊具有不同引用热度变化的簇，有利于编辑部对不同的引证文献来源期刊采取不同策略进行目标期刊论文的有效推荐。采用近邻传播 AP 聚类对引用目标期刊论文的引证文献来源期刊数值时间序列数据进行聚类分析，其聚类结果如图 9.8 所示。

如图 9.8 所示，通过 AP 聚类算法得到以“图书馆论坛”“大学图书情报学刊”和“经营管理者”3 个来源期刊为簇中心的簇。例

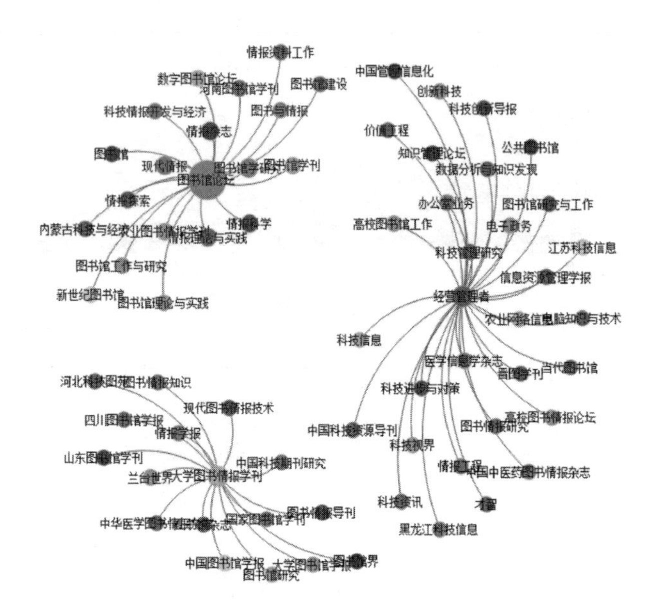

图 9.8　引证文献来源期刊数值时间序列聚类结果

如，在以《图书馆论坛》为中心的簇中，聚类结果显示《图书馆》《图书馆理论与实践》和《新世纪图书馆》等其他成员对目标期刊论文具有较强的引用数值时间序列相关性。比较簇成员与其他簇成员，同簇成员之间有较大概率引用目标期刊中的同一篇论文。当目标期刊某篇学术论文作为《情报资料工作》的参考文献来源期刊时，与簇外其他引证文献来源期刊相比，有较大可能性会被《图书馆》和《图书情报知识》等期刊引用。

为了进一步分析 AP 聚类所获得的同簇内引证文献来源期刊时间序列之间的数值演化关系，对图 9.8 中的两个簇进行可视化来直观地反映同簇内对象的共现性。

图 9.9 呈现了两个簇中每个引证文献来源期刊对目标期刊的引用数值波动情况，同簇内对象随时间变化具有近似引用波动。将各簇簇中心代表期刊序列加粗显示，可以看出整体波动趋势与

簇中心代表期刊序列波动比较相似，说明簇中心可以比较好地代表整个簇。如图 9.9(a)所示，以《图书馆论坛》为中心的簇对目标期刊关注热度大体上呈现中间高两边低的状态，对目标期刊引用热度变化较大。在图 9.9(b)中，以《大学图书情报学刊》为中心的簇中，目标期刊被引时间序列同样呈现中间高两边低的趋势，但与图 9.9 (a)相比，时间序列数值分布较密集且特征较明显，篇均引证频次在 0.15 以下，引用热度较小。因此，基于 AP 聚类的引证文献来源期刊被引数值分析不仅能找到最合适的核心代表期刊作为簇中心，也方便描述该簇成员来源期刊引用目标期刊的热度以及热度的变化情况。

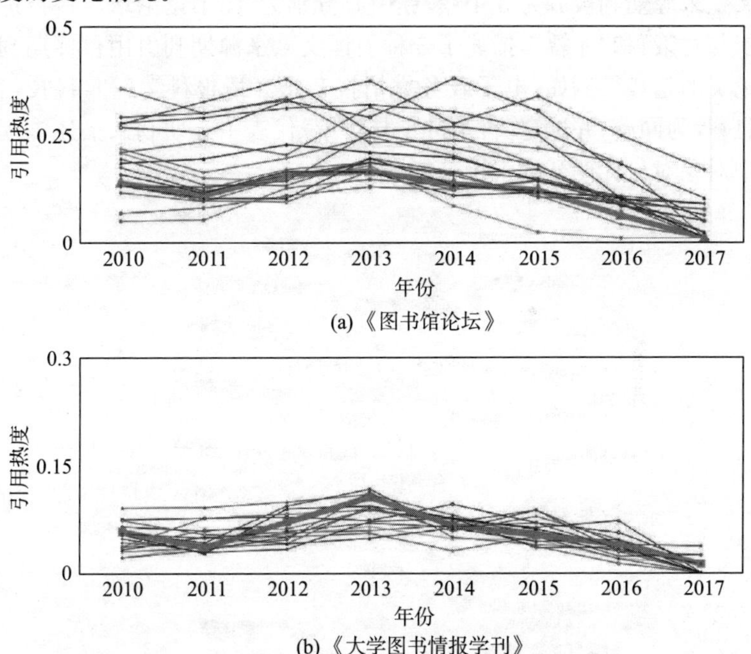

(a)《图书馆论坛》

(b)《大学图书情报学刊》

图 9.9　两个簇中引证文献来源期刊数值变化情况

9.5.2 引证文献来源期刊被引趋势聚类分析

引证文献来源期刊引用目标期刊论文的形态趋势聚类的目的是发现随时间变化对目标期刊具有相似引用变化情况的期刊，这些期刊的被引数值可能不太相似，但其对目标期刊的引用趋势随时间变化的波动性却很相似。趋势聚类从时序形态波动趋势出发，发现对目标期刊引用形态波动情况近似的来源期刊。

图 9.10 显示引用目标期刊的来源期刊趋势时间序列数据的聚类结果，其与图 9.8 相比呈现出不同的聚类结果。图 9.10 中，引证文献来源期刊被分为 3 个簇，簇中心分别为“图书馆论坛”“科技进步与对策”和“才智”，描述了 3 种引证文献来源期刊引用目标期刊论文的趋势。例如《电子政务》《情报杂志》《情报科学》和《科技信息》等为同簇，并选定《科学进步与对策》代表中心期刊来描述该簇中对象对目标期刊的引用趋势变化。

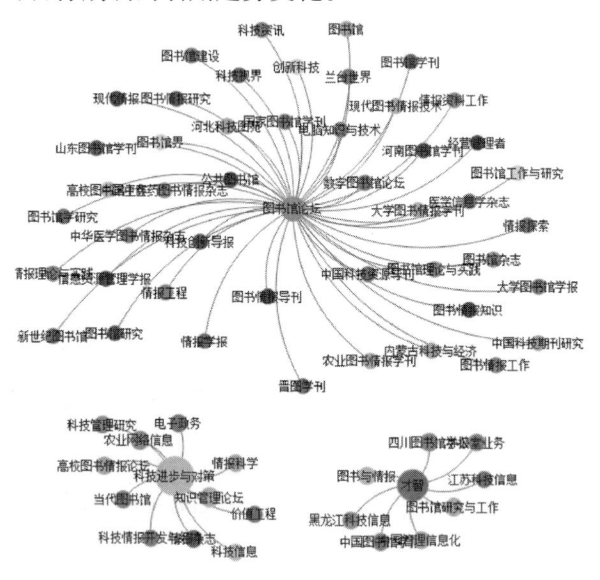

图 9.10　引证文献来源期刊趋势时间序列聚类结果

图 9.11 呈现了同簇内引证文献来源期刊的趋势波动情况，随时间变化引证文献来源期刊对目标期刊有近似引用波动。将簇中心期刊序列加粗，簇中心对象可较好地描述整个簇的趋势特征。不同簇的形态波动有明显的不同，反映了引证文献来源期刊引用目标期刊论文随时间变化的不同趋势变化，例如，如图 9.11(a)所示，在以《图书馆论坛》为中心的簇中，目标期刊被引时间序列整体引证情况在 2010—2013 年呈现上升趋势，但在 2013 年以后则开始明显下降。图 9.11(b)显示了以《科技进步与对策》为中心的簇，目标期刊论文被引时间序列整体引证情况呈平稳下降趋势。

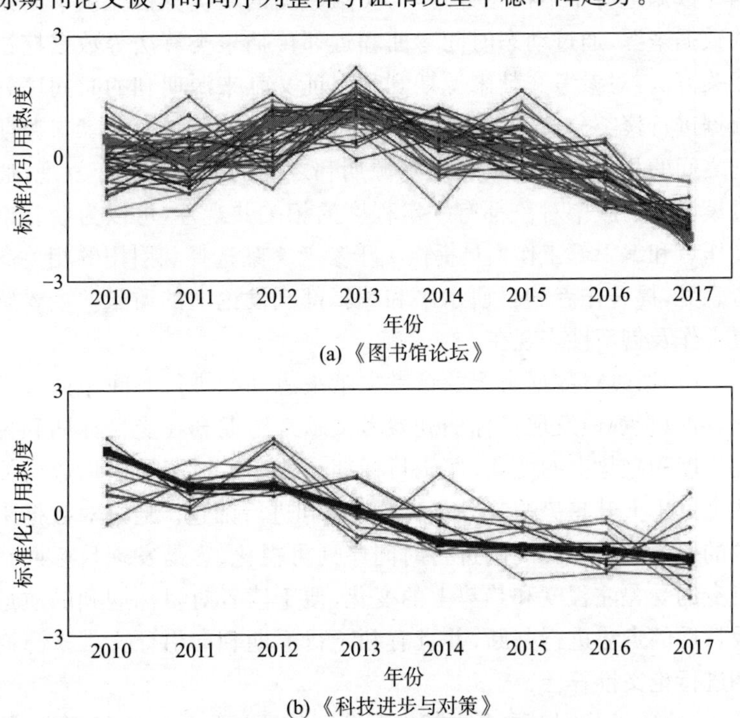

(a)《图书馆论坛》

(b)《科技进步与对策》

图 9.11　两个簇中引证文献来源期刊趋势变化情况

9.6 本章小结

在大数据时代,基于数据驱动的文献数据分析与研究成为相关学者研究的主要方向。本章从时间序列数据挖掘的角度出发,以期刊论文的参考文献和引证文献为研究主体,分别从数值和趋势两个角度探究目标参考文献来源期刊被引和引证文献来源期刊引用的热度与趋势。研究过程中使用了字符串正则表达式对半结构化数据进行了结构化处理,为文献数据的聚类分析提供了简便的数据来源,通过动态时间弯曲和近邻传播聚类算法等数据挖掘相关方法,对参考文献来源期刊和引证文献来源期刊的时间序列数据进行聚类分析,并将聚类结果可视化来验证参考文献来源期刊之间的相似性和引证文献来源期刊之间的关系。研究发现,通过聚类后的簇中对象都有一定程度的相关共现性,可以为期刊论文作者和编辑部工作人员提供关于参考文献选择和引用的相关参考意见,提升作者的科研水平和编辑部刊发论文的质量。主要研究工作及创新性表现在:

(1)通过对数据来源的参考文献来源期刊进行时间序列可视化,可以直观地发现目标期刊参考文献来源期刊在受目标期刊关注程度和趋势上的变化,便于目标期刊使用者对高被引均数或关注度处于上升趋势的参考文献来源期刊进行筛选。通过对数据来源的引证文献来源期刊进行时间序列可视化,容易发现目标期刊自身的受关注程度和趋势上的变化,便于读者对目标期刊的质量及日后的走势进行判断,并且有利于目标期刊向引证文献来源期刊进行论文推荐。

(2)通过分别对参考文献来源期刊的数值和趋势进行聚类,使得同一簇内有引用情况相似程度较高的参考文献来源期刊。通过对聚类簇成员关系的分析,可以获知同簇内参考文献来源期刊被目标期刊引用所呈现状态随时间变化的趋势,哪些参考文献来源

期刊被引均数持续处于高位，哪些来源期刊被引趋势处于上升阶段，以及哪些来源期刊易被目标期刊引用等信息。

(3)对引证文献来源期刊的数值和趋势等两种时间序列数据进行聚类，使得同簇内具有对目标期刊论文引用情况相似的来源期刊，通过对类簇成员关系的分析获知同一簇内引证文献来源期刊对目标期刊论文引用情况随时间变化的趋势，并且将具有同一数值或趋势的引证文献来源期刊进行归类，有利于目标期刊论文对不同簇中引证文献来源期刊制定针对性较强的推荐措施，进而提升目标期刊论文的引用数量和质量，以及在其他相关领域的学术影响力。

以某情报类重要核心期刊为例，其获得的规则与该目标期刊较相关，但是其应用的理论、方法以及所研究的技术和思路可应用于对其他目标期刊的分析。通过对各研究对象的统计分析和聚类关系研究，阐明了目前有关基于时间序列数据聚类的期刊参考文献与引证文献来源分析、研究过程中存在的现象和问题，并对其进行了总结、归纳和分析，获得有益于目标期刊编辑部、期刊论文读者及创作者的期刊决策建议和参考依据。

第 10 章 发动机参数时间序列数据特征分析与异常检测

随着我国工业事业的迅速发展,如何保障各类发动机的日常运行安全成了日益重要的问题。例如,航空发动机是飞机的重要组成部分,为飞机的飞行提供充足且必要的动力,通常被称为飞机的“心脏”。由于其结构复杂,对精确度和可靠性的要求非常严格。同时,通常发动机要在极其恶劣的环境中工作,受到各种不确定因素的干扰,对其总体性能的发挥也有很高的要求。因此,对发动机性能的研究具有十分重要的现实意义,通常情况下,可以监控发动机性能和预测发动机性能参数,及时发现发动机异常情况并采取措施,防止发动机故障。

发动机试验全程实时扫描的各种性能测量参数是典型的时间序列数据,因此可以利用时间序列数据挖掘方法和技术对其进行深入分析,挖掘出海量数据中蕴含的丰富信息。现有的时间序列数据分析和挖掘方法与技术大都应用于金融、经济等领域,在发动机试验的时间序列数据分析相关领域中的应用甚少,因而有必要针对发动机试验全程实时扫描的各种性能参数数据,开展面向整机试验数据分析的时间序列数据挖掘关键技术研究。

根据发动机参数时间序列数据的特性,结合本研究的主要内容,本章主要讨论利用时间序列特征表示和相似性度量方法进行发动机性能参数的数据挖掘,进而获取相关的信息和知识。本章主要研究内容包括两个方面,分别是发动机性能参数特征识别和发动机性能参数异常检测。通过对发动机性能参数数据挖掘技术的研究,进一步验证时间序列特征表示和相似性度量方法在工业与工程领域的作用及意义,并且为保障发动机安全运行提供参考

依据。

10.1　基于形态特征的发动机参数特征识别

发动机性能参数数据是一种典型的时间序列数据，可以使用时间序列数据挖掘方法对其进行知识挖掘，以便有效地分析发动机运行的状况。为了更好地对发动机性能参数数据进行故障检测，本节利用基于形态特征的时间序列特征表示方法对发动机性能参数序列进行符号化表示，实现性能参数序列中的稳态特征和过渡态特征识别，进而提取发动机性能参数时间序列的稳态数据和过渡态数据。

10.1.1　数据来源

在发动机正式投入使用之前，通常需要经过大量的试车试验，通过分析发动机各性能参数的状态数据，确保整个系统的正常运行。除了观察发动机总体运行状态是否正常以外，发动机试车的另一个主要目的是获得可靠的试车数据，利用相关方法从中获取有用的信息和知识。通常可以利用试车数据可视化软件把数据采集系统得到的数据信息，通过数据格式转换，得到易于理解和研究的十进制数值。同时，发动机试车数据表现为发动机自身特征结构，以及其运行环境以参数形式出现的数据，按一定的时间间隔进行信息采集，最终形成一种多维时间序列数据。

通过发动机试车试验所得到的多维时间序列数据实质上是由各个参数分别按时间间隔序列采样得到的单变量（一维）时间序列数据所组成。例如，由油门、推力、转速等单变量时间序列数据所组成。

根据试验次数和数据分析的目的不同，将发动机性能参数挖掘研究的数据对象归纳为3种类型，即多个参数单次试车数据、单个参数多次试车数据和多个参数多次试车数据。多个参数单次试车数据是指发动机在一次试车试验中得到的多个参数数据；单个参数多次试车数据是指在多次试车试验过程中被观测的同一参数数据；多个参数多次试车数据是指针对一组参数，观察它们在不同试车试验中的变化。不管是哪种数据类型，它们的基本元素都是发动机在试车试验中运行的性能参数。因此，对性能参数数据的分析是实现这 3 种数据类型数据挖掘的重要过程和基本步骤。

在发动机试车试验中，每个参数都存在不同的状态，即稳态和过渡态。稳态数据表现为相对较为平稳的序列段，过渡态数据表现为具有明显上升或下降趋势的数据段。如图 10.1 中的红色序列片段 b 所示，稳态数据表现为数据波动性具有相对稳定的状态，具体情况如图 10.1(b)所示，该子图显示某个参数在片段 b 区域中观测值所表现的数据波动状态。与稳态数据相反，过渡态数据具有较为明显的上升或下降趋势，如图 10.1(c)所示，除去所有稳态数据片段外，剩余的数据片段均可视为过渡态数据。实际上，在研究稳态和过渡态特征时，由于参数状态的变化过程具有一定的滞后性，因此，在分析稳态和过渡态数据时，仅把状态变化相对稳定的片段看作稳态或过渡态数据。

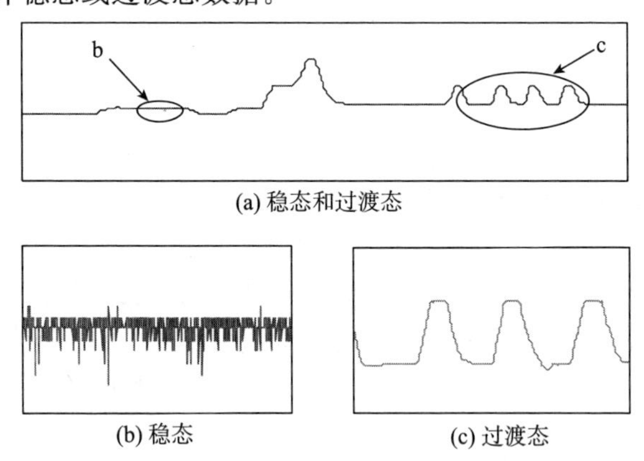

图 10.1　发动机性能参数数据的状态描述

既然发动机试车试验参数可以用时间序列来表示，那么相应

地,利用时间序列数据挖掘相关技术和模型可以有效地对发动机试验数据进行研究与分析,进而提取有用的信息和知识。然而,由于一次发动机试车中存在多种不同状态的试车试验,使得获得的试车试验数据较为复杂。若直接对这种数据进行数据挖掘,不仅计算效率低,而且最终的挖掘结果可能不能反映实际情况。因此,在对发动机试车数据进行信息和知识发现之前,需要对这些数据进行特征提取,不但可以减少数据计算量,达到数据降维的效果,而且可以更有针对性地对参数时间序列进行数据挖掘,进而实现知识发现。

本章主要以稳态数据序列为研究对象,利用时间序列数据挖掘技术对稳态数据进行分析和挖掘,进而发现稳态数据中的有用信息和知识。因此,在对发动机性能参数时间序列进行数据挖掘之前,需要对其进行特征提取识别,即提取性能参数时间序列的稳态数据和过渡态数据。

10.1.2　参数特征识别方法

符号化表示方法是一种常用的时间序列特征表示方法,其中符号化聚合近似 SAX 是最为典型的时间序列符号化方法,它利用聚合近似方法对时间序列进行特征表示,同时将时间序列数值域等概率划分成若干个子区域,每个区域由不同的符号表示,聚合近似方法所得到的均值序列根据所在区域的符号被转化成字符串序列。为了使得字符串序列更好地描述时间序列的形态变化特征,由 3.3.1 节易知,利用基于形态特征的时间序列符号化表示方法 S_SAX 可以对时间序列进行形态特征表示。

对时间序列进行形态符号化表示之前,需要进行标准化处理,使得数据服从标准正态分布,即标准化后的时间序列数据服从均值为 0,方差为 1 的正态分布。根据标准化后时间序列数据值分布情况,将数据空间等概率地划分成 h 个区域,再按照传统的符号化方法将 S_PAA 数据序列分别转化成 S_SAX 字符序列,其转化过程如图 10.2 所示。

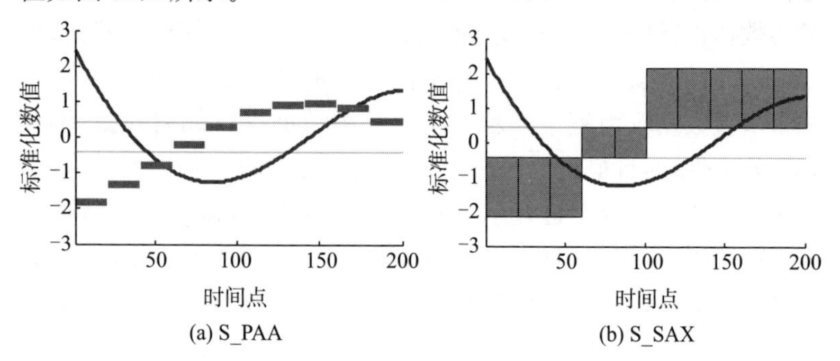

(a) S_PAA　(b) S_SAX

图 10.2　基于形态特征的符号化表示过程

首先利用式(3.15)将直线斜率转化得到图 10.2 中的 S_PAA 形态序列,再通过符号化过程,把时间序列的形态数据空间等概率地划分成 3 个区域,则 S_PAA 形态数值序列可以用 3 个字符来表示,即 a、b、c,最终时间序列被转化成字符串序列 *aaabbccccc*。S_SAX 方法所得到的符号可以用符合人类思维活动的语义进行描述,例如,a 表示下降、b 表示平稳和 c 表示上升。同时,由 S_PAA 的形态数值也易知,分段序列的形态特征越陡,形态数据的绝对值就越大;反之,形态数据的绝对值越接近 0。图 10.2 中的 S_PAA 形态数值和 S_SAX 字符串都反映了该时间序列的变化趋势,即经过了逐步下降、短暂平稳和连续上升 3 个阶段。

在发动机性能参数时间序列中,由于其稳态序列和过渡态序列的数据波动较为复杂,其相邻的数据之间没有明显的规律性。例如,从整体来看,上升过渡态序列中的数据波动呈上升趋势,但相邻的观测数据不一定有相同的规律,即后一个观测数据值不一定比前一个观测数据值大。因此,为了对参数序列进行特征识别,提出基于时间序列形态符号化表示的参数特征识别方法。

基于时间序列形态符号化表示的参数特征识别方法实际上是利用时间序列形态表示方法对参数序列进行分段聚合近似表示,再利用符号化方法将其转化成字符串,最后根据符号的具体意义

实现特征识别。在基于形态特征的时间序列符号化表示方法中，首先将整个参数时间序列平均分成 w 条子序列，再对每个子序列计算其斜率序列 S_PAA，同时设定区域划分数目 $h=3$，相应的符号集 $S=\{a,b,c\}$，最后将 S_PAA 序列根据区域划分的范围转化为字符串。根据符号集 S 中各符号的意义，a 表示下降趋势，b 表示水平趋势，c 表示上升趋势，将字符串中每个符号对应的子序列视为相应的状态特征，即 a 对应下降过渡态特征、b 对应稳态特征和 c 对应上升过渡态特征。最终将具有连续相同符号的片段序列合并成该符号所对应的状态特征。

在发动机试车试验中，性能参数之间的变化是相互影响的，这就导致参数的过渡态数据和稳态数据之间没有明显的界线，存在一定的缓冲稳定过程。因此，在进行特征识别的过程中，需要进行“掐头去尾”操作，移除处于缓冲稳定过程中的稳态数据或过渡态数据。通过去除头部和尾部的小部分数据，使得保留序列片段的波动性更具有规律性。通过形态符号化方法，参数序列被转化为字符串，稳态与过渡态之间的缓冲稳定过程也被转化成字符，且状态过程由 a 逐渐向 b 过渡或由 b 逐渐向 c 过渡，所以可以在字符串中删除相邻且符号相异的两个字符来实现“掐头去尾”操作。如图 10.2 中所获得的字符串序列通过“掐头去尾”操作，首先将相邻且相异字符 ab 删除，然后再删除 bc，得到反映原时间序列状态的符号序列 $aacccc$，最终将 aa 和 $cccc$ 对应的原始时间序列片段视为相应的特征序列，即分别为原参数时间序列的下降过渡态序列和上升过渡态序列。

通过上述分析，利用时间序列形态符号化表示方法实现发动机性能参数特征识别算法的过程描述如下。

算法 10.1：基于时间序列形态符号化表示的参数特征识别 SSax_FeatureRecog(T,k)。

输入：参数序列 Q、子序列长度 k。

输出：稳态数据序列集合 G、上升过渡态数据序列集合 U、下降过渡态数据序列集合 D。

步骤 1　计算参数序列长度 $m=\text{length}(T)$ 和分段数目 $w=(m-\text{mod}(m,k))/k$，设定区域划分数目 $h=3$，字符串 $R=\text{null}$，其中 mod 为求余函数；

步骤 2　$i=1$，执行下列子步骤。

(2.1) 从 $Q=\{q_1,q_2,\cdots,q_m\}$ 中获得当前子序列 $P=\{q_{(i-1)k+1},q_{(i-1)k+2},\cdots,q_{ik}\}$，标准化处理 P，即 $q_j=(q_j-\text{mean}(P))/\text{std}(P)$，其中 $q_j\in P$，mean(・)为均值函数，std(・)为标准差函数。

(2.2) 计算拟合当前序列 P 直线的斜率，再根据公式(3.15)将其转化为 S_PAA 数值，记为$\hat{q}_i$；

(2.3) 根据等概率分布，将标准正态分布区域分成 h 份，即 $a\triangleq(-\infty,\beta_1]$、$b\triangleq(\beta_1,\beta_2)$和 $c\triangleq[\beta_2,+\infty)$。判断$\hat{q}_i$ 值属于哪个区域，即若$\hat{q}_i\in(-\infty,\beta_1]$，则$\hat{q}_i$ 由字符a 表示，$r_i=a$；若$\hat{q}_i\in(\beta_1,\beta_2)$，则由字符 b 表示，$r_i=b$；若$\hat{q}_i\in[\beta_2,+\infty)$，则由字符 c 表示，$r_i=c$。

(2.4) 记 $R=R\cup r_i$，$i=i+1$，返回步骤(2.1)，直到 $i>w$ 时，执行步骤 3。

步骤 3　删除 R 中相邻且符号不同的字符，实现“掐头去尾”操作，即从 $i=2$ 开始，依次判断 r_{i-1}是否等于 r_i。如果不相等，则在 R 中同时删除 r_{i-1}和 r_i；否则，$i=i+1$。直到 $i=w$ 时，执行下一步。

步骤 4　根据符号意义以及字符串 R 中对应序列在原参数序列中的位置信息，将连续相同符号的序列合并成一起，并分别载入稳态数据序列集合 G，上升过渡态数据序列集合 U，下降过渡态数据序列集合 D。

10.1.3　数值实验

为了验证算法的可行性和有效性，采用发动机试车试验仿真数据中进行发动机性能参数特征识别实验，利用基于时间序列形态符号化表示的参数特征识别算法对该参数序列进行特征识别。

根据发动机性能参数时间序列的数据特征，利用基于时间序列形态符号化表示的参数特征识别方法对其进行稳态特征和过渡态特征识别。在基于时间序列形态符号化表示的参数特征识别算法 10.1 中，首先需要将整个参数时间序列平均分成 w 条子序列，每条子序列长度为 k。同时，根据区域划分数目 $h=3$，即相应的符号集 $S=\{a,b,c\}$，使得最终的发动机参数序列转化为字符串序列。最终根据序号意义，获得相应的特征序列。

若基于时间序列形态符号化表示的参数特征识别算法中设定 $k=100$，即每条子序列的长度为 100，则最终参数特征识别结果如图 10.3 所示。图 10.3(a)和其他子图的虚线表示发动机性能参数模拟数据，红色标识表示特征识别结果。由图 10.3(b)(c)和(d)可以获知，发动机性能参数特征识别算法能有效地对参数时间序列进行稳态特征、上升过渡态特征和下降过渡态特征进行识别，以便进一步利用数据挖掘技术在特征序列数据中发现有用的信息和知识。

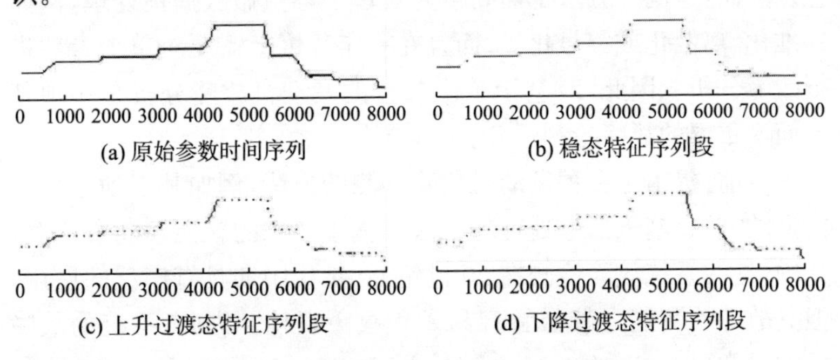

图 10.3　发动机性能参数特征识别结果

需要说明的是，在参数特征识别算法中，子序列长度 k 的取值通常根据发动机参数试车试验中参数观测值抽样频率来决定。若抽样频率越高，则 k 值可以取较大值；否则，k 取较小值。实际上，由于在该算法中需要实现“掐头去尾”操作。因此，k 值可以根据用户需要“掐头去尾”的长度来决定。

10.2 基于统计特征的发动机故障检测

故障检测通常是保证发动机安全运行的重要预防措施，例如航空发动机和液体火箭发动机的故障检测可以预防发动机在航天航空飞行中出现故障，同时在提高发动机的耐用性、降低维修费用等方面具有重要作用。故障检测的主要对象是发动机地面试车试验后的各个参数，并且通常从两个角度来监控发动机的运行状况，即分别以单个参数和多个参数为研究对象的故障检测方法。以单个参数为主要研究对象的故障检测，利用相关方法对单个参数进行局部异常数据的检测，进而实现发动机的故障检测与诊断；以多个参数为主要研究对象的故障检测，通过对多个参数进行特征分析，利用关联分析或其他智能分析方法对发动机多个参数进行故障关联分析，从中挖掘出故障发生的关联性、因果关系等知识和信息。然而，这两类方法都需要事先对单个参数做数据预处理，例如标准化、离散化或符号化等，而且在一定程度上需要对单个参数进行故障分析。因此，对基于单个参数的发动机故障分析是一项基础而又重要的故障检测任务。

目前，提出了多种发动机故障检测的方法，例如基于动态数学模型的方法、基于信号处理的方法和基于知识的智能诊断方法等。其中，红线系统故障检测在20世纪90年代中期具有广泛的应用，但其故障检测能力较低且容易发生故障误检。为此，系统的故障检测异常(System for Anomaly and Failure Detection ，SAFD)改进了红线系统故障检测的不足，具有一定的自适应能力，但其检测能力的质量依赖于参数阈值的选定，有一定的局限性。后来，王珉等提出利用一种自适应阈值故障检测方法(Adaptive Threshold Algorithm，ATA)进行参数采样值离散化，并结合模式矩阵实现发动机的故障关联规则挖掘，其检测的参数阈值由参数的均值、标准差及自适应带宽系数共同决定。虽然ATA在一定程度上解决

了 SAFD 方法的不足，但也存在一些缺陷。一方面，参数的过渡态(非稳态)数据对发动机性能参数的均值和标准差影响较大，影响每个参数测量值所对应的阈值；另一方面，ATA 通过检查各个参数测量值是否在各自的参数门限正常区间内来判断是否出现故障，然而它无法检测出连续多个参数测量值位于该区间内但其数据波动特征明显与其他测量值不符的情况。

针对上述问题，提出一种基于异常模式的发动机故障检测方法，通过利用时间序列数据挖掘方法来对发动机性能参数时间序列进行异常检测。为了提高故障检测的质量，利用基于形态特征的时间序列特征表示方法对参数序列进行符号化表示，实现参数的稳态和过渡态特征识别。对于参数稳态数据序列，利用基于统计特征的时间序列相似性度量方法，结合时间序列异常模式算法来实现参数序列的故障检测。通过发动机仿真数值实验，与传统方法相比，本章提出的方法能有效地对发动机性能参数进行故障检测，识别出连续多个参数测量值位于该区间内但其数据波动特征明显与其他测量值不符的情况，具有较强的鲁棒性。

10.2.1　最不相似模式发现算法

异常模式发现算法是时间序列数据挖掘中的重要方法，用于发现时间序列数据集或时间序列片段中的异常序列(子序列)。其中较为流行的是时间序列最不相似模式发现算法，它是一种基于 SAX 的异常子序列发现算法，常被运用于其他时间序列数据挖掘任务中，例如提高聚类质量、数据清洗和异常检测等。

传统的异常模式发现算法需要较高的时间复杂度，不利于大量较长时间序列的异常检测。针对此问题，利用 SAX 符号的优势，结合相应的启发式规则，提高了最不相似模式发现算法的计算速度，具体算法如下。

算法 10.2：基于启发式的最不相似模式发现算法 Heuristic_Search(Q,n,outer,inner)。

输入:时间序列 Q、异常序列模式长度 n、启发式规则 outer 和 inner。

输出:最不相似模式 P、P 与其他序列段的最小距离值 d 和 P 在原时间序列 Q 中出现的起始位置信息 loc。

步骤 1　利用 p 和 q 分别记录两条相互比较子序列在原序列 Q 中的位置,且分别根据启发式规则 outer 和 inner 对本算法的外层循环和内层循环进行控制,以便得到提高算法速度位置信息 p' 和 q',初始化 $d=0$ 和 loc=null。

步骤 2　对于每个位置信息 p',设定初始最邻近距离为 $d'=+\infty$,且根据每个位置信息 q' 执行内层循环,其具体步骤如下。

(2.1)若 $|p'-q'|>n$,说明当前比较的序列为平凡匹配,执行下一步;否则,返回步骤 2。

(2.2)若 $\mathrm{Df}(Q(p',n),Q(q',n))<d$,则终止内层循环,返回步骤 2;否则,执行下一步。

(2.3)若 $\mathrm{Df}(Q(p',n),Q(q',n))<d'$,则最邻近距离 $d'=\mathrm{Df}(Q(p',n),Q(q',n))$。

步骤 3　若 $d'>d$,则记录最小距离 $d=d'$ 和起始位置信息 $loc=p'$,返回步骤 2,直到完成外循环中的所有 p' 为止。

步骤 4　根据位置信息 loc 获得最不相似模式 P,同时返回最小距离值 d 和起始位置信息 loc。

在算法 10.2 中,outer 和 inner 是提高算法速度的启发式规则,利用滑窗方法将窗口内的子序列利用 SAX 方法转化为字符串序列,再结合两种特定的数据结构实现提高算法速度的 outer 和inner 启发式规则。

10.2.2　基于非线性统计特征的异常检测

发动机试车试验中的参数序列分别包括稳态特征序列和过渡态特征序列,其中获取稳态特征序列数据是发动机试车试验的主要目的,通常被用来检测发动机参数在某个稳态过程中是否存在

异常，进而实现发动机的故障检测。

由于发动机参数中稳态特征序列数据的波动性较为平稳，其明显特征表现为同一水平状态下的稳态特征序列具有近似的均值和标准差，这也是王珉等人提出自适应阈值故障检测方法 ATA 的原因，即利用均值、标准差以及自适应带宽系数共同决定门限，使得超出门限的数据被视为异常数据。然而，ATA 方法没有对参数中的稳态与过渡态数据进行识别，直接对参数序列进行异常检测，导致过渡态特征序列数据会产生较大的均值和标准差，进而影响自适应带宽系数，扩大了门限的范围。同时，ATA 通过检查各个参数测量值是否在各自的参数门限正常区间内来判断是否出现故障，无法检测连续多个参数测量值位于该区间内但其数据波动特征明显与其他测量值不符的情况。虽然在发动机性能参数中，这种情况较为少见，但为了避免类似情况发生，新算法应该提高其适用性和鲁棒性。

通过上述分析，利用 3.2.3 节的基于非线性统计特征的时间序列特征表示和相似性度量方法 NLSF_PAA 来对发动机稳态数据进行特征表示和相似性度量。该方法利用均值和标准差两个统计量表示某个序列段的特征，并且度量统计特征的距离公式满足下界性，具有较高的下界紧凑性和数据剪枝能力，避免在序列相似性搜索时发生漏报的情况。因此，为了有效地对参数稳态序列进行异常检测，利用基于统计特征的时间序列相似性度量方法，结合最不相似模式发现算法来实现发动机性能参数异常检测，即利用公式(3.14)代替基于启发式的最不相似模式发现算法 10.2 中的函数 Df。

在参数稳态特征序列集合 $G=\{g_1,g_2,\cdots,g_K\}$ 中，合并同一水平状态下的稳态特征序列片段，可以得到不同水平状态下的稳态特征序列集合 $G'=\{g'_1,g'_2,\cdots,g'_{K'}\}$，其中 g 表示通过稳态特征识别算法识别出的某个稳态特征序列，g' 表示同一水平状态下的稳态特征序列。G' 中元素按稳态特征序列的均值大小从小到大排列，即$\forall i,j(i<j)$，有 $\mathrm{mean}(g'_i)<\mathrm{mean}(g'_j)$。

算法 10.3：基于非线性统计特征的异常检测算法 NLSF_AbnormSearch(g',n)。

输入：发动机性能参数稳态特征序列 g'、故障异常序列长度 n。

输出：故障异常序列 P 以及出现的位置 loc。

步骤 1　利用符号化聚合近似 SAX 方法及相应的数据结构制定启发式规则 outer 和 inner。

步骤 2　执行基于启发式的最不相似模式发现算法 10.2，并且该算法中的相似性度量函数 Df 被式(3.14)替换，最终得到最不相似模式序列 P 和在原始时间序列中出现的位置信息 loc。

步骤 3　从参数稳态特征序列 g'中移除最不相似模式序列 P，若$\forall g''_i\in g'-P$，有 NLSF_PAA$(P,g''_i)>\varepsilon$，则把 P 视为故障异常序列；否则，该参数稳态特征序列不存在故障异常序列，即 $P=$ null 和 loc=null。

在基于启发式的最不相似模式发现算法中，程序返回最不相似模式 P 可能为异常模式，也可能是与其他序列差异较大的正常模式，因此，在算法 10.3 步骤 3 中通过给定阈值 ε 来判断 P 是否为异常模式。ε 值可以由人工设定，也可以在移除后的参数稳态特征序列 $g'-P$ 中重新搜索最不相似模式，并得到相应的最小距离 d 值，将 ε 值取为稳态特征序列 $g'-P$ 下的最小距离值，即 $\varepsilon=d$。

10.2.3　数值实验

为了验证算法的可行性和有效性，继续采用 10.1.3 节中发动机参数的仿真数据进行故障检测实验。利用不同的时间序列相似性特征表示和相似性度量方法来验证基于模式发现的发动机故障检测算法的异常检测效果。同时，与传统发动机故障检测算法 ATA 相比，进一步说明本小节算法 NSLF_AbnormSearch 的优越性。

根据 10.1.3 节的数值实验结果，可以得到相应的稳态特征序列集合，通过提取同一水平状态下的稳态特征序列，分别利用欧氏

距离，基于 PAA 的距离度量和本章提出的基于统计特征的相似性度量进行发动机参数稳态特征数据的异常检测，其比较结果如图 10.4所示(图中横轴表示时间点)。

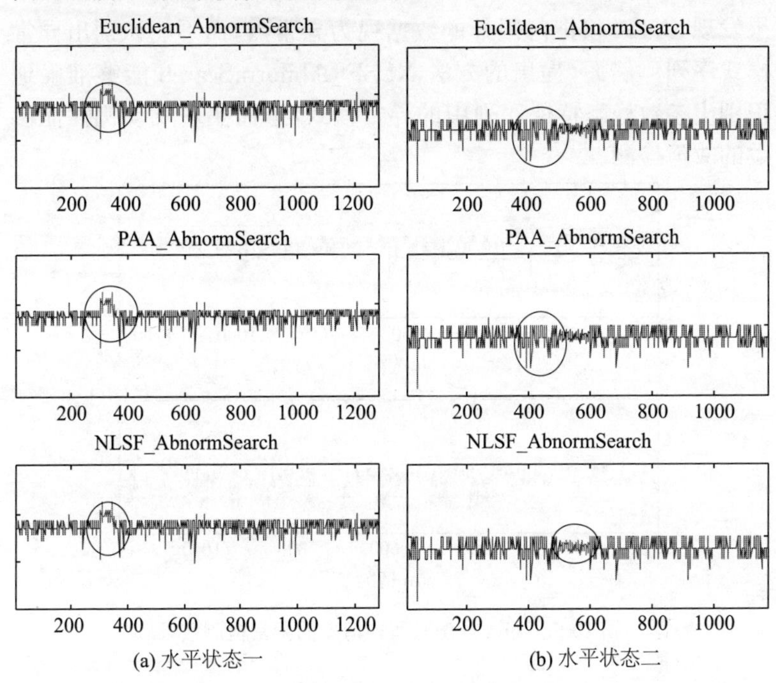

图 10.4　3 种方法在某水平状态下稳态特征数据的异常检测结果

图 10.4(a)显示了某一水平状态下的稳态特征序列中某段子序列超出了其他子序列的波动范围，且该子序列为异常模式序列；图 10.4(b)显示了另一水平状态下的稳态特征序列中某段子序列的波动性小于其他子序列的波动性，该子序列应被视为异常模式序列。在图 10.4(a)中，3 种方法都可以识别出异常模式，但基于欧氏距离和 PAA 的异常检测无法发现图 10.4(b)中的故障模式。因此，与传统的时间序列特征表示和相似性度量方法相比，在发动机故障检测中，时间序列非线性统计特征具有较好的特征表示能力

和相似性度量质量。

同时，利用故障检测方法 ATA，对上面两种情况进行故障检测，其实验结果如图 10.5 所示（图中横轴表示时间点）。由检测结果发现，ATA 仅把门限外的数据视为异常点，而不能识别出异常模式序列。然而，提出的方法 NLSF_AbnormSearch 能够准确地识别出参数稳态特征序列中的异常模式，进而实现发动机性能参数的故障检测。

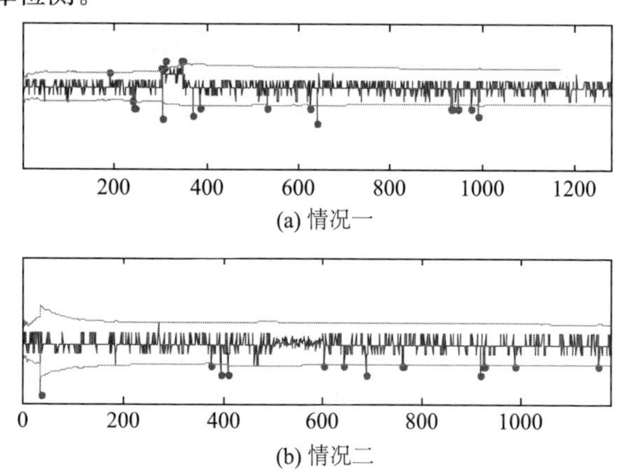

图 10.5　ATA 算法对两种情况的异常检测结果

通过对传统发动机故障检测方法的分析，基于统计特征和异常模式的故障检测方法能够有效地对发动机进行故障检测，识别出连续多个参数测量值位于该区间内但它们的数据波动特征明显与其他测量值不符的情况，具有较强的鲁棒性。

10.3　本章小结

为了更好地理解时间序列特征表示与相似性度量在工业和工程领域中的作用及意义，本章详细分析了基于形态特征的表示方法对发动机参数特征的识别，以及基于统计特征的相似性度量对

发动机异常检测的作用。首先，利用基于时间序列形态表示的符号化表示方法将发动机参数序列转化为字符串，并根据字符的具体意义对参数进行稳态特征和过渡态特征识别；然后，针对稳态特征序列数据，通过基于统计特征的时间序列相似性度量方法并结合最不相似模式发现算法，实现发动机试车参数稳态数据的异常检测；最后，通过数值仿真实验验证了新方法进行发动机故障检测的有效性，并与传统方法相比，进一步说明了新方法的优越性和鲁棒性。然而，研究仅对发动机试车参数中的稳态特征数据进行故障检测分析，还未涉及过渡态特征数据的故障检测，提出适用于发动机参数过渡态特征数据的故障检测方法也是将来需要研究的重要内容。

第 11 章　总结与展望

时间序列是现实生活中普遍存在的一类重要数据，利用数据挖掘技术能对时间序列进行有效的信息获取和知识发现。在时间序列数据挖掘过程中，特征表示和相似性度量是一项重要的基础性工作，为其他数据挖掘任务的顺利实施提供了良好的数据处理方法和技术支持。通过综观国内外研究状况，分析现有相关方法的优缺点，分别对等长时间序列和不等长时间序列进行特征表示和相似性度量研究，提出了适用于不同时间序列数据特点的模型和方法，提高了时间序列数据挖掘任务的质量和效率。同时，将时间序列特征表示和相似性度量应用于实际应用领域，解决与时间序列数据相关的管理科学问题。通过系统性研究，得到相应的主要结论和创新点。随着研究的深入，本章最后对未来需要着重关注的方向也给出了一些建议。

11.1　主要结论

(1)提出了基于正交多项式回归系数特征表示的时间序列相似性度量方法，包括 3 种具有不同相似性的度量方法(CBD、VBD 和 UBD)。CBD 和 VBD 的下界性在理论上得到了证明，其下界紧凑性和数据剪枝能力优于传统度量方法 SSD。虽然 UBD 的下界性缺少理论证明，但实验结果表明 UBD 满足下界性要求，具有较好的下界紧凑性和数据剪枝能力。这 3 种方法从整体特征的角度来描述时间序列的全局信息，且相应的距离度量方法具有较高的度量质量。

(2)从分段的角度出发，提出了 3 种聚合近似方法，即基于二维统计特征的聚合近似方法、基于二维形态特征的聚合近似方法和基于主要形态特征的聚合近似方法,解决了传统方法存在缺陷的问题,并且它们的距离度量函数都满足下界要求,避免了漏报情况发生。同时,在数据压缩率较大的情况下,基于高维形态特征的分段聚合近似及度量函数只需要较小的计算代价就可以获得较优的度量质量,提高了时间序列数据挖掘算法的性能。

(3)通过考虑时间序列数据的不确定性,利用云模型从局部和全局的角度来区分时间序列之间的数据分布差异。虽然提出的相似性度量方法不能满足下界性,但其度量质量和计算效率要优于传统方法。

(4)针对不等长时间序列相似性度量的问题,通过两种方案提高传统弯曲度量方法的度量质量和计算效率。首先,提出了基于PLA和DDTW的时间序列相似性度量方法,不但计算速度快,而且其近似表示和度量结果具有较强的鲁棒性和自适应性。其次,通过缩小最优弯曲路径的搜索范围和提前终止计算路径的思想,提出了基于高效动态时间弯曲的时间序列相似性搜索方法。该方法具有与DTW相同精度、计算效率高和无须参数设定等特点,可用于大量较长时间序列的相似性搜索。与此同时,将动态时间弯曲与主成分分析相结合,提出能够反映时间序列数据之间不同时间点相关性的异步主成分分析方法,拓展了主成分分析方法在时间序列数据预处理中的应用效果。

(5)研究了时间序列特征表示与相似性度量方法在实践管理中的应用。采用网络结构图将其关系呈现出来,并且加入主题共现和时间因素对主题之间的关系进行了数值转化,再结合基于Matrix Profile和社区检测的时间序列聚类方法对主题进行了分区,提出基于时间序列复杂网络的主题分析方法。针对金融市场中机构交易对股票市场中的散户投资行为具有较强的误导性的现象,提出了一种基于机构交易行为影响的股票趋势预测方法,进而使时间序列数据挖掘技术有效地应用于金融股票数据的趋势预测。另外，鉴于参考文献在期刊论文发表过程中的重要性以及引证文献对期刊论文知识的传播性，且时间变化对期刊文献数据分析的重要影响，提出使用动态时间弯曲方法从形态特征和数据特征两个方面对期刊文献时间序列数据进行期刊参考文献与引证文献来源分析研究。此外，以形态特征符号聚合近似方法为工具，对发动机性能参数进行符号转化，根据符号意义实现发动机性能参数的特征识别；同时，通过基于统计特征的时间序列相似性度量方法并结合最不相似模式发现算法，实现发动机试车参数稳态数据的异常检测。应用结果表明，特征表示和相似性度量在文本主题、经济金融、情报数据、发动机设计和研究等领域具有重要的作用及意义。

11.2 主要创新点

(1)分别从整体和分段的角度研究了等长时间序列特征表示方法，提出了具有较高质量的相似性度量方法，在理论上证明了这些距离函数满足下界性，避免了在时间序列相似性搜索中出现漏报的情况，提高了它们在时间序列数据挖掘中的应用性能。

利用正交多项式回归分析模型对时间序列进行全局特征转化，分析了多项式最高项次数回归系数对时间序列拟合效果的影响，给出了选取合适形态特征的方法，最终提出了满足下界性的时间序列相似性度量方法。该方法具有较强的下界紧凑性、数据剪枝能力和相似性度量质量，有利于提高时间序列相似性搜索的性能。同时，进一步充实了从整体形态特性对等长时间序列的特征表示和相似性度量的研究。

通过分析传统分段聚合近似方法存在的问题，使用不同维度特征来近似表示分段序列，分别提出了基于二维统计特征、二维形态特征和高维主要形态特征等表示方法的时间序列距离度量方法，进而弥补了传统方法的不足。这些基于分段特征序列所提出的距离度量函数满足下界性，避免了在相似性搜索中发生漏报现象。与此同时，剖析了利用不同维度来表示分段序列后各距离度量函数在时间序列数据挖掘中的应用效果。

(2)通过综合考虑时间序列数据分布的特性，利用云模型描述时间序列数据的波动性和不确定性，给出了两种快速、有效的云特征相似性度量方法。同时，进一步完善了不满足下界性但具有较高质量的云模型时间序列相似性度量方法。

由于时间序列数据的出现过程和结果具有随机性及模糊性，为了在时间序列特征表示和相似性度量中考虑这种不确定性特征，提出了基于云模型的时间序列特征表示方法，并给出了云特征序列的相似性度量函数。该方法能较好地反映时间序列之间的差异性，并且在时间序列数据分类和聚类中取得了良好的效果。虽然提出的相似性度量方法不能满足真实距离的下界要求，但它从局部和全局的角度来考虑时间序列的波动性和不确定性，使得云模型特征序列能较为全面地反映原时间序列数据的信息，且具有较高的相似性度量质量，有效地提高了时间序列数据挖掘相关算法的性能。

(3)通过权衡算法的时间效率和度量精度，提出了基于分段线性特征表示的不等长时间序列弯曲度量方法，克服了传统方法计算效率较低的问题。同时，通过缩小搜索策略和提前终止查找弯曲路径的思想，在保证相同精度的情况下，提出的高效弯曲度量方法改善了传统方法在时间序列相似性搜索中的效率。

通过对分段线性近似和导数动态时间弯曲方法的分析，提出了一种快速、有效的自适应分段线性近似方法，与传统的自顶向下分段线性近似方法相比，不仅时间复杂度大大降低，而且近似结果体现了时间序列自身的特性，具有较强的鲁棒性和自适应性。同时，结合导数动态时间弯曲度量方法，提出了一种能反映不等长时间序列斜率信息的相似性度量方法，在综合考虑度量质量和计算效率的情况下，该方法的度量性能要优于传统方法。

传统动态时间弯曲度量方法能有效地度量等长和不等长时间

序列之间的相似性,但是较高的计算时间复杂度阻碍了其在时间序列数据挖掘中应用性能的发挥。通过缩小最优弯曲路径的搜索范围,结合提前终止计算最优弯曲路径的思想,提高了传统动态时间弯曲度量方法在时间序列相似性搜索中的效率。与其他传统方法相比,新方法具有较强的自适应性、无须设定近似度量函数便可排除不相似序列、计算结果与传统弯曲方法一致和有较高时间效率等优势。

(4)时间序列特征表示和相似性度量等数据预处理方法不仅能够结合统计学相关原理提出异步主成分分析方法,实现理论和方法的应用创新,同时根据文本主题、金融股票数据、文献情报和发动机参数等具体挖掘领域的分析需求,使得时间序列特征表示和相似性度量等数据预处理方法在管理科学相关领域具有新的应用价值。

提出的异步主成分分析(APCA)可以实现时间序列数据异步相关性分析的数据降维和特征表示,不仅能提升时间序列数据挖掘算法与模型的性能,扩展了统计学中以 PCA 为基础的应用领域,还可以帮助解决传统 PCA 在金融股票市场和其他应用领域因出现不等长变量序列而无法直接进行因子分析的问题。因此,APCA 改进传统 PCA 方法,使其可以处理不等长时间和考虑异步相关关系,进而克服了传统 PCA 方法的缺陷,拓展了主成分分析原理的应用。

共现时间序列聚类的主题网络分析方法可以从时间变化角度较为精细地揭示网络信息安全领域热点研究主题及其之间的深层次关系,补充了时间序列数据挖掘技术在主题分析方面的应用,也为科研机构和人员的主题研究方向把握提供了决策支持。通过主题所涵盖的关键词之间的共现关系来构建主题共现时间序列,从时间和关键词成员等细粒度角度研究了主题之间的关系。通过时间移动窗口进行不同主题共现时间序列子片段的模式匹配,利用局部相关性反映了主题之间的整体相关性,结合复杂网络分析使主题关系的分析和研究更为全面与深入。

将矩阵画像算法与股票预测相结合，利用矩阵画像算法构建了基于机构交易行为的知识库，并根据该知识库对股票的未来趋势进行准确的预测。通过研究获得的信息和知识可以降低机构交易行为对散户的影响，帮助散户在市场中获取较稳定的收益。同时，提升金融市场监管部门对股票市场的有效监控，防范可能出现的异常操控。此外，在确定兴趣模式的最佳长度时，主要通过多次模拟预测实验，可取多次预测结果拟合值的最小均值所对应的兴趣模式长度。

考虑时间变化对参考文献引用以及论文发表后的影响，通过数据转换将研究对象转化为时间序列数据，使用动态时间弯曲和聚类分析对某图书情报类重要核心期刊的参考文献和引证文献进行数据分析与挖掘，研究动态时间变化下这两种文献存在的信息与知识，进而反映目标期刊刊发论文所关注的重要参考文献和这些论文的影响力等变化趋势。通过对期刊参考文献和引证文献的时间序列演化分析，研究过程和结果能为期刊论文分析提供动态演化环境下的文献分析方法，提高编辑部工作人员、读者和论文创作者的文献管理质量和写作水平。

利用时间序列特征表示和相似性度量方法进行发动机性能参数的数据挖掘，进而获取相关的信息和知识，主要研究内容包括两个方面，分别是发动机性能参数特征识别和发动机性能参数异常检测。通过对发动机性能参数数据挖掘技术的研究，进一步验证时间序列特征表示和相似性度量方法在工业和工程领域的作用及意义，可为保障发动机安全运行提供参考和依据。

11.3　研究展望

特征表示和相似性度量是时间序列数据挖掘研究中重要而又基础的工作，目前对该项工作的研究正在不断地深入，新方法和新理论也不断涌现，这将有利于拓展和深入研究这一课题。虽然在我们的研究中取得了一些创新性成果，但随着技术和知识的不断进步，以及实际应用需求的变化，相关工作也有待深入分析和研究。下面提出一些值得研究和关注的问题。

(1)高维时间序列特征表示和相似性度量。除了单变量时间序列外，多变量高维时间序列也广泛存在于现实生活中，对它的研究也具有重要意义和社会价值。本研究主要对单变量时间序列的特征表示和相似性度量等预处理方法进行分析与研究，虽然有些单变量时间序列的研究方法和技术可以直接或间接应用于高维时间序列数据挖掘中，但对此类情况的研究还缺乏系统性。因此，对高维时间序列特征表示和相似性度量的研究也是研究时间序列数据挖掘的重要工作之一。

(2)动态时间序列数据的特征表示和相似性度量。现实时间序列数据一般具有随机、动态和复杂等特性，对动态时间序列进行研究也具有实际意义和挑战性。由于动态时间序列数据随着时间不断变化，要求所提出的特征表示和相似性度量方法具有实时性、高效性和稳定性等特点，而静态时间序列中的相关方法无法被直接使用，因此，对动态时间序列数据的特征表示和相似性度量等预处理方法研究可以进一步完善时间序列数据分析和数据挖掘等领域的工作。

(3)时间序列特征表示和相似性度量等预处理方法结合数据挖掘技术在其他领域的应用研究。例如金融市场中，对资产收益的分析和预测；在商业银行领域，对储蓄用户的存取行为习惯的分析、信用卡异常使用监测和诈骗预防；在证券股票市场中，股票周期规律性分析及股票之间的关联分析等。因此，在时间序列数据挖掘领域，聚集于使用基于时间序列特征表示和相似性度量的时间序列数据挖掘模型与方法研究，来重点解决经济、金融及管理中使用传统计量预测模型存在的问题，这也是一项极为重要的研究工作。

参 考 文 献

[1] Han J W，Kamber M，Pei J. Data mining：concepts and techniques[M]. 3rd ed. San Francisco：Morgan Kaufmann Publishers，2011.

[2] 奥尔森，石勇. 商业数据挖掘导论[M]. 北京：机械工业出版社，2009.

[3] 兰秋军，马超群，甘国君，等. 中国股市弱有效吗？——来自数据挖掘的实证研究[J]. 中国管理科学，2005，13(4)：17-23.

[4] Sun X，Chen P，Wu Z Q，et al. Multifractal analysis of hang seng index in hong kong stock market[J]. Physica A，2001(291)：553-562.

[5] Mills T C. The econometric modeling of financial time series[M]. 2nd ed .Cambridge：Cambridge University Press，1999.

[6] Gavrilov M，Anguelov D，Indyk P，et al. Mining the stock market：which measure is best[C]. Proceedings of the 6th ACM SIGKDD International Conference on Knowledge Discovery and Data Mining，2000：487-496.

[7] Peng C K，Havlin S，Stanley H E，et al. Quantification of scaling exponents and crossover phenonmena in nonstationary heartbeat time series[J]. Chaos，1995，5(1)：83-810.

[8] Temme C，Ebinghaus R，Einax J W，et al. Time series analysis of long-term data sets of atmospheric mercury concentrations[J]. Analytical and Bioanalytical Chemistry，2004，380(3)：493-301.

[9] 杨叔子，吴雅，轩建平，等. 时间序列分析的工程应用[M]. 2

版. 武汉：华中科技大学出版社，2009.

[10] 胡小平，张丽娟，王艳梅,等. 液体火箭发动机故障检测和诊断中数据挖掘策略的分析[J]. 国防科技大学学报，2005，27(3)：1-5.

[11] 张延华，王国刚，李朋辉. 基于时间序列的挖掘算法在流程工业产品质量控制模型中的应用[J]. 数学的实践与认识，2010，40(5)：87-90.

[12] 吴少智. 时间序列数据挖掘在生物医学中的应用研究[D]. 西安：西安电子科技大学，2010.

[13] Ye L X，Keogh E. Time series shapelets：a new primitive for data mining[C]. Proceedings of the 15th ACM SIGKDD International Conference on Knowledge Discovery and Data Mining，2009：47-956.

[14] Yang Q，Wu X D. 10 challenging problems in data mining research[J]. International Journal of Information Technology & Decision Making，2006，5(4)：597-604.

[15] Fu T C. A review on time series data mining[J]. Engineering Applications of Artificial Intelligence，2011，24(1)：164-181.

[16] 陈国清. 商务智能原理与方法[M]. 北京：电子工业出版社，2009.

[17] 李一军. 商务智能[M]. 北京：高等教育出版社，2009.

[18] 闫相斌，李一军，邹鹏,等. 动静态属性数据相结合的客户分类方法研究[J]. 中国管理科学，2005，13(2)：95-100.

[19] 赵基. 基于数据挖掘的银行客户分析管理关键技术研究[D]. 杭州：浙江大学，2005.

[20] 张立权. 基于模糊推理系统的工业过程数据挖掘[M]，北京：机械工业出版社，2009.

[21] 王众托，吴江宁，郭崇慧. 信息与知识管理[M]. 北京：电子

工业出版社，2010.

[22] 史永胜，姜颖，宋云雪. 基于符号序列联合熵的航空发动机健康监控方法[J]. 航空动力学报，2011，26(3)：670-674.

[23] 贾澎涛，何华灿，刘丽，等. 时间序列数据挖掘综述[J]. 计算机应用研究，2007，24(11)：15-110.

[24] 吴学雁. 金融时间序列模式挖掘方法的研究[D]. 广州：华南理工大学，2010.

[25] 管河山. 金融多元时间序列挖掘方法研究与应用[D]. 厦门：厦门大学，2009.

[26] 李正龙. 时序列特征与预测模型选择[J]. 预测，2001，20(5)：70-72.

[27] Ratanamahatana C，Keogh E，Bagnall T，et al. A novel bit level time series representation with implications for similarity search and clustering[C]. Proceedings of the 9th Pacific-Asia Conference on Knowledge Discovery and Data Mining，2005：771-779.

[28] Kasetty S，Stafford C，Gregory P，et al. Real-time classification of streaming sensor data[C]. Proceedings of the 20th IEEE International Conference on Tools with Artificial Intelligence，2008：149-156.

[29] Chiu B. Keogh E，Lonardi S. Probabilistic discovery of time series motifs[C]. Proceedings of the 9th ACM SIGKDD International Conference on Knowledge Discovery and Data Mining，2003：493-498.

[30] Keogh E，Lin J，Fu A. Hot sax：efficiently finding the most unusual time series subsequence[C]. Proceedings of the 5th IEEE International Conference on Data Mining，2005：226-233.

[31] Keogh E，Lin J，Fu A，et al. Finding unusual medical time

series subsequences：algorithms and applications[J]. IEEE Transactions on Information Technology in Biomedicine，2006，10(3)：429-439.

[32] Lonardi S，Lin J，Keogh E，et al. Efficient discovery of unusual patterns in time series[J]. New Generation Computing，2007，25(1)：61-93.

[33] Lin J，Keogh E，Lonardi S. Visualizing and discovering non-trivial patterns in large time series databases[J]. Information Visualization，2005，4(2)：61-82.

[34] Agrawal R，Faloutsos C，Swami A. Efficient similarity search in sequence databases[C]. Proceedings of the 4th International Conference on Foundations of Data Organization and Algorithms，1993：69-84.

[35] 张建业，潘泉，张鹏，等. 基于斜率表示的时间序列相似性度量方法[J]. 模式识别与人工智能，2007，20(2)：271-274.

[36] 肖辉，胡运发. 基于分段时间弯曲距离的时间序列挖掘[J]. 计算机研究与发展，2005，42(1)：72-710.

[37] 任江涛，何武，印鉴，等. 一种时间序列快速分段及符号化方法[J]. 计算机科学，2005，32(9)：166-169.

[38] Keogh E，Chu S，Hart D，et al. An online algorithm for segmenting time series[C]. Proceedings of the 1st IEEE International Conference on Data Mining，2001：289-296.

[39] Shatkay H. Approximate queries and representations for large data sequences，Technical Report CS-95-03[R]，Department of Computer Science，Brown University，1995.

[40] Park S，Kim S W，Chu W W. Segment-based approach for subsequence searches in sequence databases[C]. Proceedings of the 16th ACM Symposium on Applied Computing，2001：248-252.

[41] Ramer U. An iterative procedure for the polygonal approximation of planar curves[J]. Computer Graphics and Image Processing，1972(1)：244-256.

[42] Duda R O，Hart P E，Stork D G. Pattern classification [M] 2nd edition. NewYork：Wiley 2001.

[43] Park S. Lee D，Chu W W. Fast retrieval of similar subsequences in long sequence database[C]. Proceedings of the 3rd IEEE Knowledge and Data Engineering Exchange Workshop，1999：60-69.

[44] 李爱国，覃征. 在线分割时间序列数据[J]. 软件学报，2004，15(11)：1671-1679.

[45] Keogh E，Chakrabarti K，Pazzani M，et al. Dimensionality reduction for fast similarity search in large time series databases[J]. Journal of Knowledge and Information Systems，2000，3(3)：263-286.

[46] Yi B，Faloutsos C. Fast time sequence indexing for arbitrary lp norms[C]. Proceedings of the 26th International Conference on Very Large Data Bases，2000：385-394.

[47] Hung N Q V，Anh D T. An improvement of paa for dimensionality reduction in large time series databases[C]. Proceedings of the 10th Biennial Pacific Rim International Conferences on Artificial Intelligence，2008：698-709.

[48] Hugueney B，Meunier B B. Time-series segmentation and symbolic representation，from process-monitoring to datamining[C]. Proceedings of the 7th International Conference on Computational Intelligence，Theory and Applications，2001：118-123.

[49] Faloutsos C，Jagadish H，Mendelzon A，et al. A signature technique for similarity-based queries[C]. Proceedings of

Conference on Compression and Complexity of Sequences, 1997: 2-20.

[50] Pavlidis T. Waveform segmentation through functional approximation[J]. IEEE Transactions on Computers, 1976, 22(7): 689-699.

[51] Keogh E, Chakrabarti K, Mehrotra S, et al. Locally adaptive dimensionality reduction for indexing large time series databases[C]. Proceedings of the ACM SIGMOD International Conference on Management of Data, 2001: 151-163.

[52] 徐梅，黄超. 基于符号时间序列方法的金融收益分析与预测[J]. 中国管理科学，2011，19(5)：1-10.

[53] Apostolico A, Bock M E, Lonardi S. Monotony of surprise and large-scale quest for unusual words[C]. Proceedings of the 6th International Conference on Research in Computational Molecular Biology, 2002: 22-31.

[54] Reinert G, Schbath S, Waterman M S. Probabilistic and statistical properties of words: an overview[J]. Journal of Computational Biology, 2000, 7(1): 1-46.

[55] Staden R. Methods for discovering novel motifs in nucleic acid sequences[J]. Computer Applications in Biosciences, 1989, 5(5): 293-298.

[56] Tompa M, Buhler J. Finding motifs using random projections[C]. Proceedings of the 5th International Conference on Computational Molecular Biology, 2001: 67-74.

[57] Lin J, Keogh E, Lonardi S, et al. A symbolic representation of time series, with implications for streaming algorithms[C]. Proceedings of the ACM SIGMOD International Conference on Management of Data Workshop on Research Issues in Data Mining and Knowledge Discovery, 2003: 2-11.

[58] Lin J, Keogh E, Wei L, et al. Experiencing sax: a novel symbolic representation of time series[J]. data mining and knowledge discovery, 2007, 15(2): 107-144.

[59] Patel E, Keogh E, Lin J, et al. Mining motifs in massive time series databases[C]. Proceedings of the 2nd IEEE International Conference on Data Mining, 2002: 9-12.

[60] Wei L, Kumar N, Lolla V N, et al. Assumption-free anomaly detection in time series[C]. Proceedings of the 17th International Conference on Scientific and Statistical Database Management, 2005: 237-242.

[61] Wei L, Keogh E, Xi X P. Saxually explicit images: finding unusual shapes[C]. Proceedings of the 6th IEEE International Conference on Data Mining, 2006: 711-720.

[62] Xi X P, Keogh E, Wei L, et al. Finding motifs in a database of shapes[C]. Proceedings of the 7th SIAM International Conference on Data Mining, 2007: 249-260.

[63] 钟清流，蔡自兴. 基于统计特征的时序数据符号化算法[J]. 计算机学报，2008，31(10)：1857-1864.

[64] Lkhagva B, Suzuki Y, Kawagoe K. Extended sax: extension of symbolic aggregate approximation for financial time series data representation[C]. Proceedings of Data Engineering Workshop, 2006 4A-i10.

[65] Megalooikonomou V, Li G, Wang Q. A dimensionality reduction technique for efficient similarity analysis of time series databases[C]. Proceedings of the 13th ACM Conference on Information and Knowledge Management, 2004: 160-161.

[66] Megalooikonomou V, Wang Q, Li G, et al. A multiresolution symbolic representation of time series[C]. Proceedings

of the 21st IEEE International Conference on Data Engineering，2005：688-690.

[67] Linde Y，Buzo A，Gray R M. An algorithm for vector quantizer design[J]. IEEE Transactions on Communications，1980：702-710.

[68] Wang Q，Megalooikonomou V. A dimensionality reduction technique for efficient time series similarity analysis[J]. Information Systems，2008，33(1)：115-132.

[69] Wang Q，Megalooikonomou V，Faloutsos C. Time series analysis with multiple resolutions[J]. Information Systems，2001，35(2)：56-74.

[70] Agrawal R，Faloutsos C，Swami A. Efficient similarity search in sequence databases[C]. Proceedings of the 4th International Conference on Foundations of Data Organization and Algorithms，1993：69-84.

[71] Struzik Z R，Siebes A P J M. Wavelet transform in similarity paradigm[C]. Proceedings of the 2nd Pacific-Asia Conference on Knowledge Discovery and Data Mining，1998：295-309.

[72] Oppenheim A V，Schafer R W. Digital signal processing[M].Englewood Cliffs：Prentice Hall，1975.

[73] Chan K P，Fu A，Yu C. Efficient time series matching by wavelets[C]. Proceedings of the 15th IEEE International Conference on Data Engineering，1999：126-133.

[74] Chan K P，Fu A，Yu C. Haar wavelets for efficient similarity search of time-series：with and without time warping[J]. IEEE Transactions on Knowledge and Data Engineering，2003，15(3)：685-705.

[75] Shahabi C，Sacharidis D，Jahangiri M. Wavelets for quer-

ying multidimensional datasets[M]. Encyclopedia of Data Warehousing and Mining，2005.

[76] Kawagoe K，Ueda T. A similarity search method of time series data with combination of fourier and wavelet transforms [C]. Proceedings of the 9th IEEE International Symposium on Temporal Representation and Reasoning，2002：86-93.

[77] Korn F，Jagaciish H V，Faloutsos C. Efficiently supporting ad hoc queries in large datasets of time sequences[C]. Proceedings of the ACM SIGMOD International Conference on Management of Data，1997：289-300.

[78] Weng X Q，Shen J Y. Classification of multivariate time series using two-dimensional singular value decomposition[J]. Knowledge-Based Systems，2008(21)：535-539.

[79] Weng X Q，Shen J Y. Classification of multivariate time series using locality preserving projections[J]. Knowledge-Based Systems，2008(21)：581-589.

[80] 何书元. 应用时间序列分析[M]. 北京：北京大学出版社，2004.

[81] Rabiner L R. A tutorial on hidden markov models and selected applications in speech recognition[C]. Proceedings of the IEEE，1989，77(2)：257-286.

[82] Frank R J，Davey N，Hunt S P. Time series prediction and neural networks[J]. Journal of Intelligent and Robotic Systems，2001(31)：91-103.

[83] 李爱国，覃征. 大规模时间序列数据库降维及相似搜索[J]. 计算机学报，2005，28(9)：1467-1475.

[84] Fuchs E，Gruber T，Nitschke J，et al. On-line segmentation of time series based on polynomial least-squares approximation[J]. IEEE Transactions on Pattern Analysis and Ma-

chine Intelligence，2010，32(12)：2232-2245.

[85] Fuchs E，Gruber T，Nitschke J，et al. Temporal data mining using shape space representation of time series[J]. Neurocomputing，2010(74)：379-393.

[86] Fuchs E，Gruber T，Nitschke J，et al. On-line motif detection in time series with SwiftMotif[J]. Patterns Recognition 2009，42(11)：3742-3750.

[87] Xu X，Zhang J，Small M . Superfamily phenomena and motifs of networks induced from time series[J]. Proceedings of the National Academy of Sciences，2008，105(50)：19601-19605.

[88] Gao Z K，Jin N D，Wang W X，et al. Motif distributions in phase-space networks for characterizing experimental two-phase flow patterns with chaotic features[J]. Physical Review E，2010，82(1)：016210.

[89] Donner R V，Xiang R，Kurths J，et al. Recurrence-based time series analysis by means of complex network methods [J]. International Journal of Bifurcation and Chaos，2011，21(04)：1019-1046.

[90] Donges J F，Donner R V，Jürgen Kurths. Testing time series irreversibility using complex network methods[J]. Europhysics Letters，2013，102(1)：381-392.

[91] Yang Y，Yang H . Complex network-based time series analysis[J]. Physica A：Statistical Mechanics and its Applications，2008，387(5-6)：1381-1386.

[92] Marinazzo D，Pellicoro M，Stramaglia S. Kernel Method for Nonlinear Granger Causality[J]. Physical Review Letters，2008，100(14)：144103.

[93] Lacasa L，Luque B，Ballesteros F，et al. From time series to

complex networks: The visibility graph[J]. Proceedings of the National Academy of Sciences of the United States of America, 2008, 105(13): 4972-4975.

[94] Xu P, Zhang R, Deng Y. A novel visibility graph transformation of time series into weighted networks[J]. Chaos, Solitions and Fractals, 2018(117): 201-208.

[95] Yela D F, Thalmann F, Nicosia V, et al. Efficient on-line computation of visibility graphs[J]. 2019.

[96] Na W, Dong L, Wang Q. Visibility graph analysis on quarterly macroeconomic series of China based on complex network theory[J]. Physica A Statistical Mechanics & Its Applications, 2012, 391(24): 6543-6555.

[97] Zhuang E, Small M, Gang F. Time series analysis of the developed financial markets' integration using visibility graphs[J]. Physica A Statistical Mechanics & Its Applications, 2014(410): 483-495.

[98] Lacasa L, Nicosia V, Latora V . Network structure of multivariate time series[J]. Scientific Reports, 2015, 5(1): 1-9.

[99] Iacovacci J, Lacasa L. Visibility graphs for image processing[J]. IEEE transactions on pattern analysis and machine intelligence, 2019, 42(4): 974-987.

[100] Lacasa L, Iacovacci J. Visibility graphs of random scalar fields and spatial data[J]. Physical Review E, 2017, 96(1): 012318.

[101] Sannino S, Stramaglia S, Lacasa L, et al. Visibility graphs for fMRI data: Multiplex temporal graphs and their modulations across resting state networks[J]. Network Neuroscience, 2017, 1(3): 208-221.

[102] Mali P, Manna S K, Mukhopadhyay A, et al. Multifractal

analysis of multiparticle emission data in the framework of visibility graph and sandbox algorithm[J]. Physica A Statistical Mechanics & Its Applications，2018(493)：253-266.

[103] Aragoneses A，Carpi L，Tarasov N，et al. Unveiling Temporal Correlations Characteristic of a Phase Transition in the Output Intensity of a Fiber Laser[J]. Physical Review Letters，2016，116(3)：033902.

[104] Murayama S，Kinugawa H，Tokuda I T，et al. Characterization and detection of thermoacoustic combustion oscillations based on statistical complexity and complex-network theory[J]. Physical Review E，2018，97(2)：022223.

[105] 李俊奎. 时间序列相似性问题研究[D]. 武汉：华中科技大学，2010.

[106] 王晓华. 时间序列数据挖掘中相似性和趋势预测的研究[D]. 天津：天津大学，2003.

[107] 张鹏，李学仁，张建业，等. 时间序列的夹角距离及相似性搜索[J]. 模式识别与人工智能，2008，21(6)：763-769.

[108] Chu S，Keogh E，Hart D，et al. Iterative deepening dynamic time warping for time series[C]. Proceedings of the 2nd SIAM International Conference on Data Mining，2002：195-212.

[109] Keogh E. Exact indexing of dynamic time warping[C]. Proceedings of the 28th International Conference on Very Large Databases，2002：406-419.

[110] Vlachos M，Gunopoulos D，Kollios G. Discovering similar multidimensional trajectories[C]. Proceedings of the 18th International Conference on Data Engineering，2002：673-684.

[111] Faloutsos C, Ranganathan M, Manolopoulos Y. Fast subsequence matching in time series databases[C]. Proceedings of the ACM SIGMOD International Conference on Management of Data, 1994: 419-429.

[112] 高学东，崔巍，徐章艳. 基于动态时间弯曲的区间值时间序列匹配算法[J]. 系统工程学报，2007，22(6)：664-668.

[113] Keogh E, Pazzani M. Derivative dynamic time warping[C]. Proceedings of the 1st SIAM International Conference on Data Mining, 2001: 1-11.

[114] Berndt D, Clifford J. Using dynamic time warping to find patterns in time series[C]. Proceedings of AAAI-94 Workshop on Knowledge Discovery in Databases, 1994: 359-371.

[115] Keogh E, Ratanamahatana, C A. Exact indexing of dynamic time warping[J]. Knowledge and Information Systems, 2005, 7(3): 358-386.

[116] Aach J, Church G M. Aligning gene expression time series with time warping algorithms[J]. Bioinformatics, 2001, 17(6): 495-508.

[117] Wong T S F, Wong M H. Efficient subsequence matching for sequences databases under time warping[C]. Proceedings of the 7th International Database Engineering and Applications Symposium, 2003: 139-148.

[118] Niennattrakul V, Ratanamahatana C A. On clustering multimedia time series data using k-means and dynamic time warping[C]. Proceedings of the International Conference on Multimedia and Ubiquitous Engineering, 2007: 733-738.

[119] Nayak S, Sarkar S, Loeding B. Distribution-based dimen-

sionality reduction applied to articulated motion recognition[J]. IEEE Transactions on Pattern Analysis and Machine Intelligence, 2009, 31(5): 795-810.

[120] Keogh E, Pazzani M. Scaling up dynamic time warping for data mining applications[C]. Proceedings of the 6th ACM SIGKDD International Conference on Knowledge Discovery and Data Mining, 2000: 285-289.

[121] Kruskall J B, Liberman M. The symmetric time warping algorithm: from continuous to discrete[M]. London: Addison-Wesley, 1983.

[122] Sakoe H, Chiba S. Dynamic programming algorithm optimization for spoken word recognition[J]. IEEE Transaction on Acoustics, Speech and Signal, 1978(26): 43-49.

[123] Sakurai Y, Yoshikawa M, Faloutsos C. FTW: fast similarity search under the time warping distance[C]. Proceedings of the 24th ACM SIGMOD-SIGART Symposium on Principles of Database Systems, 2005: 326-339.

[124] Zhou M, Wong M H A. Segment-wise time warping method for time scaling searching[J]. Information Sciences, 2005, 173(1-3): 227-254.

[125] Ratanamahatana C A, Keogh E. Three myths about dynamic time warping[C]. Proceedings of the 5th SIAM International Conference on Data Mining, 2005: 506-510.

[126] Wei L, Keogh E, Herle H V, et al. Atomic wedgie: efficient query filtering for streaming time series[C]. Proceedings of the 5th IEEE International Conference on Data Mining, 2005: 490-499.

[127] Keogh E, Wei L, Xi X P, et al. LB_Keogh supports exact indexing of shapes under rotation invariance with arbitrary

representations and distance measures[C]. Proceedings of the 32nd International Conference on Very Large Data Bases, 2006: 882-893.

[128] Ratanamahatana C A, Keogh E. Making time-series classification more accurate using learned constraints[C]. Proceedings of the 4th SIAM International Conference on Data Mining, 2004: 11-22.

[129] Camerra A, Palpanas T, Shieh J, et al. iSAX 2.0: indexing and mining one billion time series[C]. Proceedings of the 10th IEEE International Conference on Data Mining, 2010: 1-10.

[130] Paparrizos J, Gravano L. k-Shape: Efficient and Accurate Clustering of Time Series[J]. ACM SIGMOD Record, 2016, 45(1): 69-76.

[131] Paparrizos J, Gravano L. Fast and Accurate Time-Series Clustering[J]. ACM Transactions on Database Systems, 2017, 42(2): 1-49.

[132] Shieh J, Keogh E. iSAX: indexing and mining terabyte sized time series[C]. Proceeding of the 14th ACM SIGKDD International Conference on Knowledge Discovery and Data Mining, 2008: 623-631.

[133] Chen L, Ng R. On the marriage of lp-norm and edit distance[C]. Proceedings of the 30th International Conference on Very Large Databases, 2004: 792-801.

[134] Ristad E S, Yianilos P N. Learning string edit distance[C]. Proceedings of the 14th International Conference on Machine Learning, 1997: 287-295.

[135] Bergroth L, Hakonen H, Raita T. A survey of longest common subsequence algorithms[C]. Proceedings of the

7th International Symposium on String Processing Information Retrieval, 2000: 39-410.

[136] Box G, Jenkins G M, Reinsel G. Time series analysis: forecasting & control[M]. 3rd edition. Englewood cliffs: Prentice Hall, , 1994.

[137] Perrone M P, Connell S D. K-means clustering for hidden markov models[C]. Proceedings of the 7th International Workshop on Frontiers in Handwriting Recognition, 2000: 229-238.

[138] Xiong Y, Yeung D. Time series clustering with ARMA mixtures[J]. Pattern Recognition, 2004, 37(8): 1675-1689.

[139] Ge X, Smyth P. Deformable markov model templates for time-series pattern matching[C]. Proceedings of the 6th ACM SIGKDD International Conference on Knowledge Discovery and Data Mining, 2000: 81-90.

[140] Panuccio A, Bicego M, Murino V. A hidden markov model-based approach to sequential data clustering[C]. Proceedings of Joint IAPR International Workshops Structural, Syntactic, and Statistical Pattern Recognition, 2002: 734-742.

[141] Kalpakis K, Gada D, Puttagunta V. Distance measure for effective clustering of ARIMA time-series[C]. Proceedings of the 1st IEEE International Conference on Data Mining, 2001: 273-280.

[142] Keogh E, Smyth P. A probabilistic approach to fast pattern matching in time series databases[C]. Proceedings of the 3rd conference on Knowledge Discovery in Databases and Data Mining, 1997: 419-429.

[143] Keogh E, Lonardi S, Ratanamahatana C A, et al. Compression-based data mining of sequential data[J]. Data Mining and Knowledge Discovery, 2007, 14(1): 99-129.

[144] Chen Y, Keogh E, Hu B, et al.The UCR time series classification archive, http://www.cs.ucr.edu/~eamonn/time_series_data/,2015.

[145] Yeh C C M, Zhu Y, Ulanova L, et al. Matrix profile I: all pairs similarity joins for time series: a unifying view that includes motifs, discords and shapelets[C] //2016 IEEE 16th International Conference on Data Mining (ICDM). IEEE, 2016: 1317-1322.

[146] Zhu Y, Zimmerman Z, Senobari N S, et al. Matrix profile ii: Exploiting a novel algorithm and gpus to break the one hundred million barrier for time series motifs and joins[C] //2016 IEEE 16th International Conference on Data Mining (ICDM). IEEE, 2016: 739-748.

[147] Yeh C C M, Kavantzas N, Keogh E. Matrix profile Ⅳ: using weakly labeled time series to predict outcomes[J]. Proceedings of the VLDB Endowment, 2017, 10(12): 1802-1812.

[148] Dau H A, Keogh E. Matrix profile Ⅴ: A generic technique to incorporate domain knowledge into motif discovery[C] //Proceedings of the 23rd ACM SIGKDD International Conference on Knowledge Discovery and Data Mining. ACM, 2017: 125-134.

[149] Yeh C C M, Kavantzas N, Keogh E. Matrix profile Ⅵ: Meaningful multidimensional motif discovery[C]//2017 IEEE International Conference on Data Mining (ICDM). IEEE, 2017: 565-574.

[150] Zhu Y, Imamura M, Nikovski D, et al. Matrix Profile Ⅶ: Time Series Chains: A New Primitive for Time Series Data Mining (Best Student Paper Award)[C]//2017 IEEE International Conference on Data Mining (ICDM). IEEE, 2017: 695-704.

[151] Zhu Y, Mueen A, Keogh E. Matrix Profile Ⅸ: Admissible Time Series Motif Discovery With Missing Data[J]. IEEE TRANSACTIONS ON KNOWLEDGE AND DATA ENGINEERING, 2021, 33(5): 2616-2626.

[152] Zhu Y, Yeh C C M, Zimmerman Z, et al. Matrix Profile Ⅺ: SCRIMP++: Time Series Motif Discovery at Interactive Speeds[C]//2018 IEEE International Conference on Data Mining (ICDM). IEEE, 2018: 837-846.

[153] Gharghabi S, Imani S, Bagnall A, et al. Matrix Profile Ⅻ: MPdist: A Novel Time Series Distance Measure to Allow Data Mining in More Challenging Scenarios [C]//2018 IEEE International Conference on Data Mining (ICDM). IEEE, 2018: 965-970.

[154] Guttman A. R-trees: A dynamic index structure for spatial search[C]. Proceedings of the ACM SIGMOD International Conference on Management of Data, 1984: 47-59.

[155] Chakrabarti K, Mehrotra S. The hybrid tree: an index structure for high dimensional feature spaces[C]. Proceedings of the 15th IEEE International Conference on Data Engineering, 1999: 440-449.

[156] Korn P, Sidiropoulos N, Faloutsos C, et al. Fast nearest-neighbor search in medical image databases[C]. Proceedings of the 22nd International Conference on Very Large Data Bases, 1996: 215-226.

[157] Keogh E, Chakrabarti K, Pazzani M, et al. Dimensionality reduction for fast similarity search in large time series databases[J]. Knowledge and Information Systems, 2001, 3(3): 263-286.

[158] Keogh E. Efficiently finding arbitrarily scaled patterns in massive time series databases[C]. Proceedings of the 7th European Conference on Principles and Practice of Knowledge Discovery in Databases, 2003: 253-265.

[159] Fu A W, Keogh E, Lau L Y H, et al. Scaling and time warping in time series querying[C]. Proceedings of the 31st International Conference on Very Large Data Bases, 2005: 649-660.

[160] Kim S, Park S, Chu W. An index-based approach for similarity search supporting time warping in large sequence databases[C]. Proceedings of the 17th International Conference on Data Engineering, 2001: 607-614.

[161] Yi B K, Jagadish H, Faloutsos C. Efficient retrieval of similar time sequences under time warping[C]. Proceedings of the 14th International Conference on Data Engineering, 1998: 23-29.

[162] Lin J, Li Y. Finding structural similarity in time series data using bag-of-patterns representation[C]. Proceedings of the 21st International Conference on Scientific and Statistical Database Management, 2009: 461-479.

[163] Sajjipanon P, Ratanamahatana C A. A novel fractal representation for dimensionality reduction of large time series data[C]. Proceedings of the 13th Pacific-Asia Conference on Knowledge Discovery and Data Mining, 2009: 989-996.

[164] 王鹏，魏宇. 金融市场的多分形特征及与波动率测度的关系

[J]. 管理工程学报，2009，23(4)：166-169.

[165] 熊正丰. 金融时间序列分形维估计的小波方法[J]. 系统工程理论与实践，2010(12)：48-53.

[166] Fu T C. A review on time series data mining[J]. Engineering Applications of Artificial Intelligence，2011，24(1)：164-181.

[167] Liao T W. Clustering of time series data：a survey[J]. Pattern Recognition，2005(38)：1857-1874.

[168] 冯玉才，蒋涛，李国徽，等. 高效时序相似搜索技术[J]. 计算机学报，2009，32(11)：2107-2122.

[169] 黄书剑. 时序数据上的数据挖掘[J]. 软件学报，2004，15(1)：1-10.

[170] 柴尚蕾，郭崇慧，苏木亚. 基于 ICA 模型的国际股指期货及股票市场对我国股市波动溢出研究[J]. 中国管理科学，2011，19(3)：11-110.

[171] 张维，刘博，熊熊. 日内金融高频数据的异常点检测[J]. 系统工程理论与实践，2009，29(5)：44-50.

[172] Qi H W，Wang J. A model for mining outliers from complex data sets[C]. Proceedings of ACM Symposium on Applied Computing，2004：595-599.

[173] Alcock R J，Manolopoulos Y. Time-series similarity queries employing a feature-based approach[C]. Proceedings of the 7th Hellenic Conference on Informatics，1999：1-9.

[174] Arkin E M，Chew L P，Huttenlocher D P，et al. An efficiently computable metric for comparing polygonal shapes[C]. IEEE Transactions on Pattern Analysis and Machine Intelligence，1999，13(3)：209-215.

[175] Stock data web page[EB/OL]. (2005,04,01)[2009，12，02]. http://www. cs. ucr. edu/～wli/FilteringData /stock.

zip.

[176] Keogh E, Xi X, Wei L, et al. The UCR time series classification & clustering home page[EB/OL]. (2006, 05, 01) [2009, 12, 02]. http://www.cs.ucr.edu/~eamonn/time_series_data/.

[177] Manish Sarkar. Ruggedness measures of medical time series using fuzzy-rough sets and fractals[J]. Pattern Recognition Letters, 2006(27): 447-454.

[178] Smyth P. Clustering sequences with hidden markov models [J]. Advances in Neural Information Processing, 1997: 648-654.

[179] Li D Y. Uncertainty in knowledge representation[J]. Engineering Science, 2000, 2(10): 73-79.

[180] Li D Y, Han J W, Shi X M, et al. Knowledge representation and discovery based on linguistic atoms[J]. Knowledge-based Systems, 1998(10): 431-440.

[181] Li D Y. Knowledge representation in kdd based on linguistic atoms[J]. Journal of Computer Science and Technology, 1997, 12(6): 481-496.

[182] 李德毅，杜鹢. 不确定性人工智能[M]. 北京：国防工业出版社，2005.

[183] 蒋嵘，李德毅. 基于形态表示的时间序列相似性搜索[J]. 计算机研究与发展，2000，37(5)：601-610.

[184] 戴朝华，朱云芳，陈维荣，等. 云遗传算法及其应用[J]. 电子学报，2007，35(7)：1421-1424.

[185] 叶强，卢涛，闫相斌，等. 客户关系管理中动态客户细分方法研究[J]. 管理科学学报，2006，9(2)：44-52.

[186] 王德鲁，宋学锋. 基于云模型关联规则的企业转型战略风险预警[J]. 中国管理科学，2009，17(2)：152-159.

[187] 柳炳祥，李海林，杨丽彬. 云决策分析方法. 控制与决策[J]，2009，24(6)：957-960.

[188] 张勇，赵东宁，李德毅. 相似云及其度量分析方法[J]. 信息与控制，2004，33(2)：130-132.

[189] 张光卫，李德毅，李鹏，等. 基于云模型协同过滤推荐算法[J]. 软件学报，2007，18(10)：2403-2411.

[190] MoiveLens[EB/OL]. (1997，9，19)[2010，10，30]. http://movielens.umn.edu.

[191] 张锋，常会友. 使用BP神经网络缓解协同过滤推荐算法的稀疏性问题[J]. 计算机研究与发展，2006，43(4)：667-672.

[192] 郭崇慧，贾宏峰，张娜. 基于ICA的时间序列聚类方法及其在股票数据分析中的应用[J]. 运筹与管理，2008，17(5)：120-124.

[193] Itakura F. Minimum rediction residual principle applied to speech recognition[J]. IEEE Transaction on Acoustics, Speech and Signal Process，1975，23(1)：52-72.

[194] Salvador S，Chan P. FastDTW：toward accurate dynamic time warping in linear time and space[J]. Intelligent Data Analysis，2007，11(5)：561-580.

[195] Esling P，Agon C. Time-series data mining[J]. ACM Computing Surveys，2012(45)：1201-1234.

[196] Maharaj E A，Urso P D. Fuzzy clustering of time series in the frequency domain[J]. Information Sciences，2011(181)：1187-1211.

[197] Struzik R，Siebes A. The haar wavelet transform in the time series similarity paradigm[C]. In Proceedings of the third European conference on principles and practice of knowledge discovery in databases，1999:12-22.

[198] Li H，Guo C. Piecewise cloud approximation for time series

mining[J]. Knowledge-Based Systems, 2011(24): 492-500.

[199] Spiegel S, Gaebler J, Lommatzsch A, et al. Pattern recognition and classification for multivariate time series[C]. In Proceedings of the fifth international workshop on knowledge discovery from sensor data, 2011:1-9.

[200] Krzanowski W. Between-groups comparison of principal components[J]. Journal of the Acoustical Society of America, 1979(74): 703-709.

[201] Cichocki A, Amari S. Adaptive blind signal and image processing[M]. New Jersey: John Wiley, 2002.

[202] Singhal A, Seborg D E. Clustering multivariate time-series data[J]. Journal of Chemometrics, 2005(19): 427-438.

[203] Karamitopoulos L, Evangelidis G. PCA-based time series similarity search[J]. Data Mining Annals of Information Systems, 2010(8): 255-276.

[204] Li C, Khan L, Prabhakaran B. Real-time classification of variable length multi-attribute motion data[J]. International Journal of Knowledge and Information Systems, 2007, 10(2):163-183.

[205] Weng X, Shen J. Classification of multivariate time series using two dimensional singular value decomposition[J]. Knowledge-Based Systems, 2008, 21(7):535-539.

[206] Wu E C, Yu P H. Independent component analysis for clustering multivariate time series data[J]. Advanced Data Mining and Applications, 2005(11): 474-482.

[207] Hyvärinen A. Fast and robust fixed-point algorithms for independent component analysis[J]. IEEE Transactions on Neural Networks, 1999, 10(3): 626-634.

[208] Baragona R, Battaglia F. Outliers detection in multivariate

time series by independent component analysis[J]. Neural Computation Archive, 2007: 19(7):1962-1984.

[209] Bankó Z, Abonyi J. Correlation based dynamic time warping of multivariate time series[J]. Expert Systems with Applications, 2012(39):12814-12823.

[210] Rodgers J L, Nicewander W A. Thirteen ways to look at the correlation coefficient[J]. The American Statistician, 1988(42): 59-66.

[211] Jolliffe I T. Principal component analysis[M]. New York: Springer, 2004.

[212] Yang K, Shahabi C. A PCA-based similarity measure for multivariate time series[C]. Proceedings of the second ACM international workshop on multimedia databases, 2004: 65-74.

[213] Karamitopoulos L, Evangelidis G, Dervos D. Multivariate time series data mining: PCA-based measures for similarity search[C]. Proceedings of the 2008 international conference in data mining, 2008: 253-259.

[214] 何佳，何基报，王霞，等. 机构投资者一定能够稳定股市吗——来自中国的经验证据[J].管理世界，2007(8): 35-42.

[215] 王咏梅，王亚平. 机构投资者如何影响市场的信息效率——来自中国的经验证据[J]. 金融研究，2011(10): 112-126.

[216] 刘京军，徐浩萍. 机构投资者:长期投资者还是短期机会主义者[J]. 金融研究，2012(9): 141-154.

[217] 史永东，王谨乐. 中国机构投资者真的稳定市场了吗[J]. 经济研究，2014，49(12): 100-112.

[218] 王强，吕政，王霖青，等. 基于深度去噪核映射的长期预测模型[J]. 控制与决策，2019，34(5): 989-996.

[219] 张贵生，张信东. 基于微分信息的 ARMAD-GARCH 股价

预测模型[J]. 系统工程理论与实践，2016，36(5)：1136-1145.
[220] 吴少聪. 基于混合模型的股票趋势预测方法研究[D]. 哈尔滨：哈尔滨工业大学，2017：61.
[221] 宋刚，张云峰，包芳勋，等. 基于粒子群优化 LSTM 的股票预测模型[J]. 北京航空航天大学学报，2019，45(12)：2533-2542.
[222] 石浩. 基于递归神经网络的股票趋势预测研究[D]. 北京：北京邮电大学，2018：45.
[223] 谢琪，程耕国，徐旭. 基于神经网络集成学习股票预测模型的研究[J]. 计算机工程与应用，2019,55(08)：238-243.
[224] Nakagawa K，Imamura M，Yoshida K. Stock price prediction using k-medoids clustering with indexing dynamic time warping[J]. Electronics and Communications in Japan，2019，102(2)：3-8.
[225] 李海林，梁叶，王少春. 时间序列数据挖掘中的动态时间弯曲研究综述[J]. 控制与决策，2018，33(8)：1345-1353.
[226] 余厚强. 替代计量指标与引文量相关性的大规模跨学科研究——数值类型、指标种类与用户类别的影响[J]. 情报学报，2017，36(6)：606-619.
[227] 杨思洛，邱均平，丁敬达，等.网络环境下国内学者引证行为变化与学科间差异——基于历时角度的分析[J]. 中国图书馆学报，2016，42(02)：18-31.
[228] 张金柱，韩涛，王小梅. 利用参考文献的学科分类分析图书情报领域的学科交叉性[J]. 图书情报工作，2013，57(01)：108-111.
[229] 杨波，王雪，苏娜. 不同文献集中中国学者引用软件和数据集的特征比较研究[J]. 图书情报工作，2017，61(14)：109-115.

[230] 谢娟，龚凯乐，成颖，等. 论文下载量与被引量相关关系的元分析[J]. 情报学报，2017(12)：1255-1269.

[231] Wakefield R. Networks of accounting research：A citation-based structural and network analysis[J]. British Accounting Review，2008，40(3)：228-244.

[232] 刘佩佩，袁红梅. 专利权无效宣告结果的影响因素探讨——基于药物专利属性的实证研究[J]. 情报学报，2017，36(4)：392-400.

[233] Noel S E. Data mining and visualization of reference associations：higher order citation analysis[M]. Lafayette：University of Louisiana at Lafayette，2001.

[234] 张琳. 期刊混合聚类的学科分类与交叉学科结构研究[J]. 图书情报工作，2013,57(3)：78-84.

[235] 李海林，叶益，林春培，等. 基于关联规则的期刊论文参考文献决策分析研究——以《控制与决策》期刊为例[J]. 情报科学，2018，36(8)：84-89.

[236] 胡志刚，陈超美，刘则渊，等. 从基于引文到基于引用——一种统计引文总被引次数的新方法[J]. 图书情报工作，2013，57(21)：5-10.

[237] 马丙超. 基于引文网络的文献在线推荐系统研究和实现[D]. 大连:大连理工大学，2016.

[238] 李信，赵薇，肖香龙，等. 基于 RPYS 分析的引文分析研究：起源和演化[J]. 图书馆论坛，2017，37(11)：56-65.

[239] 赵勇，武夷山. 追根溯源：优秀科学计量学家引用的重要文献识别及引用内容特征研究[J]. 情报学报，2017，(11)：1099-1109.

[240] Hailin Li. Time works well：Dynamic time warping based on time weighting for time series data mining[J]. Information Sciences，2021(547)：592-608.

[241] Schultz D, Jain B. Nonsmooth analysis and subgradient methods for averaging in dynamic time warping spaces[J]. Pattern Recognition, 2017(74): 340-351.
[242] Xia D Y, Wu F, Zhang X Q, et al. Local and global approaches of affinity propagation clustering for large scale data[J]. Journal of Zhejiang University-Science A(Applied Physics & Engineering), 2008, 9(10): 1373-1381.
[243] 李海林，魏苗. 自适应属性加权近邻传播聚类算法[J]. 电子科技大学学报，2018，47(2):247-255.
[244] 陈永当，任慧娟，王钰鑫，等. 基于知识管理的航空发动机设计知识分类与获取[J]. 航空制造技术，2011(18)：81-85.
[245] 周东华，孙优贤. 控制系统的故障检测与诊断技术[M]. 北京：清华大学出版社，1994.
[246] 谢廷峰，刘洪刚，黄强，等. 液体火箭发动机地面试车实时故障检测算法[J]. 航天控制，2008，26(1)：74-710.
[247] Babbar A, Syrmos V L, Ortiz E M, et al. Advanced diagnostics and prognostics for engine health monitoring[C]. Proceedings of IEEE Aerospace Conference. Piscataway, NJ, United States: IEEE Computer Society, 2009: 1-10.
[248] Yedavalli R K. Robust estimation and fault diagnostics for aircraft engines with uncertain model data[C]. Proceedings of the American Control Conference. Piscataway, NJ, United States: IEEE, 2007: 2822-2829.
[249] 马建仓，叶佳佳. 基于小波包分析的航空发动机故障诊断[J]. 计算机仿真，2010(2)：48-52.
[250] 陈艳霞，关世玺，唐家鹏. 火箭发动机起动过程动力学研究[J]. 弹箭与制导学报，2010，30(5)：131-136.
[251] 李冰林，魏民祥. 基于形态滤波的发动机气缸压力信号处理[J]. 传感器与微系统，2009，28(7)：56-510.

[252] 陈果，左洪福. 基于知识规则的发动机磨损故障诊断专家系统[J]. 航空动力学报，2004，19(1)：23-29.

[253] Panossian H V，Kemp V R. Technology test bed engine real time failure control，NASA-CR-192414[R]. 1992.

[254] 王珉，胡鸾庆，秦国军. 基于模式矩阵的液体火箭发动机试车台故障关联规则挖掘[J]. 宇航学报，2011，32(4)：947-951.

[255] Keogh E，Lin J，Fu A. Hot sax：finding the most unusual time series subsequence：algorithms and applications[J]. Knowledge and Information Systems，2006，11(1)：1-29.